普通高等教育新工科汽车类系列教材
（智能汽车·新能源汽车方向）

U0186955

Python深度学习及智能车竞赛实践

徐国艳 刘聪琳 编著

机械工业出版社
CHINA MACHINE PRESS

本书结合全国大学生智能汽车竞赛百度智慧交通创意赛和完全模型组竞速赛，循序渐进地对 Python 和深度学习的基本知识进行了全面、系统的介绍。全书共 11 章，分为 Python 基础知识体系、Python 文件处理与数据分析、深度学习基础理论与实践、智能车竞赛任务与实践四部分，详细介绍了 Python 基础知识、Python 数据分析方法、机器学习概念、全连接神经网络和卷积神经网络模型的理论及产业级工程项目实践等。通过学习本书，学生可以从零基础开始，到能完成深度学习模型设计及部署验证，完成智能汽车竞赛中关于图像处理和深度学习相关的任务。

本书内容丰富、叙述清晰、循序渐进，采用新形态构建形式，配套有 MOOC、教学案例、习题等。本书可作为智能车辆、智慧交通、计算机、自动控制等专业的人工智能入门教材，也可作为全国大学生智能汽车竞赛的参考书。

本书配套 MOOC 网址：https://www.icourse163.org/course/BUAA-1470412177。

程序实例及代码可通过添加机工小编微信获取：13683016884。

图书在版编目（CIP）数据

Python 深度学习及智能车竞赛实践 / 徐国艳，刘聪琳编著 . —北京：机械工业出版社，2024.2
普通高等教育新工科汽车类系列教材 . 智能汽车·新能源汽车方向
ISBN 978-7-111-75214-1

Ⅰ . ① P⋯　Ⅱ . ①徐⋯②刘⋯　Ⅲ . ①软件工具 – 程序设计②汽车 – 模型（体育）– 制作　Ⅳ . ① TP311.561 ② G872.1

中国国家版本馆 CIP 数据核字（2024）第 031014 号

机械工业出版社（北京市百万庄大街 22 号　邮政编码 100037）
策划编辑：何士娟　　　　　　　责任编辑：何士娟
责任校对：潘　蕊　李　杉　　　责任印制：常天培
固安县铭成印刷有限公司印刷
2024 年 3 月第 1 版第 1 次印刷
184mm×260mm · 19.25 印张 · 462 千字
标准书号：ISBN 978-7-111-75214-1
定价：99.00 元

电话服务　　　　　　　网络服务
客服电话：010-88361066　机 工 官 网：www.cmpbook.com
　　　　　010-88379833　机 工 官 博：weibo.com/cmp1952
　　　　　010-68326294　金 　书 　网：www.golden-book.com
封底无防伪标均为盗版　机工教育服务网：www.cmpedu.com

前　言

党的二十大报告指出，深入实施科教兴国战略、人才强国战略、创新驱动发展战略，开辟发展新领域新赛道，不断塑造发展新动能新优势。智能网联汽车不仅为汽车产业创新发展注入新的强大动能，更将带动智能交通等领域的深刻变革。

汽车智能驾驶核心技术是感知、决策和控制。通过摄像头、雷达等设备获取车辆周围环境信息，然后使用深度学习、计算机视觉等技术对信息进行处理和分析，最终确定车辆的行驶策略和路径规划控制。全国大学生智能汽车竞赛是以智能汽车为研究对象的创意性科技竞赛，是面向全国大学生的一种具有探索性的工程实践活动，是教育部倡导的大学生科技竞赛之一。近年来，全国大学生智能汽车竞赛增加了不少深度学习方面的竞赛内容。人工智能技术可以使汽车更加智能化，从而实现智能驾驶和自动驾驶，提高行车安全性和舒适性。

为了培养学生利用人工智能赋能汽车的能力，本书以基于 Python 养成计算思维、能用 Python 做数据分析、学懂 AI、能设计深度学习模型解决复杂工程问题为教学目标，基于智能汽车竞赛内容和产业级工程实践项目为各知识点设计了丰富的教学实例，实现理论和实践紧密结合。通过学习本书，学生可以从零基础开始，到能完成深度学习模型设计及部署验证，进而完成智能汽车竞赛中关于图像处理和深度学习相关的任务。

整体来讲，本书具有以下特色：

1）实用性和实践性强。本书为高校和企业合作编著的教材，引入了产业级工程实践项目，并基于全国大学生智能汽车竞赛设计各知识点的教学实例，以竞赛内容串联各章理论知识点，实现教材和学科竞赛的深度融合，有力地促进了学生解决复杂工程问题能力的提升。

2）内容丰富且循序渐进。本书从零基础开始讲解 Python 语言，逐步过渡到设计深度学习模型完成智能汽车竞赛的自动巡航、目标检测任务等。本书配套有讲解视频、实践项目、习题等丰富的教学资源。

本书在编写过程中，得到了北京航空航天大学研究生蔡捍和张峰的大力帮助和支持，谨在此向他们表示深切的谢意。

本书在编写过程中参阅了大量教材、文件、网站资料及有关参考文献，并引用其中部分论述和例文，主要参考文献附录于后，但由于篇幅有限，还有一些参考书目未能一一列出，在此谨向相关作者表示谢忱和歉意。

本书配有 MOOC，网址为 https://www.icourse163.org/course/BUAA-1470412177。

由于编者水平有限，书中不足之处在所难免，诚望广大读者不吝赐教，提出宝贵意见。

微信扫码可学习中国大学 MOOC 课程

微信扫码可观看本书视频资源

编著者

二维码清单

页码	素材名称	二维码
123	6.1.7　实例：车辆图片数据集处理 .mp4	
132	6.2.4　实例：车辆图片 json 文件处理 .mp4	
174	7.3.4　实例：loss 和 acc 曲线绘制 .mp4	
207	8.4　实例：DNN 车辆识别项目 .mp4	
229	9.4　实例：CNN 斑马线检测项目 .mp4	
248	10.3.4　基于 CNN 的智能车自动巡航 .mp4	

目　录

第 2 部分 Python 文件处理与数据分析

第 3 部分　深度学习基础理论与实践

第 4 部分　智能车竞赛任务与实践

第 1 部分

Python 基础知识体系

第 1 章　绪论

如同蒸汽时代的蒸汽机、电气时代的电机、信息时代的计算机和互联网，人工智能（Artificial Intelligence, AI）正成为推动人类进入智能时代的决定性力量。全球产业界充分认识到人工智能技术引领新一轮产业变革的重大意义，纷纷转型发展，抢滩布局人工智能创新生态。世界主要发达国家均把发展人工智能作为提升国家竞争力、维护国家安全的重大战略，力图在国际科技竞争中掌握主导权。习近平总书记在十九届中央政治局第九次集体学习时深刻指出，加快发展新一代人工智能是事关我国能否抓住新一轮科技革命和产业变革机遇的战略问题。

人工智能赋能新时代对于人们的生活将产生重大改变，而汽车行业被广泛认为将最先引发 AI 技术的巨大变革。人工智能技术可以使汽车实现智能驾驶功能。通过利用传感器、计算机视觉、机器学习和深度学习等技术，汽车可以感知和理解周围环境，做出相应的决策和控制。智能驾驶可以提高行车安全性、减少驾驶压力，并改善交通效率。人工智能技术还可以通过分析交通数据、道路状况和驾驶习惯，提供智能导航和路径规划。它可以根据实时交通情况选择最佳路线，并提供实时导航指引，帮助驾驶人避开拥堵路段，节省时间和燃料消耗。

人工智能发展包含四个要求，即知识、数据、算法和算力（计算能力），汽车智能驾驶的实现离不开人工智能的赋能，而人工智能算法需要依靠计算机语言来实现。本章主要简单介绍人工智能技术和智能汽车技术的发展及基本概念，以及 Python 编程语言特点及开发环境。

1.1 人工智能的发展及基本概念

1.1.1 人工智能的起源与发展

人类对人工智能和智能机器的梦想与追求，可以追溯到 3000 多年前，中国也不乏这方面的故事与史料。在我国西周时代（公元前 1066—前 771 年），就流传着巧匠偃师献给周穆王一个歌舞艺伎的故事。在公元前 2 世纪出现的书籍中，描写过一个类似机器人角色的机械化剧院，这些人造角色能够在宫廷仪式上进行舞蹈和列队表演，我国东汉时期（公元25—220 年），张衡发明的指南车是世界上最早的机器人雏形。可以说，人类在追梦智能机器和人工智能的道路上经历了万千遐想，创造了无数的实践成果。

跨越到 20 世纪三四十年代，智能界发生了两件极其重要的事件：数理逻辑的形式化和智能可计算（机器能思维）的思想，建立了计算与智能关系的概念。被称为"人工智能之父"

（The father of AI）的图灵（Turing AM）于 1936 年创立了自动机理论，提出一个理论计算机模型，奠定了电子计算机设计基础，促进了人工智能特别是思维机器的研究。1950 年图灵的论文"机器能思考吗？"，为人工智能提供了科学性和开创性的构思。可以说，人工智能开拓者在数理逻辑、计算本质、控制论、信息论、自动机理论、神经网络模型和电子计算机等方面做出的创造性贡献，奠定了人工智能发展的理论基础，孕育了人工智能技术。

　　人工智能探索道路并不是一帆风顺的，而是曲折起伏的，经历了计算驱动、知识驱动和数据驱动三次浪潮，如图 1.1 所示。

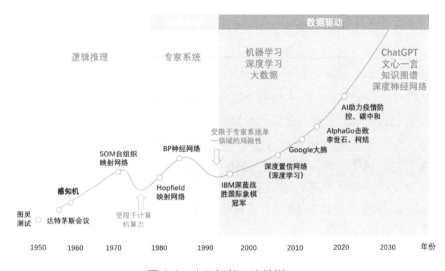

图 1.1　人工智能三次浪潮

1. 计算驱动时期（1956 年—20 世纪 70 年代初期）

（1）达特茅斯会议

　　1956 年夏季，由麦卡锡（Mc Carthy J）、明斯基（Minsky ML）、罗彻斯特（Lochester N）和香农（Shannon CE）共同发起，并邀请其他 6 位年轻的科学家，在美国达特茅斯（Dartmouth）大学举办了一次长达两个月的 10 人研讨会，讨论用机器模拟人类智能问题，首次使用了"人工智能"这一术语，标志着人工智能学科的诞生。这是人类历史上第一次人工智能研讨会，标志着国际人工智能学科的诞生，具有十分重要的历史意义。发起这次研讨会的人工智能学者麦卡锡和明斯基，则被誉为国际人工智能的"奠基者"或"创始人"（The founding father），有时也被称为"人工智能之父"。

（2）计算驱动的人工智能基本思想

　　达特茅斯会议之后，人工智能迎来了它的一次春天，诞生了第一个由麻省理工学院编写的聊天程序——ELIZA。它能够根据设计的规则，对用户的问题进行模式匹配，从预先编写好的答案库中选择合适的答案。1959 年，塞缪尔的跳棋程序能对所有可能跳法进行搜索以指导最佳路径，这掀起了人工智能发展的第一个高潮。

（3）走入低谷

　　人工智能发展初期创造了各种软件程序和硬件机器人，突破性进展大大提升了人们对人工智能的期望，开始尝试一些更有挑战性的任务，并提出了一些不切实际的目标。但这个时期创造的产品看起来都只是"玩具",远不能实现实际的工业应用。很多难题理论上可以解决,看上去只是少量的规则,但计算量却是惊人的。实际上由于当时计算机能力有限,很多问题根本无法解决,接二连三的失败和预期目标的落空(例如机器翻译闹出笑话等),使得计算驱动的人工智能陷入低谷。

2. 知识驱动时期(20 世纪 70 年代初期—90 年代中期)

20 世纪 70 年代出现的专家系统模拟人类专家的知识和经验解决特定领域的问题,实现了人工智能从理论研究走向实际应用、从一般推理策略探讨转向运用专门知识的重大突破。专家系统在医疗、化学、地质等领域取得成功,推动人工智能走入应用发展的新高潮。

随着人工智能的应用规模不断扩大,专家系统存在的应用领域狭窄、缺乏常识性知识、知识获取困难、推理方法单一、缺乏分布式功能、难以与现有数据库兼容等问题逐渐暴露出来。曾经一度被非常看好的神经网络技术,由于过分依赖于计算机和经验数据量,因此长期没有取得实质性的进展,人工智能又一次陷入低谷。

3. 数据驱动时期(20 世纪 90 年代中期至今)

网络技术尤其是互联网技术的迅速发展,极大地推动了人工智能领域的创新研究,并有力地促进了其实用化进程。1997 年,国际商业机器公司(IBM)研发的深蓝超级计算机在国际象棋对决中击败了世界冠军卡斯帕罗夫,这一里程碑事件标志着人工智能技术的重大突破。随后在 2008 年,IBM 提出了"智慧地球"这一前瞻性的概念,进一步凸显了信息技术对全球发展的深远影响。

随着大数据、云计算、互联网及物联网等信息技术日臻成熟和完善,神经网络逐渐成为当今人工智能技术研发的核心驱动力。特别是在 2006 年,Hinton 发表了"Learning Multiple Layers of Representation"这篇开创性论文,构建了全新的神经网络架构,奠定了深度学习在人工智能领域内的核心技术地位,他也因此被誉为"深度学习之父"。得益于泛在感知数据和图形处理器等先进计算平台的强力支撑,以深度神经网络为代表的人工智能技术实现了飞跃式进步,成功跨越了科学理论与实际应用之间的鸿沟。例如,在图像分类、语音识别、知识问答、人机博弈以及无人驾驶等领域取得了重大技术突破。尤其是在 2016 年和 2017 年,谷歌推出的 AlphaGo 人工智能围棋程序连续战胜了世界围棋冠军李世石和柯洁,引发了全球范围内对人工智能爆发式增长的关注热潮。

时至今日,诸如 ChatGPT、文心一言等大规模预训练模型的提出与广泛应用,更是将人工智能的发展推向了一个前所未有的巅峰。

历经 60 余年的发展历程,人工智能已在算法设计、算力提升(计算能力)以及数据资源(算料)这三大核心要素上取得重大突破,正处于从"难以使用"向"切实可用"的关键技术拐点。然而,要真正实现"便捷高效且普遍适用的人工智能",尚需克服诸多技术瓶颈和挑战。

1.1.2　中国人工智能技术的发展

与国际上人工智能的发展情况相比,我国的人工智能研究不仅起步较晚,而且发展道路曲折坎坷,历经了质疑、批评甚至打压的十分艰难的发展历程,直到改革开放之后,中国的人工智能才逐渐走上发展之路,如图 1.2 所示。中国的人工智能发展到今天,主要经历了曲折认识、艰难起步、迎来曙光、快速发展和国家战略五个阶段。

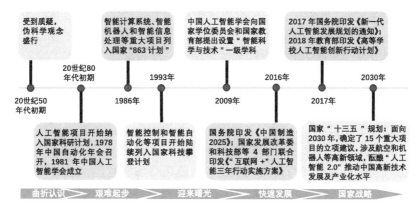

图 1.2 中国人工智能发展史

1. 曲折认识

20 世纪 50—60 年代，人工智能在西方国家得到重视和发展，但那时我国几乎没有人工智能研究，人工智能在中国要么受到质疑，要么与"特异功能"一起受到批判，被认为是伪科学和修正主义。主要原因是受到苏联批判人工智能和控制论的影响，苏联将人工智能斥为"资产阶级的反动伪科学"。20 世纪 60 年代后期和 70 年代，虽然苏联解禁了控制论和人工智能的研究，但因中苏关系恶化，中国学术界将苏联的这种解禁斥之为"修正主义"，人工智能研究继续停滞。

1978 年 3 月，全国科学大会在北京召开。邓小平发表了"科学技术是生产力"的重要讲话。大会提出了"向科学技术现代化进军"的战略决策，打开了解放思想的先河，促进了中国科学事业的发展。这是中国改革开放的先声，广大科技人员出现了思想大解放，人工智能也在酝酿着进一步的解禁。吴文俊提出的利用机器证明与发现几何定理的新方法——几何定理机器证明，获得 1978 年全国科学大会重大科技成果奖就是一个好的征兆。20 世纪 80 年代初期，钱学森等主张开展人工智能研究，中国的人工智能研究进一步活跃起来。但是，由于当时社会上把"人工智能"与"特异功能"混为一谈，把两者一并斥之为"伪科学"，使中国人工智能走过一段很长的弯路。

2. 艰难起步

20 世纪 70 年代末至 80 年代，知识工程和专家系统在欧美发达国家得到迅速发展，并取得重大的经济效益。当时我国相关研究处于艰难起步阶段，一些基础性的工作得以开展，包括选派留学生出国研究人工智能、成立人工智能学会和开始人工智能的相关项目研究。

改革开放后，自 1980 年起中国大批派遣留学生赴西方发达国家研究现代科技，学习科技新成果，其中包括人工智能和模式识别等学科领域。这些人工智能"海归"专家，已成为中国人工智能研究与开发应用的学术带头人和中坚力量，为发展中国人工智能做出了举足轻重的贡献。1981 年 9 月，中国人工智能学会（CAAI）在长沙成立，于光远在大会期间主持了一次大型座谈会，讨论有关人工智能的一些认识问题。他指出："人工智能是一门新兴的科学，我们应该积极支持"。

20 世纪 70 年代末—80 年代前期，一些人工智能相关项目已被纳入国家科研计划，在 1978 年召开的中国自动化学会年会上，报告了光学文字识别系统、手写体数字识别、生物控制论和模糊集合等研究成果，表明中国人工智能在生物控制和模式识别等方向的研究已开始起步。又如，1978 年把"智能模拟"纳入国家研究计划。不过，当时还未能直接提到"人工智能"研究，说明中国的人工智能禁区有待进一步打开。

3. 迎来曙光

1984 年 1 月和 2 月，邓小平分别在深圳和上海观看儿童与计算机下棋时，指示"计算机普及要从娃娃抓起"，此后，中国人工智能研究开始走上正常的发展道路。国防科工委于 1984 年召开了全国智能计算机及其系统学术讨论会，1985 年又召开了全国首届第五代计算机学术研讨会，1986 年起把智能计算机系统、智能机器人和智能信息处理等重大项目列入国家高技术研究发展计划（863 计划）。1986 年，国内首部人工智能专著《人工智能及其应用》出版；1987 年，《模式识别与人工智能》杂志顺利创刊，1988 年，《机器人学》著作出版；1990 年，《智能控制》著作出版；1993 年，智能控制和智能自动化等项目被列入国家科技计划攀登项目。

4. 快速发展

进入 21 世纪后，更多的人工智能与智能系统研究课题获得国家自然科学基金重点和重大项目、863 计划和国家重点基础研究发展计划（973 计划）项目、科技部科技攻关项目、工信部重大项目等各种国家基金计划支持，并与中国国民经济和科技发展的重大需求相结合，力求为国家做出更大贡献。这方面的研究项目很多，代表性的研究有视觉与听觉的认知计算、面向 Agent 的智能计算机系统、中文智能搜索引擎关键技术、智能化农业专家系统、虹膜识别、语音识别、人工心理与人工情感、基于仿人机器人的人机交互与合作、工程建设中的智能辅助决策系统、未知环境中移动机器人导航与控制等。

2009 年，中国人工智能学会牵头组织，向国家学位委员会和国家教育部提出设置"智能科学与技术"学位授权一级学科的建议。这个建议凝聚了中国广大人工智能教育工作者的心智心血和远见卓识，对中国人工智能学科建设具有十分深远的意义。

5. 国家战略

2014 年 6 月 9 日，习近平总书记在中国科学院第十七次院士大会、中国工程院第十二次院士大会开幕式上发表重要讲话强调："由于大数据、云计算、移动互联网等新一代信息技术同机器人技术相互融合步伐加快，3D 打印、人工智能迅猛发展，制造机器人的软硬件技术日趋成熟，成本不断降低，性能不断提升，军用无人机、自动驾驶汽车、家政服务机器人已经成为现实，有的人工智能机器人已具有相当程度的自主思维和学习能力。"这是党和国家最高领导人首次对人工智能和相关智能技术的高度评价，是对开展人工智能和智能机器人技术开发的庄严号召和大力推动。

2015 年 5 月，国务院发布《中国制造 2025》部署全面推进实施制造强国战略。围绕实现制造强国的战略目标，《中国制造 2025》明确了 9 项战略任务和重点。这些战略任务，无论是提高创新能力、信息化与工业化深度融合、强化工业基础能力、加强质量品牌建设，还是推动重点领域突破发展、全面推行绿色制造、推进制造业结构调整、提高制造业国际化发展水平，都离不开人工智能的参与，都与人工智能的发展密切相关。

2016 年 4 月，工业和信息化部、国家发展改革委、财政部三部委联合印发了《机器人产业发展规划（2016—2020 年）》，为"十三五"期间中国机器人产业发展描绘了清晰的蓝图。人工智能是智能机器人产业发展的关键核心技术，规划提出的大部分任务，如智能生产、智能物流、智能工业机器人、人机协作机器人、消防救援机器人、手术机器人、智能型公共服务机器人、智能护理机器人等，都需要采用各种人工智能技术。

2016 年 5 月，国家发展改革委和科技部等 4 部门联合印发《"互联网 +" 人工智能三年行动实施方案》，明确未来 3 年智能产业的发展重点与具体扶持项目，进一步体现出人工智能已被提升至国家战略高度。

2017 年 7 月，国务院印发《新一代人工智能发展规划》，旨在抓住人工智能发展的重大战略机遇，构筑我国人工智能发展的先发优势，加快建设创新型国家和世界科技强国；2018 年 4 月，教育部印发《高等学校人工智能创新行动计划》，旨在提升高校人工智能领域科技创新、人才培养和服务国家需求的能力。

近年来，在《新一代人工智能发展规划》指引下，科技部成立人工智能规划推进办公室、战略咨询委员会和人工智能治理专业委员会，也相继制定了《新一代人工智能治理原则》和《伦理规范》，针对基于人工智能技术应用的 ChatGPT 在海内外引发广泛关注，启动人工智能重大科技项目，确定了以 "基础软硬件" 为主体、以 "基础理论" 和 "创新应用" 为两翼的 "一体两翼" 研发布局，从推动人工智能与经济社会深度融合、全方位推动人工智能开放合作等四个方面推进研发和应用。我国在《"十三五" 国家科技创新规划》中，面向 2030 年，确定了 15 个重大项目的立项建议，涉及航空、网络安全、智能电网、智能制造和机器人等多个高新领域，酝酿 "人工智能 2.0" 推动中国高新技术发展及产业化水平。

党的二十大报告中强调要构建新一代信息技术、人工智能等一批新的增长引擎，这为我国新一代信息技术产业发展指明了方向。新一代信息技术高速发展，不仅为我国加快推进制造强国、网络强国和数字中国、交通强国建设提供了坚实有力的支撑，而且将促进各行业转型升级，成为推动我国经济高质量发展的新动能。

这些重大国家战略决策的发布与实施，体现了中国已把人工智能技术提升到国家发展战略的高度，对发展中国人工智能给予高屋建瓴的指示与支持，为人工智能的发展创造了前所未有的优良环境，也赋予人工智能艰巨而光荣的历史使命。

1.1.3　人工智能的基本概念

人工智能是研究开发能够模拟、延伸和扩展人类智能的理论、方法、技术、应用等的一门新技术科学，其研究目的是促使智能机器会听（语音识别、机器翻译等）、会看（图像识别、文字识别等）、会说（语音合成、人机对话等）、会思考（人机对弈、定理证明等）、会学习（机器学习、知识表示等）、会行动（机器人、自动驾驶汽车等）。

1. 人工智能的定义

人工智能是一门前沿的交叉学科，像许多新兴学科一样，人工智能至今尚无统一的定义。斯坦福大学 Nilsson 教授提出，人工智能是关于知识的科学，包括知识的表示、知识的获取、知识的应用，需要从学科和功能两方面来定义。

（1）从学科角度定义

人工智能是计算机学科中涉及研究、设计和应用智能机器的一个分支，它的近期主要目标在于研究机器模仿和执行人脑的某些智能功能，并开发相关的理论和技术。

（2）从功能角度定义

人工智能是智能机器所执行的与人类智能有关的功能，如判断、推理、证明、识别、感知、理解、设计、思考、规划、学习和问题求解等思维活动。

也有一种定义是将人工智能分为两部分，即"人工"和"智能"，用"四会"进行界定，人工智能＝会运动＋会看懂＋会听懂＋会思考。这里的"人"指的是"机器人"，"人工"指的是需要机器人做工，而这种做工必然会导致某些物件或者事情发生变化；"智能部分"认为机器人和人类一样能智慧地处理各种运动，也就是说能具有意识自发地来决策并执行，不需要人类去干预。

随着深度学习技术的发展，人工智能发展到不仅指机器像人类一样具备感知、理解和推理能力，而且能够生成新的知识、思想和创意，能够进行创造性思维和创新性的工作，也就是具有感知、认知、决策和行动的能力。

2. 人工智能的主流学派

目前，**人工智能的主流学派有三大流派，分别是符号主义、连接主义和行为主义**。这三大学派各有优势和局限，存在相互影响和借鉴的地方，但它们也有明显的区别和对立。

1）符号主义学派，人工智能的早期学派，又称为逻辑主义、心理学派或计算机学派，其原理主要为物理符号系统假设和有限合理性原理。符号主义认为人的认知基元是符号，而认知过程即符号操作过程。符号主义认为人是一个物理符号系统，计算机也是一个物理符号系统，因此我们能用计算机的符号操作来模拟人的认知过程。它的研究重点是如何用符号来表示和处理知识，以及如何进行推理和决策。

符号主义学派的代表性算法有专家系统和推理机。符号主义的应用案例有启发式程序、专家系统和知识工程。启发式程序是一种基于问题求解的智能程序，可以根据问题的特点和当前状态，选择合适的策略和方法，寻找最优或近似最优的解决方案。例如，数独程序、国际象棋程序等。专家系统是一种基于知识表示和推理的智能程序，可以模拟人类专家在某一领域回答或解决问题的过程。例如，医疗诊断系统、法律咨询系统、金融分析系统等。知识工程是一种基于知识获取、表示、存储、管理和利用的智能技术，可以帮助人类构建和维护知识库，提高知识的质量和效率。例如，百度百科、维基百科等。

2）连接主义学派，又称仿生学派或生理学派，是一种基于神经网络和网络间的连接机制与学习算法的智能模拟方法。连接主义认为人的思维基元是神经元，而不是符号处理过程，既然生物智能是由神经网络产生的，那就通过人工方式构造神经网络，再训练人工神经网络产生智能。连接主义强调智能活动是由大量简单单元通过复杂连接后并行运行的结果。

连接主义的代表性成果有感知器、反向传播网络、卷积神经网络等。感知器是一种最简单的人工神经网络模型，可以实现对输入信号的线性分类，例如手写数字识别、逻辑门实现等；反向传播网络是一种多层前馈神经网络模型，可以通过反向传播算法调整网络权重，实现对输入信号的非线性映射，例如图像分类、语音识别、自然语言处理等；卷积神经网络是一种特殊的反向传播网络模型，可以通过卷积层、池化层和全连接层提取输入信号的特征，并进行分类或回归，例如人脸识别、目标检测、图像生成等。

3）行为主义学派，又称进化主义或控制论学派，是一种基于"感知 - 行动"的行为智能模拟方法。行为主义认为智能取决于感知和行为，取决于对外界复杂环境的适应，而不是表示和推理。生物智能是自然进化的产物，生物通过与环境及其他生物之间的相互作用，从而发展出越来越强的智能，人工智能也可以沿这个途径发展。行为主义对传统人工智能进行了批评和否定，提出了无知识表示和无推理的智能行为观点。行为主义的代表性成果有六足行走机器人、波士顿动力机器人等。

符号主义、连接主义和行为主义从不同的角度智能地探索大自然，与人脑思维模型有着密切关系。符号主义学派研究抽象思维，连接主义学派研究形象思维，而行为主义学派研究感知思维，他们各有各的特点，三大学派在理论方法与技术路线等方面的争论一直没有停止过。在理论方法上，符号主义着重于功能模拟，提倡用计算机模拟人类认知系统所具备的功能和机能；连接主义着重于结构模拟，通过模拟人的生理网络来实现智能；行为主义着重于行为模拟，依赖感知和行为实现智能。在技术路线方面，符号主义依赖于软件路线，通过启发性程序设计，实现知识工程和各种智能算法；连接主义依赖于硬件设计，如脑模型、智能机器人等；行为主义利用一些相对独立的功能单元，组成分层异步分布式网络，为机器人的研究开创新的方法。人工智能界普遍认为，符号主义、连接主义和行为主义三大学派将长期共存，未来的发展将立足于各学派之间求同存异、相互融合。

本书主要介绍目前主流的深度学习方法，深度学习是深层的神经网络方法，属于机器学习方法中的一种。通过对本书的学习，学会采用 Python 语言和百度飞桨深度学习框架（Paddle Paddle），从零基础开始搭建深度学习模型，实现智能汽车的自动巡航、目标识别等。

1.2 智能汽车及全国大学生智能汽车竞赛

1.2.1 智能汽车技术概述

智能汽车是一个集环境感知、规划决策、多等级辅助驾驶等功能于一体的综合系统，它集中运用了计算机、现代传感、信息融合、通信、人工智能及自动控制等技术，是典型的高新技术综合体。对智能汽车的研究主要致力于提高汽车的安全性、舒适性。近年来，智能汽车已经成为世界汽车工程领域研究的热点和汽车工业增长的新动力。

智能汽车的实现依赖于多种关键技术，这些技术共同构成了智能汽车系统的基础。以下是智能汽车的一些关键技术：

1）传感器技术：包括激光雷达、摄像头、超声波传感器等，用于感知车辆周围环境。传感器可以获取道路信息、交通标志、行人、障碍物等数据，为车辆做出智能决策提供关键信息。

2）自动驾驶技术：自动驾驶是智能汽车的核心技术，它基于传感器数据实现车辆的自主导航和驾驶。自动驾驶技术包括路径规划、环境感知、决策和控制等模块，确保车辆在各种情况下安全行驶。

3）人工智能和机器学习：人工智能技术在智能汽车中起着至关重要的作用。机器学习用于训练模型，从数据中学习和改进决策能力，使智能汽车能够适应不同的交通环境和路况。

4）高精度地图和定位技术：高精度地图是智能汽车导航的基础，它提供了道路几何、标志和交通信号等的详细信息。定位技术如全球定位系统（GPS）、惯性导航等则确保车辆在地图上的准确定位。

5）通信技术：智能汽车需要与其他车辆、交通基础设施和云端服务进行实时通信，从而获取最新的交通信息和路况，并实现车辆之间的协同行驶。

6）人机交互技术：智能汽车需要与驾驶人和乘客进行交互，使得操控更加简单化、智能化和个性化。人机交互技术包括语音识别、手势控制、人脸识别等。

7）数据安全和隐私保护：智能汽车能处理大量的数据，其中包括个人信息。因此，车辆系统的数据安全和隐私保护至关重要，防止数据泄漏和滥用。

8）软件和系统集成：智能汽车是一个复杂的系统，需要多个软件模块的协同工作，软件和系统集成技术确保各个模块的正确运行和高效合作。

这些技术共同构成了智能汽车的关键技术基础，随着科技的不断进步和应用的推进，智能汽车将为交通出行带来革命性的变革。

1.2.2　全国大学生智能汽车竞赛简介

全国大学生智能汽车竞赛是一个由教育部、科技部等部门共同支持举办的竞赛活动，旨在促进大学生对智能汽车技术学习和创新能力的提升。该竞赛通常包括以下几个方面。

1）智能汽车设计与制作：参赛队伍需要设计和制作一辆能够自主驾驶、具备感知和决策能力的智能汽车，涉及机械结构设计、传感器选择和布置、算法开发等方面的技术挑战。

2）感知与决策算法：参赛队伍需要开发智能汽车的感知和决策算法，使其能够准确地感知周围环境、理解交通规则和场景，并做出安全、高效的驾驶决策。这涉及计算机视觉、机器学习、路径规划等领域的知识和技术。

3）驾驶性能测试：参赛队伍的智能汽车需要经过一系列驾驶性能测试，例如道路行驶、避障、停车等任务，评委会根据智能汽车的驾驶表现和性能指标进行评估和排名。

4）创新应用和实践：除了基本的智能汽车设计和制作，参赛队伍还可以展示自己的创新应用和实践成果。这包括使用车联网技术与其他车辆或基础设施进行通信、实现智能交通管理等方面的创新。

全国大学生智能汽车竞赛为大学生提供了一个锻炼实践能力和创新能力的平台，激发学生对智能汽车技术的兴趣和热情。此外，该竞赛也促进了智能汽车技术的研发和应用，推动了中国智能交通领域的发展。

全国大学生智能汽车竞赛百度智慧交通创意组是全国大学生智能汽车竞赛中的一个子赛项，已连续举办多年。该赛项旨在鼓励大学生在智能交通领域的创新和创意，竞赛内容更多侧重于深度学习技术的创新应用，场景化地设计了基于深度学习的智能车趣味赛题。图 1.3 是 2023 年竞赛用车模，图 1.4 是 2023 年竞赛用场景。2023 年竞赛的主题要求参赛学生在"长江之歌"主题的故事线

图 1.3　全国大学生智能汽车竞赛百度智慧交通创意组 2023 年车模

中，使用飞桨 PaddlePaddle 和 EdgeBoard 完成特定场景的自动驾驶任务及系列自动化操作，这些任务的核心内容是深度学习模型的设计与部署，包括自动巡航的回归预测任务和目标检测任务，要求使用的深度学习框架是百度的 PaddlePaddle，深度学习模型的创建用 Python 语言。通过学习本书，学生就能够从零基础开始学习 Python 语言编程、Python 数据分析、利用 Python 和飞桨 PaddlePaddle 搭建深度学习模型，完成竞赛各项任务。

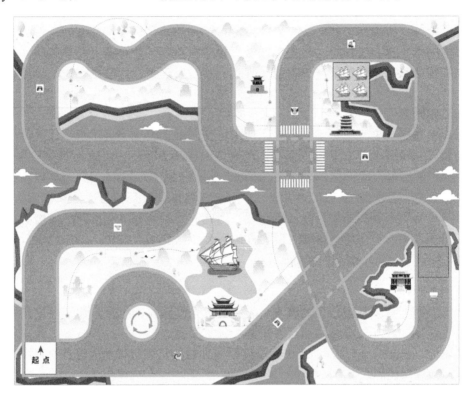

图 1.4　全国大学生智能汽车竞赛百度智慧交通创意组 2023 年竞赛场景

1.3　程序设计语言及 Python 语言简介

　　程序设计语言是用于编写计算机程序的一套规则和符号体系。它们定义了程序的结构、语法和语义，允许开发人员以一种可被计算机理解的方式表达算法和逻辑。根据程序设计语言的抽象级别，可以将程序设计语言分为低级语言和高级语言。按照编程范式或编程方法论，可以将程序设计语言分为结构化语言和面向对象语言。编程范式是一种组织和设计代码的方式，它定义了编程语言中的基本概念、原则和规范。

1.3.1　低级语言和高级语言

1. 低级语言

　　低级语言直接与计算机硬件交互，更接近计算机的底层操作，它们提供了对计算机底层操作的直接控制。低级语言可以进一步分为机器语言和汇编语言。

（1）机器语言

机器语言是计算机能够直接执行的二进制指令代码，是计算机硬件可以直接识别和执行的程序设计语言。它使用二进制数字表示不同的操作和数据，例如：执行数字 2 和 3 的加法，16 位计算机上的机器指令为：11010010 00111011，不同计算机结构的机器指令会有所不同。机器语言允许程序员直接控制计算机硬件资源，对应于计算机处理器的底层指令集，如处理器、内存和输入 / 输出设备。程序员可以直接操作内存地址、寄存器和设备控制器等底层细节。机器语言的语法和指令集是与特定的计算机架构相关的，不同的计算机架构有不同的指令集和操作码，因此机器语言程序在不同的计算机上可移植性差。机器语言的语法和指令集对于程序员来说可能比较晦涩和难以理解，这使得它的可读性和可维护性差。

（2）汇编语言

汇编语言是机器语言的一种文本表示形式，使用助记符代表机器指令和内存地址，助记符通常是人类可读的英文单词或简写，与具体的机器指令一一对应。例如：执行数字 2 和 3 的加法，汇编语言代码为：add 2, 3, result，运算结果写入 result。与机器语言一样，汇编语言是直接与计算机硬件交互的语言，它的语法和指令集是与特定计算机架构相关的。不同的计算机架构有不同的指令集和寄存器，因此汇编语言程序在不同的架构上可能不可移植。汇编语言需要程序员具备对底层硬件的深入了解和编程技巧，对于初学者来说，理解和编写汇编语言代码可能是一项挑战。

2. 高级语言

高级语言是相对于低级语言的概念，它更接近自然语言，结合了数学表达式和英语符号，更容易地描述计算问题并利用计算机解决计算问题。例如：执行数字 2 和 3 加法的高级语言代码为：result = 2 + 3。高级语言通过使用抽象层和更易读的语法，使程序员能够更方便地编写和理解代码。

高级语言不能直接被计算机执行，它在计算机上的执行需要依赖编译器或解释器来进行翻译和执行。这些工具将高级语言转换为计算机能够理解和执行的形式，以实现相应的功能和逻辑。也就是说，高级语言需要通过编译执行或解释执行。

（1）编译执行

高级语言的代码首先通过编译器将其转换为目标平台的机器语言，生成可执行的机器代码文件，这个过程只需要进行一次。然后，这些机器代码可以直接在目标平台上执行。由于代码已经被转换为机器语言，编译执行通常比解释执行更高效，但由于生成的机器代码与特定的目标平台相关，可执行文件在不同平台上需要重新编译才能运行。常见的编译执行语言包括 C、C++、Java 等。编译执行语言属于静态语言，在静态语言中，变量的数据类型通常在编译阶段就确定，并且在程序执行过程中保持不变。在静态语言中，程序员需要显式地声明变量的类型，并且变量在声明时必须具有确定的类型。

（2）解释执行

高级语言的代码逐行被解释器读取和执行。解释器将源代码逐行翻译成机器语言或字节码，并立即执行翻译得到的代码。每执行一行代码，解释器都会解释并执行下一行。由于解释器将代码直接翻译为目标平台的指令，解释执行通常具有较好的跨平台性，但解释执行的速度通常较慢，因为每次执行代码都需要解释器进行解释和转换。常见的解释执行语言包括 Python、JavaScript 和 Ruby 等。解释语言通常被称为脚本语言，用于编写脚本程序。脚本语言通常使用动态类型，变量的类型在运行时可以根据上下文进行推断和更改。脚本语言的特点是具有简洁的语法和灵活的动态特性，适合用于自动化、批处理和快速开发等任务。

现实中很多高级语言的执行方式不是绝对的，而是综合使用了解释执行和编译执行的混合模式。例如，Python 解释器在运行代码时会将其转换为中间形式的字节码，并使用解释器执行字节码。这种方式结合了解释执行的灵活性和编译执行的性能优势。

1.3.2　结构化语言和面向对象语言

结构化语言和面向对象语言是两种常见的编程范式，它们在代码组织和设计上有所不同。这两种编程范式都有自己的特点和优势，适用于不同的应用场景和开发需求。结构化语言适用于较小规模的程序开发和底层系统编程，而面向对象语言更适合于大型软件系统和面向对象设计的应用领域。

1）结构化语言是以结构化编程为基础的一种编程范式。结构化编程强调使用顺序、选择和循环等结构来组织代码，以实现清晰、可读性强的程序。结构化语言通过顺序结构、条件语句和循环语句等实现程序逻辑的控制。C 语言是一种典型的结构化语言。

2）面向对象语言是以面向对象编程（OOP）为基础的一种编程范式。面向对象编程将程序组织为对象的集合，每个对象都具有数据和对数据操作的方法。面向对象编程通过封装、继承和多态等机制来组织和设计代码，以实现代码的重用。

1.3.3　Python 语言特点

Python 是一种高级、通用且解释型的编程语言，于 1991 年由 Guido van Rossum 创建。Python 具有简洁明确的语法和强大的功能，被广泛应用于各种领域，包括 Web 开发、数据分析、人工智能、科学计算和自动化等。Python 语言的一些特点和优势如下：

1）简洁易读：Python 语法简洁明确，采用缩进来表示代码块，提供了清晰、可读性强的代码结构。这使得初学者能够快速上手，并且提高了代码的可读性和可维护性。

2）高级特性：Python 支持面向对象编程（OOP）和函数式编程，具有封装、继承、多态等面向对象特性，以及匿名函数、高阶函数、生成器等函数式编程特性。

3）广泛的库和框架支持：Python 拥有丰富的第三方库和框架，如 numpy、pandas、django、flask 等，可以快速开发各种应用和解决复杂的问题。

4）跨平台性：Python 是跨平台的，可以在多个操作系统上运行，包括 Windows、macOS 和 Linux 等。

5）强大的生态系统：Python 拥有活跃的开源社区，提供了大量的资源、教程和文档，可以方便地获取支持和解决问题。

6）快速开发和迭代：Python 的开发效率较高，能够快速迭代和构建原型。它提供了交互式解释器和调试工具，便于开发和调试代码。

由于 Python 具有易学易用、强大的组合数据类型、开放包容等功能，使得 Python 成为一门受欢迎的编程语言，为非计算机专业的人员从事数据分析提供了更广阔的平台，并在不同行业和领域中得到了广泛的应用。

1.3.4　Python 开发环境及小实例

1. Python 开发环境

Python 开发需要设置一个适合的开发环境。可以从 Python 官方网站（https://www.py-thon.org）下载最新版本的 Python 解释器安装包，并按照安装向导进行安装。Pyhton 主网站下载页面如图 1.5 所示。目前最新版本是 3.11.4，大家下载时可以不用选择最新版本，这是因为 Python 的第三方库很多，有些库的更新速度不一定能跟得上 Python 解释器的更新速度。

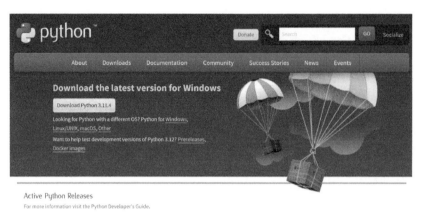

图 1.5　Python 主网站下载页面

Python 安装包将在系统中安装一批与 Python 开发和运行相关的程序，其中最重要的两个是 Python 命令行和 Python 集成开发环境（Python′s Integrated Development Environment, IDLE）。Python IDLE 是一个简单的集成开发环境（IDE），适用于编写和运行简单的 Python 代码。对于更复杂的项目和开发需求，需要使用更强大的 IDE，常用的 Python IDE 有 PyCharm、Visual Studio Code、Jupyter Notebook 等。本书第 7 章往后的实例和项目将基于 Jupyter Notebook 完成。前 6 章的实例主要基于 Python IDLE 完成，对于零基础同学，建议选用 Python IDLE 完成前 6 章实例和作业，有基础的同学可以直接选用 PyCharm 或 Jupyter Notebook 完成。

2. 运行 Python 小程序实例

运行 Python 程序有两种方式：交互式和文件式。交互式指 Python 解释器即时响应用户输入的每条代码，给出输出结果。文件式也称为批量式，指用户将程序写在文件中，写完以后启动 Python 解释器批量执行文件中的代码。交互式一般用于初学时测试少量代码，文件式是最常用的编程方式。本节将以 Window 系统中 IDLE 环境下运行 "Hello Word" 小程序演示两种方式的启动和执行方法。

（1）交互式启动和执行方法

交互式编程模式下可以逐行编写和测试代码，立即查看结果。这对于尝试新的代码片段、调试和学习 Python 语言非常有用。交互式可以有两种方式启动：

1）在命令行终端（Windows 下是命令提示符，macOS 和 Linux 下是终端）启动。启动步骤如下：

① 打开命令行终端（Windows 下是命令提示符，macOS 和 Linux 下是终端）。

② 输入 python 或 python3 命令，然后按 Enter 键，启动 Python 解释器。你应该会看到一个提示符 >>>，表示现在可以输入 Python 代码。

③ 输入 Python 代码行，例如：print（ "Hello World" ）。

④ 按 Enter 键执行代码，你将立即看到代码的输出结果。

命令行终端启动交互式的界面和程序运行如图 1.6 所示。

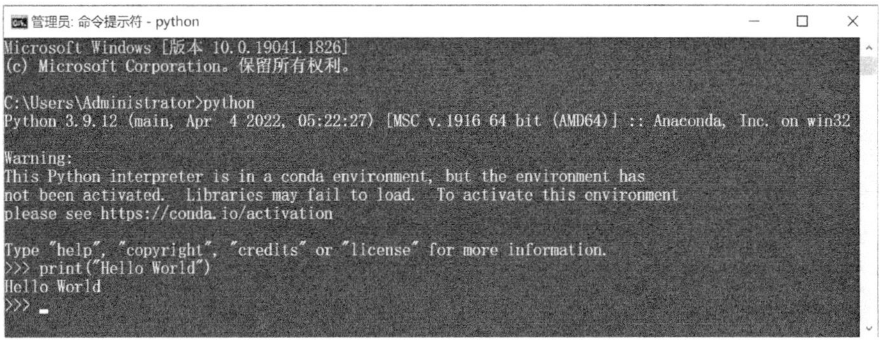

图 1.6　命令行终端启动交互式的界面和程序运行

2）通过调用安装的 IDLE 来启动 Python 运行环境，可以在 Windows "开始" 菜单中搜索 "IDLE" 找到快捷方式。IDLE 中交互式运行 "Hello World" 程序的效果如图 1.7 所示。

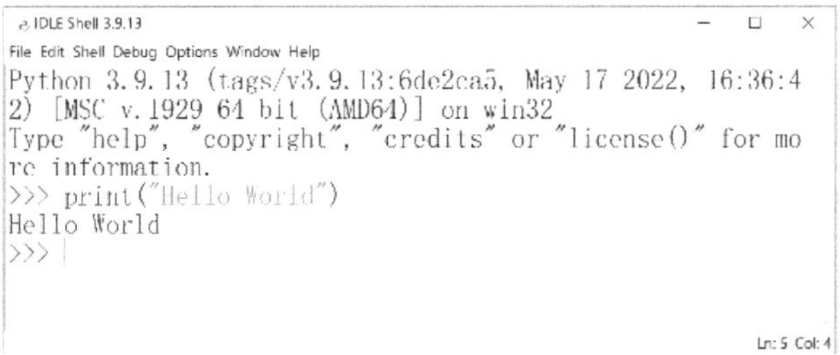

图 1.7　IDLE 中交互式运行 "Hello World" 程序的效果

（2）文件式启动和执行方法

文件式编程模式是通过编写代码文件实现的。这种模式适用于编写较长的代码、独立的程序或模块。文件式可以打开任意文本编辑器，按照 Python 语言要求编辑代码，本节中我们选用 IDLE。打开 IDLE，按快捷键 Ctrl+N 打开一个新窗口，或在菜单中选择 File → New File 选项。打开的新窗口不是交互模式，而是一个具备 Python 语法高亮辅助的编辑器，可以进行代码编辑。例如，输入 print（ "Hello World" ）并保存为 hello.py 文件，如图 1.8 所示，按快捷键 F5，或在菜单中选择 Run → Run Module 选项运行该文件。

图 1.8　IDLE 启动文件式编程

　　下面给出 4 个小实例的交互式和文件式代码，读者可以在 IDLE 的交互式或文件式两种方式下练习。如果不明白代码中的具体语法含义，可以先忽略，后面章节我们将学习。建议零基础的学习者要多仿写、改写程序，尽量尝试去理解和体会代码。注意在编辑器中输入代码时，">>>"是交互模式下自动有的，不需要也不能再输入，"#"及后面的文字是注释，用来帮助理解程序，不影响程序执行。实例 1.1~ 实例 1.3 既给出了交互模式下的过程展示，也给出了文件模式代码；实例 1.4 由于代码行数较多，只给出了文件模式的代码，读者也可以自行进行交互模式的体会。实例 1.4 运行结果如图 1.9 所示。

```python
# 实例 1.1  正方形面积计算
# （1）交互模式过程展示
>>> length=10                       # 正方形边长
>>> area=length*length              # 求正方形面积
>>> print(area)                     # 输出正方形面积值
100
```

```python
# （2）文件模式代码
length=10                           # 正方形边长
area=length*length                  # 求正方形面积
print(area)                         # 输出正方形面积值
```

```python
# 实例 1.2  简单的对话
# （1）交互模式过程展示
>>> name=input("请输入姓名：")
请输入姓名：孔明
>>> print("{}同学，选修该课程，学会 Python 编程 ".format(name))
孔明同学，选修该课程，学会 Python 编程
>>> print("{}同学，选修该课程，能用 Python 做数据分析 ".format(name))
孔明同学，选修该课程，能用 Python 做数据分析
>>> print("{}同学，选修该课程，学懂 AI".format(name))
孔明同学，选修该课程，学懂 AI
```

```python
# （2）文件模式代码
name=input("请输入姓名：")
print("{}同学，选修该课程，学会 Python 编程 ".format(name))
print("{}同学，选修该课程，能用 Python 做数据分析 ".format(name))
print("{}同学，选修该课程，学懂 AI".format(name))
```

```
#实例 1.3 求数的平方
#（1）交互模式过程展示
>>> numbers = [1, 2, 3, 4, 5]                        #列表数据
>>> squared_numbers = [num**2 for num in numbers]    #遍历列表中每个元素求平方
>>> print(squared_numbers)                           #输出求平方后的列表
[1, 4, 9, 16, 25]
```

```
#（2）文件模式代码
numbers = [1, 2, 3, 4, 5]                            #列表数据
squared_numbers = [num**2 for num in numbers]        #遍历列表中每个元素求平方
print(squared_numbers)                               #输出求平方后的列表
```

```
#实例 1.4 绘制同心圆，文件模式代码
import turtle                                         #引用 turtle 库
turtle.circle(50)                                     #绘制半径为 50 像素的圆
turtle.penup()                                        #抬起画笔，移动不画线
turtle.goto(0, -50)                                   #画笔移到 (0,-50) 像素
turtle.pendown()                                      #放下画笔
turtle.circle(100)                                    #绘制半径为 100 像素的圆
turtle.penup()                                        #抬起画笔，移动不画线
turtle.goto(0, -100)                                  #画笔移到 (0,-100) 像素
turtle.pendown()                                      #放下画笔
turtle.circle(150)                                    #绘制半径为 150 像素的圆
```

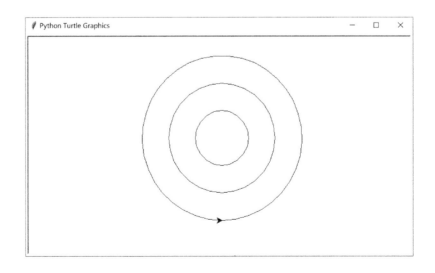

图 1.9 绘制的同心圆

习 题

一、选择题

1. Python 是一种（   ）。

A. 编译型语言   B. 解释型语言   C. 汇编语言   D. 机器语言

2. 以下（   ）不属于 Python 语言的特点。

A. 通用性   B. 语法简洁

C. 执行效率高的编译型语言   D. 生态高产

3. Python 语言的编程范式是（   ）。

A. 面向过程   B. 面向对象   C. 函数式   D. 逻辑式

4. Python 语言中，（   ）是正确的注释方式。

A. // 注释   B. /* 注释 */   C. # 注释   D. 以上所有

5. 人工智能的三次浪潮分别是（   ）。

A. 符号主义、连接主义、进化计算

B. 计算驱动、知识驱动、数据驱动

C. 机器学习、深度学习、强化学习

D. 自然语言处理、计算机视觉、语音识别

6. 数据驱动的人工智能的基本思想是（   ）。

A. 使用计算机来模拟人类的思维过程

B. 使用计算机来存储和处理大量的数据

C. 使用计算机来学习和适应新的环境

D. 使用计算机来与人类进行自然语言交流

7. 人工智能赋能汽车的意义是（   ）。

A. 提高汽车的安全性   B. 提高汽车的舒适性

C. 提高汽车的智能化水平   D. 以上所有

二、判断题

1. Python 是一种静态类型语言。   （   ）

2. Python 是一种编译型语言。   （   ）

3. Python 是一种面向过程的语言。   （   ）

4. Python 是一种脚本语言。   （   ）

5. Python 语言是一种跨平台语言。   （   ）

6. 人工智能的三次浪潮是相互独立的。   （   ）

7. 计算驱动的人工智能的主要技术是符号主义。   （   ）

8. 知识驱动的人工智能的主要技术是专家系统。   （   ）

9. 人工智能的未来发展方向是数据驱动。   （   ）

10. 人工智能的三次浪潮都取得了巨大的成功。   （   ）

三、简答题

1. 简述人工智能的三次浪潮，以及计算驱动、知识驱动、数据驱动的基本思想。

2. 什么是人工智能，试从学科和能力两方面加以说明。

3. 请阐述你对中国在人工智能方面重大战略决策的理解。

4. 智能汽车包括哪些关键技术，人工智能赋能汽车的意义是什么？

5. 简述结构化语言和面向对象语言的区别。

四、实训题

练习下面两个实例，熟练使用 Python 开发环境 IDLE。

（1）九九乘法表输出。要求排列工整对齐打印输出九九乘法表。

```
for i in range(1,10):
    for j in range(1,i+1):
        print("{}*{}={:2}".format(j,i,i*j),end="")
    print("")
```

（2）绘制一个五角星图形，如题图 1.1 所示。

```
import turtle
while True:
    turtle.forward(300)
    turtle.right(144)
    if abs(turtle.pos())<1:
        break
```

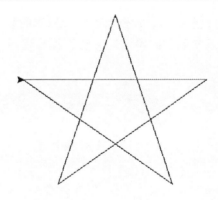

题图 1.1 五角星

第 2 章　Python 基本语法元素及数据类型

计算机编程求解问题是一个从抽象问题到解决问题的完整过程。IPO 程序设计方法是常用的程序设计思路，它能更好地组织程序的结构，使程序更加清晰易懂。本章将简单介绍 IPO 程序设计方法，并通过深度学习中常用的激活函数 ReLU 函数和智能车差速转向控制两个实例来讲解 IPO 程序设计过程；基于智能车差速转向实例介绍 Python 的缩进、标识符、表达式等基本语法元素。编程核心的作用是处理数据，Python 常用的基本数据类型有整数类型、浮点数类型和字符串类型。本章将详细介绍这三种数据类型。

2.1　程序的基本设计方法

计算机编程求解问题的过程基本可以分为四步：分析问题，抽象内容之间的相互关系；程序设计，设计利用计算机求解问题的确定性方法；编写程序；调试和测试程序。计算机求解问题过程如图 2.1 所示。

图 2.1　计算机求解问题过程

2.1.1　IPO 程序设计方法

IPO 代表着输入（Input）、处理（Process）和输出（Output）。

1）Input：程序的输入。输入数据可以来自文件、网络、控制台、交互界面或内部参数等多种途径。

2）Process：程序的处理过程。Process 是程序对输入数据进行计算产生输出结果的过程，这个过程统称为算法。算法是程序最重要的部分，是一个程序的灵魂，它决定了程序能否正确地解决问题。

3）Output：程序的输出。Output 是程序展示运算结果的方式。程序的输出可以是控制台输出、图形输出、文件输出、网络输出或操作系统内部变量输出等多种方式。

IPO 程序设计方法是一种非常实用的程序设计思路，其优点在于能更好地组织程序的结构，使程序更加清晰易懂。通过将程序分为输入、处理和输出三个部分，可以更好地理解程序的运行流程，并更容易地对程序进行调试和维护。

2.1.2　实例：ReLU 激活函数

激活函数（Activation Function）是一种用于人工神经网络的函数，旨在实现神经网络模型的非线性输出。类似于人类大脑中基于神经元的模型，激活函数最终决定了要发送给下一个神经元的信息。在人工神经网络中，一个节点的激活函数定义了该节点在给定的输入或输入集合下的输出。

ReLU 全称为 Rectified Linear Unit，是人工神经网络中常用的一种激活函数。它实际上是斜坡函数，即 $f(x) = \max(0, x)$。ReLU 激活函数是一个简单的计算，如果输入大于 0，直接返回作为输入提供的值；如果输入是 0 或更小，返回值 0。我们可以用一个简单的 if-statement 来描述这个问题：

$$f(x) = \begin{cases} x, & \text{若} \quad x > 0 \\ 0, & \text{若} \quad x \leq 0 \end{cases}$$

用编程实现上述函数，简单分析可知，输入为数值 x，处理过程为算法 $f(x)$，输出为处理后的数值。编程实现如实例 2.1 所示。

```python
#实例 2.1 ReLU 函数
x = input("请输入数值 x:")
if (eval(x) > 0):
    print(x)
else:
    print(0)
```

2.1.3　实例：智能车差速转向

在全国大学生智能汽车竞赛智慧交通创意赛中，可以通过深度学习模型得到智能车转角预测值，这个值的大小在 [−1,1] 之间，大于 0 表示右转弯，小于 0 表示左转弯。可以通过左右轮差速实现转向。如需要右转弯，右轮减速，左轮速度不变；如需要左转弯，左轮减速，右轮速度不变。实现差速转向的程序如实例 2.2 所示，这个例子体现了 IPO 程序设计思想，同时也体现了 Python 的大部分基本语法元素。

```python
#实例 2.2 智能车差速转向
import math#引用库
speed=20    #设定车轮直线行驶速度
kx=0.85     #调节参数
left_wheel=speed
right_wheel=speed
angle = eval(input("请输入归一化后的角度："))
if 0<angle<=1 :  # 右转弯
    right_wheel= (1-angle*kx)*speed
```

```
    print("right_speed:",right_wheel,"left_speed:",left_wheel)
elif -1<=angle<=0  : #左转弯和直行
    left_wheel= (1-abs(angle*kx))*speed
    print("right_speed:",right_wheel,"left_speed:",left_wheel)
else:
    print(" 输入转角信息不是归一化数据 ")
```

2.2 Python 基本语法元素

Python 程序包含格式框架、注释、常量、变量、表达式、分支语句、函数等基本语法元素。俗话说，无规矩不成方圆，Python 语言虽然简单，但也必须遵守它的语法规则，才能被执行并得到正确的结果。下面将通过实例 2.2 智能车差速转向介绍 Python 基本语法元素。其中，分支语句和循环语句将在第 3 章详细介绍，函数将在第 4 章详细介绍。

2.2.1 注释 (comment)

注释是用来帮助程序员理解代码的一种语法。它可以让程序员在代码中添加一些文字说明，用来对语句、函数、数据结构或方法等进行说明，提升代码的可读性，帮助其他人理解代码的功能和用途。注释是代码中的辅助性文字，在执行代码时会被 Python 解释器忽略，不会被执行。

Python 有两种注释语法：单行注释和多行注释。

单行注释以 "#" 开头，其后的内容都会被解释器忽略，如实例 2.2 所示第一行 "# 实例 2.2 智能车差速转向"，为单行注释，它不会被执行。

多行注释以三个单引号（'''）或三个双引号（"""）开头和结尾，其中间的内容都会被解释器忽略。如下所示，第 1 ~ 4 行是一个多行注释，它不会被执行。第 5 行是一条打印语句，它会被执行。

```
'''
这是一个多行注释
它可以跨越多行
'''
print(" 智能车差速转向 ")
```

代码注释的作用主要包括以下几点：

1）注释可以帮助程序员更好地理解代码的功能和用途。通过在代码中添加文字说明，程序员可以清楚地知道每一行代码的作用，提高代码的可读性。

2）方便维护和调试：注释可以帮助程序员更快地定位问题。当程序出现问题时，程序员可以通过阅读注释来快速找到出现问题的地方。

3）提高团队协作效率：在团队开发中，注释可以帮助团队成员更好地理解彼此之间的代码。这样，团队成员就可以更快地协同工作，提高开发效率。

4）声明作者信息：注释还可以用来声明作者信息，程序员可以在代码中添加自己的姓名、联系方式和版权信息等。

5）记录修改历史：注释还可以用来记录修改历史。当程序员对代码进行修改时，可以在注释中记录修改的时间、原因和内容，以便日后查看。

2.2.2　缩进 (indent)

Python 的一大特色就是使用缩进来表示代码块，不需要像 C 语言等使用大括号 {}。缩进指每一行代码开始前的空白区域，Python 使用严格的缩进来表明程序的格式框架，缩进表示了代码之间的包含和层次关系。单层缩进代码属于之前最邻近的一行非缩进代码，多层缩进代码根据缩进关系决定所属范围。

不需要进行缩进的代码顶行编写，缩进可以使用 Tab 键或多个空格实现，常使用 4 个空格或 1 个 Tab 表示缩进，两者不混用。缩进不一致在程序运行时会报错或得到错误结果。Python 语言对语句之间的层次关系没有限制，可以无限制嵌套使用。图 2.2 所示展示了 Python 程序中的单层缩进，图 2.3 是多层缩进层次展示。

```
if 0<angle<=1 :
    right_wheel= (1-angle*kx)*speed
    print("right_speed:",right_wheel,"left_speed:",left_wheel)
elif -1<=angle<=0 :
    left_wheel= (1-abs(angle*kx))*speed
    print("right_speed:",right_wheel,"left_speed:",left_wheel)
else:
    print("输入转角信息不是归一化数据")
```

图 2.2　单层缩进

```
if -1<=angle<=1 :
    if 0<angle<=1 :
        right_wheel= (1-angle*kx)*speed
        print("right_speed:",right_wheel,"left_speed:",left_wheel)
    else :
        left_wheel= (1-abs(angle*kx))*speed
        print("right_speed:",right_wheel,"left_speed:",left_wheel)
else:
    print("输入转角信息不是归一化数据")
```

图 2.3　多层缩进

2.2.3　标识符 (identifier)

在 Python 中，标识符是用来标识变量、函数、类、模块或其他对象的名称。标识符由字母、数字和下画线组成，但不能以数字开头，即第一个字符必须是字母表中的字母或下画线。Python 程序中标识符中间不能出现空格，对标识符的长度语法上没有限制，但受限于计算机存储资源，在实际使用中标识符有长度限制。Python 对大小写敏感，因此大小写字母被视为不同的字符，例如 py 和 Py 是两个不同的变量。在 Python3 中，可以用中文作为标识符，非 ASCII 标识符也被允许，python_smart_car、_python_smart_car、_python_smart_car_、智能车、python 智能车均为合法标识符。

在 Python 中，保留字不能用作标识符。保留字即关键字，指被编程语言内部定义并保留使用的标识符。Python 的标准库提供了一个 keyword 模块，可以输出当前版本的所有关键字，如实例 2.3 所示。

```
# 实例 2.3 python 关键字
import keyword
print(keyword.kwlist)
```

实例 2.3 程序运行结果如下：

```
>>>
 ['False', 'None', 'True', 'and', 'as', 'assert', 'async', 'await',
'break', 'class', 'continue', 'def', 'del', 'elif', 'else', 'except', 'fi-
nally', 'for', 'from', 'global', 'if', 'import', 'in', 'is', 'lambda',
'nonlocal', 'not', 'or', 'pass', 'raise', 'return', 'try', 'while', 'with',
'yield']
```

此外，Python 的内置函数和内置常量的名称也不能用作标识符，如 abs、open、True 和 False、None 等。在命名标识符时，应遵循一些惯例。例如，变量名和函数名通常使用小写字母，并用下画线分隔单词（例如 my_variable）。类名通常使用大驼峰命名法（例如 MyClass）。常量名通常使用大写字母，并用下画线分隔单词（例如 MY_CONSTANT）。

2.2.4　赋值语句

程序中产生或计算新数据值的代码称为表达式（expression）。表达式由运算符和操作数组成，以表达单一功能为目的，运算后产生数据值。Python 支持多种类型的运算符，包括算术运算符、比较运算符、逻辑运算符、位运算符和赋值运算符等，这些运算符可以用来构建各种复杂的表达式。

Python 语言中，变量和常量都是用来存储数据的。变量是一个可以改变的值，常量是一个不可改变的值。通常使用小写字母表示变量，使用大写字母表示常量。

Python 中的变量不需要声明，每个变量在使用前都必须赋值，变量赋值以后该变量才会被创建。等号 (=) 用来给变量赋值，称为赋值运算符。赋值运算符左边是变量名，右边是存储在变量中的值。如下列代码创建了变量 speed 和 kx 并分别赋值。

```
speed=20
kx=0.85
```

此外，还可以采用同步赋值语句，同时给多个变量赋值。同步赋值语句格式如下：

```
< 变量 1> , … , < 变量 N> = < 表达式 1> , … , < 表达式 N>
```

同步赋值语句可以使赋值过程变得更加简洁，减少变量的使用，简化语句表达，增加程序的可读性。同步赋值语句首先运算右侧 N 个表达式，将表达式的运算值赋给左侧相应变量，并非简单将多个单一赋值语句组合。使用同步赋值语句可以实现两个变量值快速交换，如下所示。

```
>>>x, y = y, x
```

等价于如下语句：

```
>>>t = x
>>>x = y
>>>y = t
```

此外，连续赋值语句可以一次创建多个变量并赋相同的值，如下列代码所示，同时创建了 3 个整型变量 a、b、c 并赋值为 1。

```
>>>a = b = c = 1
```

2.2.5　input() 函数

input() 函数是 Python 的一个内置函数，它用于从控制台获得用户输入。默认情况下，无论用户在控制台输入什么，input() 函数都以字符串类型返回结果。input() 函数的语法如下：

```
input(prompt)
```

prompt：可选参数，表示在输入之前显示的提示信息。

如实例 2.2 所示，使用 input() 函数从用户控制台获取输入，最后将结果存储在变量 angle 中。

```
angle = eval(input("请输入归一化后的角度："))
```

需要注意的是，input() 函数默认返回一个字符串。如果需要将用户输入转化为其他类型（例如整数或浮点数），则需要使用相应类型的转换函数（例如 eval()、int() 或 float() 函数）。

2.2.6　print() 函数

print() 函数是 Python 内置的一个函数，它用于在屏幕上输出文本或其他数据。它可以接受多个参数，并将它们连接起来，以空格分隔，然后输出结果。print() 函数的语法如下：

```
print(*objects, sep=' ', end='\n', file=sys.stdout, flush=False)
```

1）objects：可选参数，表示要输出的对象。
2）sep：可选参数，表示分隔符，默认为 " "（空格）。
3）end：可选参数，表示输出结束后要添加的字符，默认为 '\n'（换行符）。

4）file：可选参数，表示要写入的文件对象，默认为 sys.stdout（标准输出）。

5）flush：可选参数，表示是否强制刷新输出，默认为 False。

print() 函数输出纯字符信息时，可以直接将待输出内容传递给 print() 函数。当输出变量值时，则需要采用格式化输出方式，通过 format() 方法和槽格式将待输出变量整理成期望的输出格式，format 方法的使用将在 2.3.5 节中讲解。

2.2.7　eval() 函数

评估函数 eval() 是 Python 的一个内置函数，它可以动态地计算字符串或编译代码中的 Python 表达式。当需要动态计算来自字符串或编译代码对象的任何输入时，使用该函数会很方便。

如实例 2.4 所示，使用 eval() 函数计算一个字符串表达式。在这个例子中，首先定义了两个变量 x 和 y，然后使用 eval() 函数计算字符串表达式 "x + y"。

```
#实例 2.4 eval() 函数
x = 1
y = 2
result = eval("x + y")
print(result)
```

虽然 eval() 是一个非常有用的工具，但是这个函数也有一些重要的安全隐患，eval() 函数处理字符串需要注意合理使用。例如，如果直接输入字符串 "py"，eval() 函数会直接将引号去掉，将 py 解析为变量。但由于之前未定义 py 变量，Python 解释器会报错。

如果用户希望在控制台输入一个数字，并在程序中使用该数字进行运算，则可以使用 eval(input()) 的组合，如实例 2.2 所示。由 input() 得到的数字以字符串形式返回，经过 eval() 函数处理后返回数字类型用于计算。

```
angle = eval(input("请输入归一化后的角度:"))
```

2.2.8　分支语句

分支语句是控制程序运行的一类语句，它的作用是根据判断条件选择程序执行路径。实例 2.2 中用 if、elif、else 实现了三分支语句。关于分支语句第 3 章会一步详细介绍。

```
if 0<angle<=1 :
    right_wheel= (1-angle*kx)*speed
    print("right_speed:",right_wheel,"left_speed:",left_wheel)
elif -1<=angle<=0 :
    left_wheel= (1-abs(angle*kx))*speed
    print("right_speed:",right_wheel,"left_speed:",left_wheel)
else:
    print(" 输入转角信息不是归一化数据 ")
```

2.2.9　功能库引用

Python 程序会经常使用当前程序之外已有的功能代码，这个过程叫引用。Python 语言使用 import 保留字或者 from…import 引用当前程序以外的功能库，基本使用方式见表 2.1。

表 2.1　Python 库引用格式

用法	格式
将整个模块导入	import somemodule
从某个模块中导入某个函数	from somemodule import somefunction
从某个模块中导入多个函数	from somemodule import firstfunc, secondfunc, thirdfunc
将某个模块中的全部函数导入	from somemodule import *

在实例 2.5 中，通过"import turtle"直接导入了整个 turtle 库，程序中可以调用 turtle 库的所有方法。实例 2.5 通过调用 turle 的一些方法绘制出了一个三角形，如图 2.4 所示。

```python
# 实例 2.5 DrawTriangle.py
import turtle
turtle.fd(200)
turtle.left(120)
turtle.fd(200)
turtle.left(120)
turtle.fd(200)
```

图 2.4　实例 2.5 运行结果

2.3　Python 基本数据类型

2.3.1　数字类型概述

数字是数理计算和推理表示的基础。数字可以用来表示数据和信息，是我们用来表示数量、大小和顺序的符号。在编程中，数字可以用来执行各种数学运算，如加、减、乘、除等，这些运算可以帮助程序员解决各种实际问题。此外，数字还可以用来控制程序的流程。例如，程序员可以使用条件语句和循环语句来根据数字的值执行不同的操作。这些控制结构可以帮助程序员更好地组织代码，实现更复杂的功能。

表示数字或数值的数据类型称为数字类型，Python 语言提供整数、浮点数、复数三种数字类型，其概念与数学中定义的整数、实数和复数相对应。

1. 整数类型

在 Python3 中，只有一种整数类型 int，表示为长整型，没有 Python2 中的 long。int 整数类型与数学中整数的概念一致，默认情况下，整数采用十进制表示，其他进制需要增加引导符号。进制引导符号和说明见表 2.2。

表 2.2　进制引导符号和说明

进制	引导符号	描述
十进制	无	默认情况，例如：2023，−2023
二进制	0b 或 0B	由字符 0 和 1 组成，例如：0b0101,0B0101
八进制	0o 或 0O	由字符 0 到 7 组成，例如：0o740,0O740
十六进制	0x 或 0X	由字符 0 到 9、a 到 f、A 到 F 组成，例如 0x9A5

理论上，整数类型在整个实数范围内取值，取值大小没有限制，实际上的取值范围受限于计算设备的内存大小。在 Python 语言中，使用整数类型时，直接使用赋值语句，不必要事先声明变量，如 int_num = 2023，通过赋值语句创建了整数类型变量 int_num。

2. 浮点数类型

浮点数类型与数学中的实数概念相一致，表示带有小数的数值。Python 语言浮点数是带有小数部分的数字，也可以是科学计数法表示的数字。例如：20.23、2.023e1、0.2023e2 三个浮点数的值是相同的，后面两个数是科学计数法表示，e2 是指数部分，表示 10 的 2 次方。浮点数必须带有小数部分，小数部分可以是 0，这种设计用于区分浮点数和整数，它们在计算机中的存储方式不同。浮点数通常使用固定数量的位来表示，其中一部分用于表示整数部分，另一部分用于表示小数部分。这种存储方式会导致浮点数存在精度问题，即它们不能精确地表示所有实数。例如 print(0.1+0.2)，输出为 0.30000000000000004。在编程时，在处理涉及精度要求较高的计算时，能使用整数的场景尽量不使用浮点数。

Python 内置的方法可以详细列出当前计算机系统中 Python 解释器所能运行的浮点数各项参数，如实例 2.6 所示。

```
# 实例 2.6 浮点数各项参数
import sys
print(sys.float_info)
```

实例 2.6 程序运行结果如下：

```
sys.float_info(max=1.7976931348623157e+308, max_exp=1024, max_10_exp=308,
min=2.2250738585072014e-308, min_exp=-1021, min_10_exp=-307, dig=15, mant_
dig=53, epsilon=2.220446049250313e-16, radix=2, rounds=1)
```

上述输出给出了当前计算机系统下，Python 解释器科学计数法表示下最大值的幂（max_10_exp）、最小值的幂（min_10_exp），浮点数类型所能表示的最大值（max）和最小值（min），以 e 为底时最大值的幂（max_exp）、最小值的幂（min_exp），科学计数法表示中系数的最大精度（mant_dig），计算机所能分辨的两个相邻浮点数的最小差值（epsilon），能准确计算的浮点数最大个数（dig）。

浮点数类型直接表示或科学计数法表示的数最长可输出 16 个数字，浮点数运算结果最长可以输出 17 个数字，计算机只能提供 15 个数字（dig）的准确性，浮点数运算误差为 0.000 000 000 000 000 2。对于高精度科学计算之外的绝大部分运算来说，一般认为浮点数类型没有范围限制，运算结果准确。

3. 复数类型

在 Python 中，复数（complex）是由实部和虚部组成的数字，可以用 a + bj 或 complex(a, b) 表示，其中 a 是实部，b 是虚部。例如：3 + 4j, complex(3, 4)。Python 内置了对复数的支持，可以直接在代码中使用复数或使用 complex() 函数来创建复数。复数支持常见的算术运算，如加、减、乘、除等，如实例 2.7 所示。需要注意的是，复数类型中实数部分和虚数部分的数值都是浮点类型。

```
#实例 2.7 复数类型
x = 1 + 2j
y = 3 + 4j
print(x + y)
print(x.real)
print(x.imag)
```

实例 2.7 运行结果如下：

```
>>>
(4+6j)
1.0
2.0
```

2.3.2　数字类型的操作

1. 内置的数值运算操作符

如表 2.3 所示，Python 提供了 7 个基本的数值运算操作符，这些操作符由 Python 解释器直接提供，不需要引用标准或第三方函数库，称为内置操作符。

表 2.3　Python 内置的数值运算操作符

操作符	说明
x + y	x 与 y 之和
x − y	x 与 y 之差
x * y	x 与 y 之积
x / y	x 与 y 之商
x // y	x 与 y 相除取整数商
x % y	x 与 y 相除取余
x ** y	x 的 y 次幂

在进行数字类型运算时，数字类型之间存在扩展关系，即数字类型从整数扩展到浮点数直至复数。基于此扩展关系，遵循以下原则：

1）整数之间运算，如果数学意义上的结果是整数，则结果是整数。

2）整数之间运算，如果数学意义上的结果是小数，则结果是浮点数。

3）整数和浮点数混合运算，则结果是浮点数。

4）整数或浮点数与复数运算，则结果是复数。

此外，Python3 还内置了比较运算符和位运算符来对整数、浮点数和复数等不同类型的数字进行各种计算，操作符说明见表 2.4。

表 2.4　Python3 内置的比较运算符和位运算符

类别	操作符	说明
比较运算符	num1==num2	num1==num2 返回 True，否则返回 False
	num1!= num2	num1!=num2 返回 True，否则返回 False
	num1> num2	num1>num2 返回 True，否则返回 False
	num1< num2	num1<num2 返回 True，否则返回 False
	num1>= num2	num1>=num2 返回 True，否则返回 False
	num1<= num2	num1<=num2 返回 True，否则返回 False
位运算符	&	按位与
	|	按位或
	^	按位异或
	~	按位取反
	<<	左移
	>>	右移

2. 内置的数值运算函数

Python 解释器内置了一些函数用于数值运算，见表 2.5。

表 2.5　Python 内置的数值运算函数

函数	说明
abs(x)	返回数字 x 的绝对值
divmod(a, b)	返回包含商和余数的元组（$a // b, a \% b$）
pow(x, y[, z])	返回 x 的 y 次方（如果给定 z，则对 z 取模）
round(number[, ndigits])	返回浮点数 number 四舍五入到小数点后 ndigits 位的值
sum(iterable[, start])	返回可迭代对象中所有项的总和，如果给定 start，则从 start 开始累加
max()	返回一列数中的最大值
min()	返回一列数中的最小值

需要注意的是，abs() 函数可以用于计算复数的绝对值，复数绝对值的数学含义为二维坐标系中复数位置到坐标原点的长度。

3. 内置的数字类型转换函数

数字类型转换函数可以在整数、浮点数、复数之间进行相互转换。表 2.6 列出了三种转换函数。

表 2.6　Python 内置的数字类型转换函数

转换函数	说明
int(x)	将 x 转换为整数，x 可以是浮点数或字符串
float(x)	将 x 转换为浮点数，x 可以是整数或字符串
complex(real[, imag])	创建一个复数，其中 real 是实部，imag 是虚部（默认为 0），real 可以是整数、浮点数，或字符串，imag 可以是整数或浮点数，但不能是字符串

需要注意的是，浮点数类型转换为整数类型时，小数部分会被舍弃（不适用四舍五入），复数不能直接转换为其他数字类型，可以通过 .real 和 .imag 将复数的实部和虚部分别进行转换。

实例 2.8 使用上述操作符、数值运算函数、数字类型转换函数完成数字运算。

```
# 实例 2.8 数值运算
x = 1
y = 1.1
z = 1+1j
print(x+y)
print(x-y)
print(x*y)
print(x/y)
print(x//y)
print(x%y)
print(x**y)
print(x==y)
print(x&2)
print(x+z)
print(float(x))
print(int(y))
print(complex(x,y))
```

实例 2.8 程序运行结果如下：

```
>>>
2.1
-0.10000000000000009
1.1
0.9090909090909091
0.0
1.0
```

```
1.0
False
0
(2+1j)
1.0
1
(1+1.1j)
```

2.3.3 字符串类型概述

在 Python 中，字符串（string）是一种用来表示文本数据的数据类型。字符串是字符的序列标识，可以使用单引号、双引号和三引号来创字符串。其中，单引号和双引号都可以表示单行字符串，二者等价。使用单引号创建字符串时，双引号可以作为字符串的一部分，使用双引号创建字符串时，单引号可以作为字符串的一部分。三引号可以创建单行或多行字符串，字符串中可以包含换行符、制表符以及其他特殊字符。实例 2.9 使用三种不同的方式创建字符串。

```
# 实例 2.9 字符串创建
str0=''Hello'' # 双引号创建字符串
str1='world!' # 单引号创建字符串
str2="""123""" # 三引号创建单行字符串
str3='''456''' # 三引号创建单行字符串
str4="hello world"
# 三引号创建多行字符串
str5="""hello\
 world"""
for i in range(6):
    print(eval("str" + str(i)))
```

实例 2.9 的运行结果如下：

```
>>>
Hello
world!
123
456
hello world
hello world
```

需要注意的是，Python 不支持单字符类型（对应 C 语言中的 char），单字符在 Python中也是字符串类型。字符串是不可变类型，即无法直接修改字符串的某一索引对应的字符，需要转换为列表处理。可以认为字符串是特殊的元组类型。列表类型和元组类型将在第 5章组合数据类型中详细介绍。

2.3.4　字符串类型的操作

（1）基本的字符串操作符

Python 内置了基本的字符串操作符，可以快速实现对字符串的基本操作，见表 2.7。

表 2.7　Python 基本的字符串操作符

操作符	说明
str0 + str1	连接两个字符串 str0 和 str1
str0 * n 或 n * str0	复制 n 次 str0 字符串
str0 in str1	若 str0 是 str1 的子字符串，返回 True，否则返回 False
str[i]	索引，返回字符串 str 中第 i 个字符
str[N:M]	切片，返回字符串 str 中第 N 到第 M 个子字符串，不包括第 M 个字符

实例 2.10 展示了基本的字符串操作符的使用。

```
# 实例 2.10 字符串操作符使用
str0="Name:"
str1="Alice"
str2=str0+" "+str1
str3="Age:"+" "+str(28)
str4="~"*10
str5 = str0[2]
str6 = str0[1:3]
str7= 3*str1
for i in range(8):
 print(eval("str"+str(i)))
```

实例 2.10 运行结果如下：

```
Name:
Alice
Name: Alice
Age: 28
~~~~~~~~~~
m
am
AliceAliceAlice
```

字符串是序列类型（序列类型将在第 5 章组合数据类型中详细介绍）的一种，拥有正向和反向两种索引体系。正向索引体系从最左侧字符以 0 开始，向右依次逐字符递增，反向索引体系以最右侧字符序号为 −1，向左逐字符依次递减，如图 2.5 所示。

P	y	t	h	o	n	智	能	汽	车	竞	赛
0	1	2	3	4	5	6	7	8	9	10	11
-12	-11	-10	-9	-8	-7	-6	-5	-4	-3	-2	-1

图 2.5　字符串的索引

字符串可以进行区间切片，格式为：

`<string> [N:M]`

表示字符串 string 从 N 到 M（不包含 M）的子字符串，其中 N 和 M 为字符串的索引序号，可以混合使用正向递增序号和反向递减序号，如 N 缺失表示至开头，如 M 缺失则表示至末尾。

字符串还可以按步长进行切片，格式为：

`<string> [N:M:K]`

其中 K 为步长。如果 $K<0$，则从后往前截取。

如下为切片的一些例子，采用交互模式，蓝色为运行结果。

```
>>>name="Python 智能汽车竞赛 "
>>>print(name[2:-4])
thon 智能
>>>print(name[:6])
Python
>>>print(name[6:])
智能汽车竞赛
>>>print(name[:])
Python 智能汽车竞赛
>>> print(name[::2])
Pto 语汽竞
>>>print(name[::-1])
赛竞车汽能智 nohtyP
```

（2）内置的字符串处理函数

世界上存在各种各样的符号，有数学符号、语言符号。为了在计算机中统一表达，制定了统一编码规范，常用的编码有 ASCII 编码、GBK（cp936）编码、Unicode 编码等。Unicode 编码也被称为统一码、万国码、单一码，是全球通用的单一字符集，包含人类迄今使用的所有字符，这让计算机具有了跨语言、跨平台的文本和符号的处理能力。Unicode 编码只规定了符号的编码值，没有规定计算机如何编码和存储。针对 Unicode 有两种编码方案：UCS 和 UTF，目前最普遍使用的是 UTF-8 编码。

Python 解释器内置了一些字符串处理函数，用于实现字符串的处理，见表 2.8。

表 2.8 Python 内置的字符串处理函数

函数	说明
len(x)	返回字符串 x 的长度，即字符个数
str(x)	返回任意类型 x 所对应的字符串形式
hex(x)	返回整数 x 对应十六进制的小写形式字符串
oct(x)	返回整数 x 对应八进制形式字符串
chr(x)	返回 Unicode 编码 x 对应的单字符
ord(x)	返回单字符表示的 Unicode 编码

Python 的字符串以 Unicode 编码存储，字符串中的英文字符和中文字符都算作 1 个字

符。以下为采用交互模式测试字符串处理函数的使用，蓝色为运行结果。

```
>>>len(" 智能交通，网联空地。")
10
>>>len("Hello World" )
11
>>>str(1.25)
"1.25"
>>>str([4,2])
"[4,2]"
>>>hex(425)
"0x1a9"
>>>oct(425)
"0o651"
>>> chr(65)
"A"
>>> ord('A')
65
```

（3）内置的字符串处理方法

在 Python 解释器内部，所有数据类型都是用面向对象方式实现的，封装为一个类。字符串同样是一个类，具有类方法，类方法使用时采用 <a>.<b> 的形式处理字符串。Python 共内置了 43 种字符串类型处理方法。常用的 8 种处理方法见表 2.9。

表 2.9　Python 内置的字符串处理方法

方法	说明
str.lower()	返回字符串 str 的副本，全部字符小写
str.upper()	返回字符串 str 的副本，全部字符大写
str.split(sep=None)	返回一个列表，由 str 根据 sep 被分隔的部分构成
str.count(sub)	返回 sub 在字符串 str 中出现的次数
str.replace(old,new)	返回字符串 str 的副本，old 子串被替换为 new
str.center(width[,fillchar])	字符串占宽 width 输出，居中对齐，以 fillchar 填充，如 fillchar 没有就以空格填充
str.strip(chars)	从 str 中去掉在其左侧和右侧 chars 中列出的字符
str.join(iter)	在 iter 除最后一个元素之外，每个元素后面增加一个字符 str

以下展示了字符串类型内置方法的基本使用。

```
>>>"AbCdeG".lower()
'abcdeg'
>>>"AbCdeG".upper()
'ABCDEG'
>>>"10,20,30".split(",")
['10', '20', '30']
>>>"buaa".count("a")
```

```
2
>>>"BJ".replace("B","Bei")
'BeiJ'
>>>"buaa".center(20,"*")
'********buaa********'
>>>"* 12.3* ".strip("*")
'12.3'
>>>",".join("BUAA")
'B,U,A,A'
```

2.3.5　字符串类型的格式化

字符串格式化是对字符串进行格式表达的方式，使用 .format() 方法，用法如下：

< 模版字符串 >.format(< 逗号分隔的参数 >)

在模板字符串中，可以使用 {} （槽）来表示一个占位符，可以在槽中添加数字序号或关键字来指定使用哪个参数来替换占位符。如果花括号中没有序号或关键字，则按照出现顺序替换。如下为字符串格式化控制的展示：

```
>>> "{}{}{}".format(" 圆周率是 ",3.1415926,"...")
' 圆周率是 3.1415926...'
>>>" 圆周率 {1}{2} 是 {0}".format(" 无理数 ",3.1415926,"...")
' 圆周率 3.1415926... 是无理数 '
```

format() 方法中模板字符串的槽除了包含参数序号或关键字之外，还可以包括详细的格式控制信息。槽内部对格式化的配置方式如下：

{< 参数序号或关键字 >:< 格式控制标记 >}

格式控制标记用来控制显示时的格式。格式控制标记共有 6 个，各标记的意义见表 2.10，可以根据使用需要选择全部或部分的标记数。

表 2.10　format 方法格式控制内容

:	< 填充 >	< 对齐 >	< 宽度 >	<,>	< 精度 >	< 类型 >
引导符号	用于填充的单个字符	< 左对齐 > 右对齐 ^ 居中对齐	槽的设定输出宽度	数字的千分位分隔符，适用于整数和浮点数	浮点数小数部分的精度或字符串的最大输出长度	整 数 类 型 b,c,d,o,x,X 浮点数类型 e,E,f,%

以下为格式控制实例演示：

```
>>> "{0:30}".format("Python")
'Python                        '
>>> "{0:*^30}".format("Python")
'************Python************'
>>> "{0:*>30}".format("Python")
'************************Python'
```

```
>>> "{0:-^20,}".format(1234567890)
'---1,234,567,890----'
```

格式控制标记中的逗号（,）用于显示数字类型的千位分隔符，只在数字类型的格式控制使用。<精度>以小数点（.）开头，小数点后跟数字及具体类型，用于浮点数或字符串类型的格式控制。对于浮点数，数字代表浮点数小数部分输出的有效位数。对于字符串，数字表示输出的最大长度。<类型>表示输出整数和浮点数类型的格式。具体格式类型见表 2.11。

表 2.11　整数和浮点数格式类型

数字类型	类型标记	说明
整数类型	b	输出整数的二进制形式
	c	输出整数对应的 Unicode 字符
	d	输出整数的十进制形式
	o	输出整数的八进制形式
	x	输出整数的小写十六进制形式
	X	输出整数的大写十六进制形式
浮点数类型	e	输出浮点数对应的小写字母 e 的指数形式
	E	输出浮点数对应的大写字母 E 的指数形式
	f	输出浮点数的标准浮点形式
	%	输出浮点数的百分形式

整数类型的格式控制示例如下所示：

```
>>>"{0:b},{0:c},{0:d},{0:o},{0:x},{0:X}".format(425)
'110101001,Σ,425,651,1a9,1A9'
```

浮点数类型的格式控制示例如下所示：

```
>>> "{0:*<20,.2f}".format(12345.7890)
'12,345.79***********'
>>> "{0:<20,.2f}".format(12345.7890)
'12,345.79           '
>>> "{0:e},{0:.2e},{0:.2E},{0:.2f},{0:.2%}".format(3.14)
'3.140000e+00,3.14e+00,3.14E+00,3.14,314.00%'
```

2.4　math 库

2.4.1　math 库概述

Python 的 math 库是一个内置模块，它提供了一些常用的数学函数和常量，可以在代码中用于更复杂的数学计算。这个库是 Python 的内置模块，因此不需要安装就可以使用，但需要先引用。引用 math 库有两种方式，如下所示：

方式一：import math
方式二：from math import *

math 库提供了许多实用功能，可以执行许多实际应用的数学计算。例如，计算组合和排列、使用三角函数计算杆高、使用指数函数计算放射性衰变、使用双曲函数计算悬索桥的曲线、解二次方程等。但需要注意的是，math 库不支持复数类型，仅支持整数和浮点数运算。

2.4.2 math 库常用函数

math 库一共提供了 4 个数学常数和 44 个函数，4 个数学常数见表 2.12。math 库中函数数量较多，44 个函数共分为 4 类，包括 16 个数值表示函数（表 2.13）、8 个幂对数函数（表 2.14）、16 个三角对数函数（表 2.15）和 4 个高等特殊函数（表 2.16）。

表 2.12 math 库中数学常数

常数	数学表示	说明
math.pi	π	圆周率，值为 3.141592653589793
math.e	e	自然对数，值为 2.718281828459045
math.inf	∞	正无穷大，负无穷大为 −math.inf
math.nan		非浮点数标记，NaN 是 Not a Number 的缩写

表 2.13 math 库中数值表示函数

函数	数学表示	说明
math.fabs(x)	$|x|$	返回 x 的绝对值
math.fmod(x,y)	$x\%y$	返回 x 与 y 的模
math.fsum([x,y,...])	$x+y+\cdots$	浮点数精确求和
math.ceil(x)	$\lceil x \rceil$	向上取整，返回不小于 x 的最小整数
math.floor(x)	$\lfloor x \rfloor$	向下取整，返回不大于 x 的最大整数
math.factorial(x)	$x!$	返回 x 的阶乘，如果 x 是小数或负数，则返回 ValueError
math.gcd(x,y)		返回 x 与 y 的最大公约数
math.frepx(x)	$x=m \times 2e$	返回 (m,e)，当 $x=0$ 时，返回（0.0,0）
math.ldexp(x,i)	$x \times 2^i$	返回 $x \times 2^i$ 运算值
math.modf(x)		返回 x 的小数和整数部分
math.trunc(x)		返回 x 的整数部分
math.copysign(x,y)	$|x| \times |y|/y$	用数值 y 的正负号替换数值 x 的正负号
math.isclose(x,y)		比较 x 和 y 的相似性，返回 True 或 False
math.isfinite(x)		当 x 为无穷大时，返回 True；否则，返回 False
math.isinf(x)		当 x 为正数或负数无穷大时，返回 True；否则，返回 False
math.isnan(x)		当 x 是 NaN 时，返回 True；否则，返回 False

表 2.14　math 库中幂对数函数

函数	数学表示	说明
math.pow(x,y)	x^y	返回 x 的 y 次幂
math.exp(x)	e^x	返回 e 的 x 次幂，e 是自然对数
math.expml(x)	e^x-1	返回 e 的 x 次幂减 1
math.sqrt(x)	$\sqrt{x}$	返回 x 的平方根
math.log(x[,base])	$\log_{base}x$	返回 x 的对数值，只输入 x 时，返回自然对数，即 ln$x$
math.log1p(x)	$\ln(1+x)$	返回 $1+x$ 的自然对数值
math.log2(x)	$\log x$	返回 x 的 2 对数值
math.log10(x)	$\log_{10}x$	返回 x 的 10 对数值

表 2.15　math 库中三角对数函数

函数	数学表示	说明
math.degree(x)		角度 x 的弧度值转角度值
math.radians(x)		角度 x 的角度值转弧度值
math.hypot(x,y)	$\sqrt{x^2+y^2}$	返回 (x, y) 坐标到原点 $(0,0)$ 的距离
math.sin(x)	$\sin x$	返回 x 的正弦函数，x 是弧度值
math.cos(x)	$\cos x$	返回 x 的余弦函数，x 是弧度值
math.tan(x)	$\tan x$	返回 x 的正切函数，x 是弧度值
math.asin(x)	$\arcsin x$	返回 x 的反正弦函数，x 是弧度值
math.acos(x)	$\arccos x$	返回 x 的反余弦函数，x 是弧度值
math.atan(x)	$\arctan x$	返回 x 的反正切数，x 是弧度值
math.atan2(y,x)	$\arctan y/x$	返回 y/x 的反正切数，x 是弧度值
math.sinh(x)	$\sinh x$	返回 x 的双曲正弦函数值
math.cosh(x)	$\cosh x$	返回 x 的双曲余弦函数值
math.tanh(x)	$\tanh x$	返回 x 的双曲正切函数值
math.asinh(x)	$\text{arcsinh } x$	返回 x 的反双曲正弦函数值
math.acosh(x)	$\text{arccosh } x$	返回 x 的反双曲余弦函数值
math.atanh(x)	$\text{arctanh } x$	返回 x 的反双曲正切函数值

表 2.16　math 库中高等特殊函数

函数	数学表示	说明
math.erf(x)	$\dfrac{2}{\sqrt{\pi}}\int_0^x e^{-t^2}dt$	高斯误差函数，应用于概率论、统计学等领域
math.erfc(x)	$\dfrac{2}{\sqrt{\pi}}\int_0^\infty e^{-t^2}dt$	余补高斯误差函数，math.erfc(x)=1−math.erf(x)
math.gamma(x)	$\int_0^\infty x^{t-1}e^{-x}dx$	伽马函数，也叫欧拉第二积分函数
math.lgamma(x)	$\ln(gamma(x))$	伽马函数的自然对数

2.4.3　实例：使用 math 库计算组合数和排列数

组合数和排列数是组合数学中的两个重要概念。它们都与从一组元素中选择若干个元素有关，但是它们之间有一个重要的区别：排列数考虑元素的顺序，而组合数不考虑元素的顺序。

排列数是指从 n 个不同元素中取出 k 个元素进行排列，通常表示为 $A(n, k)$ 或 $P(n, k)$。排列数的计算公式为 $A(n, k) = n! / (n-k)!$。组合数是指从 n 个不同元素中取出 k 个元素进行组合，通常表示为 $C(n, k)$。组合数的计算公式为 $C(n, k) = n! / (k! \times (n-k)!)$。

随着计算机科学的日益发展，组合数学的重要性也日渐凸显，因为计算机科学的核心内容是使用算法处理离散数据。狭义的组合数学主要研究满足一定条件的组态（也称组合模型）的存在、计数以及构造等方面的问题。组合数学的主要内容有组合计数、组合设计、组合矩阵、组合最佳化等。

利用 Python 内置的 math 库，可以快速计算组合数和排列数，如实例 2.11 所示。

```python
# 实例 2.11 组合数和排列数
import math
n,k=eval(input("请输入总元素 n 和需要提取的元素 k, 数字用逗号分隔 :"))
""" 计算组合数 C(n,k)"""
combination_num=math.factorial(n) // (math.factorial(k) * math.factorial(n-k))
""" 计算排列数 A(n,k)"""
permutation_num=math.factorial(n) // math.factorial(n-k)
print("从 {} 个不同元素中取出 {} 个元素进行组合的组合数为 {}".format(n,k,combination_num))
print("从 {} 个不同元素中取出 {} 个元素进行排列的排列数为 {}".format(n,k,permutation_num))
```

实例 2.11 运行结果如下。

```
>>>
请输入总元素 n 和需要提取的元素 k, 数字用逗号分隔 :6,3
从 6 个不同元素中取出 3 个元素进行组合的组合数为 20
从 6 个不同元素中取出 3 个元素进行排列的排列数为 120
```

2.5　time 库

2.5.1　time 库概述

Python 的 time 库提供了许多用于处理时间相关任务的函数。这些时间相关的任务包括读取当前时间、格式化时间、睡眠指定秒数等。这个库是 Python 的内置模块，不需要安装就可以使用，但需要先引用。引用 time 库有两种方式：

方式一：import time
方式二：from time import *

time 库最初是为了解决时间相关问题而设计的。它与标准 Python 版本一起打包，并且一直存在。随着时间的推移，time 库不断发展，增加了更多的功能和数据类型。例如，datetime 模块提供了更多用于处理日期和时间的类和函数。time 库提供了许多实用功能，可以执行许多实际应用的时间计算。例如，可以使用 time 库中的函数来计算代码执行时间、暂停代码执行、测量代码性能等。

2.5.2　time 库常用函数

time 库中常用的函数有 12 个，见表 2.17。

表 2.17　time 库中常用的函数

函数	说明
time.time()	返回当前时间的时间戳（以秒为单位）
time.sleep(secs)	暂停程序执行指定的秒数
time.localtime([secs])	将时间戳（以秒为单位）转换为当地时间的 struct_time 对象
time.gmtime([secs])	将时间戳（以秒为单位）转换为 UTC[①]时间的 struct_time 对象
time.mktime(t)	将当地时间的 struct_time 对象转换为时间戳（以秒为单位）
time.strftime(format[, t])	将 struct_time 对象格式化为字符串
time.strptime(string[, format])	将字符串解析为 struct_time 对象
time.asctime([t])	将 struct_time 对象转换为字符串，格式为 "Sun Jun 20 23:21:05 1993"
time.ctime([secs])	将时间戳（以秒为单位）转换为字符串，格式为 "Sun Jun 20 23:21:05 1993"
time.tzset()	根据环境变量 TZ 的值来设置时间转换信息。这些时间转换信息将被 ctime()、localtime()、mktime() 和 strftime() 等函数使用。如果环境变量 TZ 不存在或不正确，则时间转换信息将从 LC_TOD 区域类别获取
time.perf_counter()	返回一个以秒为单位的高精度计时器
time.process_time()	返回当前进程执行的累计 CPU 时间

① UTC，全称为协调世界时（Coordinated Universal Time）。

2.5.3　实例：使用 time 库计算代码执行时间

time 库有很多实用的功能，实例 2.12 使用 time 库计算代码执行时间，方便对程序进行调试和优化。

```python
# 实例 2.12 time.py
import time
start_time = time.time()
""" 模拟一个耗时的任务 """
for i in range(5):
    print('Task running...')
    time.sleep(1)
end_time = time.time()
print ('Task completed in {:.2f} seconds.'.format(end_time - start_time))
```

实例 2.12 运行结果如下：

```
>>>
Task running...
Task running...
Task running...
Task running...
Task running...
Task completed in 5.11 seconds.
```

习　题

一、选择题

1. 利用 print() 格式化输出，（　　）用于控制浮点数的小数点后两位输出。

A. {:.2f}　　　　　　B. {.2}　　　　　　C. {:.2}　　　　　　D. {.2f}

2. 以下（　　）是合法的 Python 标识符。

A. it's　　　　　　B. __　　　　　　C. class　　　　　　D. 3B9909

3. 下列 Python 赋值语句中，不合法的是（　　）。

A. x=1;y=1　　　　B. x=(y=1)　　　　C. x,y=y,x　　　　D. x=y=1

4. 下面（　　）不属于 Python 保留字。

A. type　　　　　　B. def　　　　　　C. elif　　　　　　D. import

5.（　　）不是 Python 语言的保留字。

A. try　　　　　　B. del　　　　　　C. None　　　　　　D. int

6. 字符串是一个字符序列，给定字符串 s，以下表示 s 从右侧向左第三个字符的是
（　　）。

A. s[:-3]　　　　　　B. s[3]　　　　　　C. s[0:-3]　　　　D. s[-3]

7. 以下不属于 IPO 模型的是（　　）。

A. Input　　　　　　B. Process　　　　　C. Output　　　　　D. Program

8. 以下可以采用 Python 语言保留字的是（　　）。

A. 函数名称　　　　　　　　　　　　B. 第三方库名称

C. 变量名称　　　　　　　　　　　　D. 以上选项都不正确

二、判断题

1. _MyG5 是 Python 语言合法命名。　　　　　　　　　　　　　　　　（　　）

2. 字符串是一个字符序列，例如，s[:-2] 是字符串 s 从右侧向左第二个字符的索引。
　　　　　　　　　　　　　　　　　　　　　　　　　　　　　　　（　　）

3. ASCII 码是最为广泛的编码方式，它可以表示中文字符，同时避免出现乱码。
　　　　　　　　　　　　　　　　　　　　　　　　　　　　　　　（　　）

4. 文件名、目录名和链接名都是用一个字符串作为其标识符的。　　　（　　）

5. 计算机编码主要是为了解决信息在传递过程中被窃取而设计的一种加密方法。
　　　　　　　　　　　　　　　　　　　　　　　　　　　　　　　（　　）

6. 文件后缀名采用 .pyw 而不是 .py 的目的是绘制窗口。　　　　　　　（　　　）

三、实训题

1. 打印调试日志。在智能车调试过程中，良好的日志记录习惯有助于在调试过程中发现问题，解决问题。请设计一段代码，用于格式化输出日志信息，包含当前日期时间、车辆行驶速度、车辆转向角度、电池电压信息。提示：使用 time 库获取时间戳，使用字符串格式化输出方法。日期信息如下：

时间戳：Sun Sep　3 15:17:49 2023，车辆行驶速度：0.1m/s，车辆转向角度：10°，电池电压：12.6V

2. 计算智能车行驶速度。智能车竞赛中使用编码器获得电机转速信息，然而智能车行驶速度需要通过计算获得。将计算公式简化为车速＝电机转速 × 轮胎周长 × 传动比，其中，轮胎周长是指轮胎胎面与地面接触时的周长，传动比是指驱动轴旋转一圈时车轮旋转的圈数。已知智能车轮胎直径为 2.5cm，传动比为 2∶1，请设计程序实现以下功能：用户输入电机转速，自动计算出车速并保留小数点后两位输出，单位为 m/s。示例：

输入：30　输出：电机转速：15rps，车辆行驶速度：1.18m/s

3. 智能车平台账户登录欢迎信息。

智能车启动之后，需要登录账号才能进入使用，请编写一段代码在用户输入账户名后，显示含有账户名的欢迎词。示例：

输入：root　输出：root 用户，欢迎登录，请使用！

第 3 章　程序控制结构

控制结构是编程中的基础概念，它允许开发人员控制程序执行的流程。控制结构使程序能够根据条件做出决策，重复执行操作，并根据运行时遇到的条件执行不同的操作。控制结构具有重要意义，它们为创建能够动态响应变化条件的复杂程序提供了基础。没有控制结构，程序将仅限于按固定顺序执行指令，这将使创建能够解决现实世界问题的复杂应用变得困难。

在 Python 编程中，有三种基本类型的控制结构：顺序结构、分支结构和选择结构。

3.1　程序流程图与基本结构

程序流程图是一种用图形、流程线和文字说明描述程序基本操作和控制流程的方法，它是程序分析和过程描述的最基本方式。程序流程图又称程序框图，是用统一规定的标准符号描述程序运行具体步骤的图形表示。程序框图的设计是在处理流程图的基础上，通过对输入输出数据和处理过程的详细分析，将计算机的主要运行步骤和内容标识出来。

流程图的基本元素包括 7 种，如图 3.1 所示。其中，起止框表示一个程序的开始和结束；判断框判断一个条件是否成立，并根据判断结果选择不同的执行路径；处理框表示一组处理过程；输入/输出框表示数据输入或结果输出；注释框增加程序的解释；流向线以带箭头直线或曲线形式指示程序的执行路径；连接点将多个流程图连接起来，常用于将一个较大的流程图分隔为若干部分。

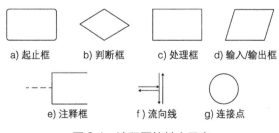

a) 起止框　　b) 判断框　　c) 处理框　　d) 输入/输出框

e) 注释框　　f) 流向线　　g) 连接点

图 3.1　流程图的基本元素

绘制流程图时，为了提高流程图的逻辑性，应遵循从左到右、从上到下的顺序排列。程序流程图示例如图 3.2 所示：找出 A、B、C 三个数中最大数的处理过程。流程图在分析、设计、记录及操控许多领域的流程或程序都有广泛应用。它能让思路更清晰、逻辑更清楚，有助于程序的逻辑实现，有效解决实际问题。

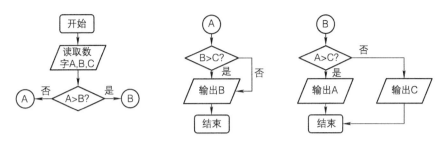

图 3.2　流程图示例

程序控制结构有顺序结构、分支结构和循环结构三种。

1）顺序结构是最基本的控制结构，计算机程序一条一条顺序执行代码，如图 3.3 所示。这种结构通常用于简单的程序，不需要做出决策或重复执行操作。单一的顺序结构解决不了所有问题，需要引入分支结构和循环结构来更改程序的执行顺序，以满足多样的功能要求。

2）分支结构允许程序根据条件做出决策，选择下一步要执行的指令，如图 3.4 所示。这种结构通常用于需要根据不同情况执行不同操作的程序。

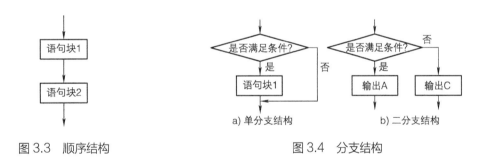

图 3.3　顺序结构　　　　　　　　图 3.4　分支结构

3）循环结构使程序能够多次重复执行一组指令，如图 3.5 所示。这种结构通常用于需要重复执行相同或类似操作的程序。这就像我们每天都在进行工作和学习的循环，但每天看似重复的工作产生的价值和对自我的提升是不一样的。

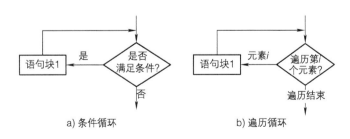

图 3.5　循环结构

3.2 程序的分支结构

3.2.1 单分支结构：if 语句

在 Python 中，单分支语句指的是 if 语句。if 语句用于根据指定的条件来决定是否执行一组语句。如果条件为真，则执行 if 语句块中的语句；否则，跳过 if 语句块。if 语句的语法格式如下：

$$if \ < 条件 >:$$
$$< 语句块 >$$

语句块是 if 条件满足之后执行的一个或多个语句序列，语句块中的语句通过与 if 所在行形成缩进表达包含关系。if 语句中语句块执行与否依赖于条件判断。但无论是什么情况，控制都会转到 if 语句后与 if 语句同级别的下一条语句。

if 语句中的条件可以使用任何能够产生 True 或 False 的语句或函数。形成判断条件最常见的方式是采用关系操作符。Python 语言中共有 6 个关系操作符，见表 3.1。需要注意的是，Python 中 "=" 是赋值语句，"==" 表示等于。

表 3.1 if 条件中常用操作符

操作符	数学符号	说明
<	<	小于
<=	≤	小于或等于
>=	≥	大于或等于
>	>	大于
==	=	等于
!=	≠	不等于

实例 3.1 展示了单分支结构的应用，演示了如何使用单分支结构来判断智能车电池电压是否满足运行要求。智能车比赛中使用的镍氢电池电压范围为 8 ~ 16V，而智能车微处理单元的工作电压为 10 ~ 13V。为了保证智能车稳定运行，在开机之前需要检查电池电压，实际使用中电池电压由电压读取电路获得。

实例设计来源：在 2023 年智能车大赛前一晚，某学生给电池充了一整晚的电，但第二天参加比赛的时候，小车跑得出乎意料的慢。学生分析可能是电压过高引起的，当然也可能是其他原因造成的，但是赛前检查电池电压是非常重要的。

```python
#实例 3.1 vol1.py 智能车电池电压判断单分支语句
Vol = eval(input(" 请输入电池电压，单位 V:"))
if (Vol > 13):
    print(" 电池电压过高！ ")
if (Vol < 10):
    print(" 电池电压过低！ ")
if (10<=Vol<=13):
    print(" 电池电压符合运行条件，请开机运行！ ")
```

3.2.2　二分支结构：if-else 语句

Python 中 if-else 语句用来形成二分支结构，该语句用于根据指定的条件来决定执行哪一组语句。如果条件为真，则执行 if 语句块中的语句；否则，执行 else 语句块中的语句。语法格式如下：

```
if  < 条件 >:
    < 语句块 1>
else:
    < 语句块 2>
```

实例 3.2 使用二分支结构实现了实例 3.1 相同的功能，即检查电池电压是否满足智能车运行要求。

```
# 实例 3.2  vol2.py 智能车电池电压判断二分支语句
Vol = eval(input(" 请输入电池电压，单位 V:"))
if (Vol > 13 or Vol < 10):
    print(" 电池电压不符合要求！ ")
else:
    print(" 电池电压符合运行条件，请开机运行！ ")
```

二分支结构还有一种更简洁的方式，适合通过判断返回特定值，语法格式如下：

< 表达式 1>　if　< 条件 >　else　< 表达式 2>

实例 3.3 通过这种简洁方式实现了与实例 3.1 相同的功能。

```
# 实例 3.3  vol3.py 智能车电池电压判断简洁二分支语句
Vol = eval(input(" 请输入电池电压，单位 V:"))
print(" 电池 {} 电压要求！ ".format(" 符合 "if 10<=Vol<=13 else " 不符合 "))
```

3.2.3　多分支结构：if-elif-else 语句

多分支结构允许程序根据多个条件来选择不同的执行路径。在 Python 中，可以使用 if-elif-else 来构造多分支结构。基本语法格式如下所示：

```
if  < 条件 1>:
    < 语句块 1>
elif  < 条件 2>:
    < 语句块 2>
...
else:
    < 语句块 N>
```

多分支结构是二分支结构的扩展，这种形式通常用于设置同一个判断条件的多条执行路径。Python 依次评估寻找第一个结果为 True 的条件，执行该条件下的语句块，结束后跳过整个 if-elif-else 结构，执行后面的语句。如果没有任何条件成立，那么 else 下面的语句块将被执行，else 语句可选，即 else 语句根据编程实际情况可有可无。

实例 3.4 使用多分支结构实现智能车电池电压检查。

```
# 实例 3.4 vol4.py 智能车电池电压判断多分支语句
Vol = eval(input(" 请输入电池电压，单位 V:"))
if (Vol > 13):
    print(" 电池电压过高！ ")
elif (Vol < 10):
    print(" 电池电压过低！ ")
else:
    print(" 电池电压符合运行条件，请开机运行！ ")
```

Python 3.10 增加了 match...case 的条件判断，这里不做详细介绍，有兴趣的同学可以自学。

3.2.4　实例：简单计算器

综合二分支结构和多分支结构，实例 3.5 实现了一个识别用户输入来执行加、减、乘、除四则运算的简单计算器。

```
# 实例 3.5 calculator.py 简单计算器
# 获取用户输入
num1 = float(input(' 请输入第一个数字：'))
num2 = float(input(' 请输入第二个数字：'))
operator = input(' 请输入运算符（+、-、*、/）：')

# 判断运算符并执行相应的运算
if operator == '+':
    result = num1 + num2
elif operator == '-':
    result = num1 - num2
elif operator == '*':
    result = num1 * num2
elif operator == '/':
    if num2 == 0:
        print(' 除数不能为 0！ ')
    else:
        result = num1 / num2
else:
    print(' 无效的运算符！ ')

# 输出结果
print(f'{num1} {operator} {num2} = {result}')
# 等价与 print('{} {} {} = {}'.format(num1,operator,num2,result))
```

3.3　程序的循环结构

循环结构是一种常用的程序控制结构，它允许程序重复执行一段代码。循环结构在程序设计中具有重要意义,它为程序员提供了一种灵活、高效、易于理解和维护的方式来处理复杂的逻辑判断和数据。它在各种应用领域都有广泛应用,包括游戏开发、数据分析、人工智能、机器学习等。

根据循环执行次数的确定性,循环可以分为确定次数循环和非确定次数循环。

1)确定次数循环指循环体对循环次数有明确的定义,这类循环在 Python 中称为遍历循环,采用 for 语句实现,循环次数采用遍历结构中的元素个数来体现。

2)非确定次数循环指程序不确定循环体可能的执行次数,而是通过条件判断是否继续执行循环体,采用 while 语句实现。

3.3.1　遍历循环:for 循环

for 循环用于遍历结构(例如列表、元组、字符串或字典)中的元素,并对每个元素执行一段代码。它的语法格式如下:

```
for <循环变量> in <遍历结构>:
    <语句块>
```

for 语句的循环执行次数是根据遍历结构中元素个数确定的。遍历循环从遍历结构中逐个提取元素,赋值给循环变量,对于所提取的每个元素执行一次语句块。

遍历结构可以是字符串、列表、文件或 range() 函数等,常使用的方式如下所示:

```
#循环 N 次
for i in range(n):
    <语句块>
#遍历文件 file 的每一行
for line in file:
    <语句块>
#遍历字符串 str
for c in str:
    <语句块>
#遍历列表 ls
for item in ls:
    <语句块>
```

实例 3.6 展示了 for 循环的基本使用方法,该实例每隔 10 步检查一次电池电压。

```
# 实例 3.6 vol5.py for 语句实现定时检测电池电压
for i in range(100000):
    Vol = eval(input("请输入电池电压,单位 V:"))
    if (Vol > 13):
        print("电池电压过高!")
    elif (Vol < 10):
        print("电池电压过低!")
    else:
        print("电池电压符合运行条件,请开机运行!")
    for j in range(10):
        print("wait")
```

遍历循环还有一种扩展模式，基本语法格式如下：

$$for\ <循环变量>\ in\ <遍历结构>:$$
$$<语句块 1>$$
$$else:$$
$$<语句块 2>$$

在扩展模式中，for...else 语句用于在循环结束后执行一段代码。当循环执行完毕（即遍历完遍历结构中的所有元素）后，会执行 else 子句中的代码。如果在循环过程中遇到了 break 语句，则会中断循环，此时不会执行 else 子句。

实例 3.7 展示了 for...else 语句的基本使用，更多用法将在 3.3.3 节结合 continue 和 break 关键字进一步讲解。

```
# 实例 3.7 forelse.py 测试 for...else...
for s in "智能汽车竞赛":
    print("循环进行中:"+s)
else:
    print("循环正常结束!")
```

实例 3.7 的输出结果如下：

```
>>>
循环进行中:智
循环进行中:能
循环进行中:汽
循环进行中:车
循环进行中:竞
循环进行中:赛
循环正常结束!
```

3.3.2　条件循环：while 循环

很多程序在执行之初无法确定遍历结构，需要根据条件来判断是否执行循环，称为条件循环。Python 通过 while 实现条件循环，基本语法格式如下：

$$while\ <条件>:$$
$$<语句块>$$

当条件为 True 时，while 语句循环体重复执行语句块中的语句；当条件为 False 时，循环终止，执行与 while 同级别的后续语句。当把条件始终设置为 True 时，将开始无限循环。

实例 3.8 展示了 while 语句的基本使用方法，该实例每隔 10 步检查一次电池电压，功能与实例 3.6 相同。

```
# 实例 3.8 vol6.py while 实现定时检测电池电压
while (1):
    Vol = eval(input("请输入电池电压，单位 V:"))
```

```
if (Vol > 13):
    print(" 电池电压过高！")
elif (Vol < 10):
    print(" 电池电压过低！")
else:
    print(" 电池电压符合运行条件，请开机运行！")
j = 0
while (j < 10):
    print("wait")
        j += 1
```

条件循环也有一种使用保留字 else 的扩展模型，基本语法格式如下：

$$
\begin{array}{l}
\text{while} < \text{条件} > : \\
\qquad < \text{语句块 1}> \\
\text{else} : \\
\qquad < \text{语句块 2}>
\end{array}
$$

在扩展模式中，当 while 循环执行完毕时，程序会执行 else 子句中的代码；如果在循环过程中遇到了 break 语句，则会中断循环，此时不会执行 else 子句。通常，在语句块 2 中放置判断循环执行情况的语句。

实例 3.9 展示了 while 循环中扩展模式的基本使用方法。

```
# 实例 3.9 whileelse.py while…else 基本使用
i = 0
str = " 智能汽车竞赛 "
while i < len(str):
    print(" 循环进行中：" +str[i])
    i += 1
else:
    print(" 循环正常结束！ ")
```

实例 3.9 输出结果为：

```
>>>
循环进行中：智
循环进行中：能
循环进行中：汽
循环进行中：车
循环进行中：竞
循环进行中：赛
循环正常结束！
```

3.3.3　循环保留字：break 和 continue

break 和 continue 是 Python 中两个常用的关键字，用于控制循环结构的执行流程。

break 关键字用于立即终止当前循环，跳出 for 和 while 的循环体。它常用于在循环中查找特定元素，一旦找到目标元素就立即结束循环。continue 关键字用于跳过当前循环的剩余部分，直接进入下一次循环，而不终止循环。它常用于在循环中忽略特定条件的元素。遍历循环和条件循环中插入 break 和 continue 关键字后，代码执行过程如图 3.6 所示。需要注意的是，如果存在多层循环结构，break 语句在内层循环体中，那么 break 语句只跳出最内层循环，仍然继续执行外层循环，即每个 break 只有跳出当前循环的能力。

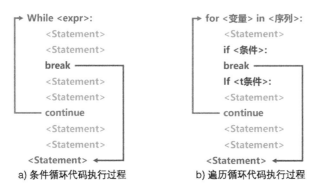

图 3.6　break 和 continue 对代码执行的影响

　　for 循环和 while 循环都存在一个 else 扩展模式。else 语句块只有在循环正常结束时才会被执行。一旦从 for 或 while 循环中终止，任何对应的 else 语句块都将不会被执行，如实例 3.10 和实例 3.11 对比所示。

```
# 实例 3.10 continue 基本使用
i = 0
str = "Python"
while i < len(str):
    print(" 循环进行中: "+str[i])
    i += 1
    if str[i-1]=="h":
        continue
else:
print(" 循环正常结束! ")
```

```
# 实例 3.11 break 基本使用
i = 0
str = "Python"
while i < len(str):
    print(" 循环进行中: "+str[i])
    i += 1
    if str[i-1]=="h":
        break
else:
print(" 循环正常结束! ")
```

实例 3.10 和实例 3.11 的输出结果分别为:

```
>>>
循环进行中: P
循环进行中: y
循环进行中: t
循环进行中: h
循环进行中: o
循环进行中: n
循环正常结束!
```

```
>>>
循环进行中: P
循环进行中: y
循环进行中: t
循环进行中: h
```

3.4 程序异常处理

在 Python 中，异常处理是一种用于处理程序运行过程中出现的错误和异常情况的机制。它允许程序在遇到错误时采取适当的措施，而不是直接崩溃，使得程序运行更加稳定。在日常学习和工作中，一种行为可能会产生多种结果，其中的某些结果可能是超出预期的，但是我们要为这些超出预期的结果做好备用方案。

比如准备考研的同学，可能成功，也可能失败，考研失败能不能直接崩溃呢？从合理的状态来看是必须接受并正常面对的，这就需要在准备考研之前就想好失败的预案。人生中面对任何失意，我们都应从容面对。

Python 提供了多种方法来处理异常，其中最常用的是 try...except 语句。它允许程序员将可能出现异常的代码放在 try 块中，然后在 except 块中捕获并处理异常，如实例 3.12 所示。

```
# 实例 3.12 try...except 基本使用
try:
    x = 1 / 0
except ZeroDivisionError:
    print(" 除数不能为零 ")
```

在上面的代码中，我们尝试将 1 除以 0，这会导致 ZeroDivisionError 异常。我们使用 try...except 语句来捕获这个异常，并在 except 块中输出一条错误信息。

除了 try...except 语句外，Python 还提供了其他几种方法来处理异常，包括 else 子句、finally 子句和 assert 语句，如实例 3.13 所示。

```
# 实例 3.13 程序异常处理
try:
    x = 1 / 0
except ZeroDivisionError:
    print(" 除数不能为零 ")
else:
    print(" 计算成功 ")
finally:
    print(" 清理资源 ")
```

在实例 3.13 中，使用 try...except 语句来捕获除零异常，并在 except 块中输出一条错误信息。由于发生了除零异常，因此不会执行 else 子句中的代码。最后，无论是否发生异常，都会执行 finally 子句中的代码。

异常处理在程序开发中具有重要意义，它能够帮助程序员更好地控制程序的运行流程，并在遇到错误时采取适当的措施。

3.5 random 库

3.5.1 random 库概述

random 库是 Python 的内置模块，用于生成伪随机数。这些伪随机数并不是真正的随机数，而是通过特定算法生成的，random 库采用梅森旋转算法生成伪随机数序列。该模块可以用来执行随机操作，例如生成随机数、从列表或字符串中打印随机值等。

random 库提供了许多用于处理各种分布的伪随机数生成器。对于整数，有从指定范围内均匀选择的功能。对于序列，有从序列中均匀选择随机元素、就地生成列表随机排列以及无放回随机抽样的函数。对于浮点数，有计算均匀分布、正态（高斯）分布、对数正态分布、负指数分布、伽玛分布和贝塔分布的函数。对于角度，冯·米塞斯分布（von Mises 分布）可用。

几乎所有的模块函数都依赖于基本函数 random()，它在半开区间 $0.0 \leqslant X < 1.0$ 内均匀生成一个随机浮点数。Python 使用梅森旋转算法作为核心生成器。它产生 53 位精度的浮点数，并且具有 $2^{19937}-1$ 的周期。底层 C 实现既快速又线程安全。梅森旋转算法是最广泛测试过的随机数生成器之一。然而，由于完全确定性，它并不适用于所有目的，完全不适用于加密目的。

random 库提供的函数实际上是隐藏的 random.Random 类实例的绑定方法。random 模块还提供了 SystemRandom 类，它使用系统函数 os.urandom() 从操作系统提供的源生成随机数。

3.5.2 random 库使用

random 库是 Python 内置模块，不需要安装即可直接使用。引用 random 库有以下两种方式：

方式一：import random

方式二：from random import *

random 库中 9 个随机数生成函数见表 3.2。

表 3.2　random 中随机数生成函数

函数	说明
seed(a=None)	初始化随机数种子，默认值为当前系统时间
random()	生成一个 [0.0,1.0) 之间的随机小数
randint(a,b)	生成一个 [a,b] 之间的随机整数
getrandbits(k)	生成一个 k 比特长度的随机整数
randrange(start,stop[,step])	生成一个 [start,stop) 之间以 step 为步长的随机整数
uniform(a,b)	生成一个 [a,b] 之间的随机小数
choice(seq)	从序列类型随机返回一个元素
shuffle(seq)	将序列类型中的元素随机排列，返回打乱后的序列
sample(pop,k)	从 pop 类型中随机选取 k 个元素，以列表类型返回

　　生成随机数之前可以通过 seed() 函数指定随机数种子。随机数种子一般是一个整数，只要种子相同，每次生成的随机数序列也相同。这种情况便于测试和同步数据。

　　实例 3.14 展示了 random 库的基本使用方式，使用 random 实现了从参赛学校队伍列表随机找出两个学校的队伍使用 B 场地进行比赛。

```python
# 实例 3.14 赛车队抽场地
import random
# 参与高校列表
participants = ['BUAA', 'THU', 'BIT', 'HIT', 'NUAA', 'PKU']
# 随机抽取 2 队用 B 场地竞赛
racers = random.sample(participants, 2)
# 输出中奖者名单
print('B 场地参赛名单: ')
for racer in racers:
    print(racer)
```

3.6 turtle 库

3.6.1 turtle 库概述

　　Python 的 turtle 库是一个提供给程序员虚拟画布来创建形状和图像的库，是 Python 语言的标准库之一，无须安装即可直接使用。turtle 库使用一个名为 turtle 的屏幕画笔绘制形状和图像，该库的名称源自这支笔的名称。

　　turtle 库最初是作为一种教育工具而创建的，供教师在课堂上使用。对于需要生成一些图形输出的程序员来说，它可以在不引入更复杂或外部库的情况下实现这一目标。它可以提供即时、可见的反馈，还提供了方便访问图形输出的通用方法，这些有效且经过验证的方法，能够让学习者接触编程概念并与软件进行交互。

　　turtle 库以面向对象和面向过程的方式提供了 turtle 图形原语。在 Python 中，turtle 图形提供了一个物理"海龟"的表示（带有笔的小型机器人），它从窗体正中心 (0,0) 开始在画布上游走，走过的轨迹形成了绘制的图形。"海龟"由程序控制，可以变化颜色、改变宽度等。通过简单移动重复的程序，Turtle 可以绘制复杂的形状。

3.6.2 turtle 库使用

　　引用 turtle 库有以下两种方式：

　　　　　　　　　　方式一：import turtle
　　　　　　　　　　方式二：from turtle import *

turtle 库中设置画布大小的函数见表 3.3。

表 3.3　turtle 库中设置画布大小的函数

函数	说明
setup(width=0.5, height=0.75, startx=None, starty=None)	设置画布窗口的宽高，窗口左上角顶点的位置
screensize(canvwidth=None, canvheight=None, bg=None)	设置画布的宽、高、背景颜色（以像素为单位）

turtle 库中设置画笔属性的函数见表 3.4。

表 3.4　turtle 库中设置画笔属性的函数

函数	说明
pensize()	设置画笔的宽度
pencolor()	没有参数传入，返回当前画笔颜色。传入参数设置画笔颜色，可以是字符串如 "green" "red"，也可以是 RGB 三元组
speed(speed)	设置画笔移动速度，画笔绘制的速度范围为 [0,10] 整数，数字越大，速度越快

turtle 库中控制画笔的函数见表 3.5。

表 3.5　turtle 库中控制画笔的函数

函数	说明
fillcolor(colorstring)	绘制图形的填充颜色
color(color1, color2)	同时设置 pencolor=color1, fillcolor=color2
filling()	返回当前是否在填充状态
begin_fill()	准备开始填充图形
end_fill()	填充完成
hideturtle()	隐藏画笔的 turtle 形状，简写为 hd()
showturtle()	显示画笔形状

turtle 库中画笔运动的函数见表 3.6。

表 3.6　turtle 库中画笔运动的函数

函数	说明
forward(distance)	向当前画笔方向移动 distance 像素长度，简写为 fd()
backward(distance)	向当前画笔相反方向移动 distance 像素长度
right(degree)	顺时针移动 degree°
left(degree)	逆时针移动 degree°
pendown()	移动时绘制图形，默认时也为绘制
goto(x,y)	将画笔移动到坐标为 x, y 的位置
penup()	提笔移动不绘制图形，用于另起一个地方绘制，简写为 pu()
circle()	画圆，半径为正（负），表示圆心在画笔的左边（右边）画圆
setx()	将当前 x 轴移动到指定位置
sety()	将当前 y 轴移动到指定位置
setheading(angle)	设置当前朝向为 angle 角度，简写为 seth()
home()	设置当前画笔位置为原点，朝向右
dot(re)	绘制一个指定直径和颜色的圆点

turtle 库中全局控制的函数见表 3.7。

表 3.7　turtle 库中全局控制的函数

函数	说明
clear()	清空 turtle 窗口，但是 turtle 的位置和状态不会改变
reset()	清空窗口，重置 turtle 状态为起始状态，位置也会改变
undo()	撤销上一个 turtle 动作
isvisible()	当前 turtle 是否可见（返回布尔值）
stamp()	印章，复制当前图形
write(s [,font=("font-name", font_size, "font_type")])	写文本，s 为文本内容，font 是字体的参数，分别为字体名称、大小和类型；font 为可选项，font 参数也是可选项

除上述列出的函数之外，turtle 库还有一些不常用的绘图函数，有兴趣的读者可以深入探究。

（1）turtle 库坐标系说明

在 turtle 库中，绘图窗体内部形成了一个空间坐标体系，包括绝对坐标和海龟坐标两种。对于绝对坐标，海龟最开始在画布的正中心，正中心的坐标就是 (0,0)。海龟的运行方向向着画布的右侧，所以整个窗体的右方向是 X 轴，上方向是 Y 轴，由此构成了一个绝对坐标系。在绝对坐标系中，可以使用 goto(x, y) 函数来控制海龟移动到指定的坐标位置。例如，可以使用 goto(100, 100) 来让海龟移动到第一象限。

另一种坐标系是海龟坐标系。在海龟坐标系中，海龟的当前位置是原点 (0,0)，海龟的当前朝向是 X 轴正方向。可以使用 setheading(angle) 函数来控制海龟的朝向，其中 angle 是以度为单位的角度值。例如，可以使用 setheading(90) 来使海龟朝向 Y 轴正方向。在海龟坐标系中，可以使用 forward(distance) 和 backward(distance) 函数来控制海龟沿着当前朝向移动指定的距离。例如，可以使用 forward(100) 来让海龟向前移动 100 个单位。

（2）RGB 颜色空间

RGB 颜色空间是一种基于 RGB 颜色模型的彩色空间。RGB 颜色空间通常用来描述电视屏幕和计算机显示器等显示设备的输入信号。在 turtle 库中，可以使用 RGB 颜色来设置画布和画笔的颜色。

RGB 指红蓝绿三个通道的颜色组合，覆盖视力所能感知的所有颜色。RGB 每色取值范围为 0 ~ 255（整数）或 0 ~ 1（小数）。常用 RGB 色彩见表 3.8。

表 3.8　常用 RGB 色彩对照表

英文名称	RGB 整数值	RGB 小数值	中文名称
white	255, 255, 255	1, 1, 1	白色
yellow	255, 255, 0	1, 1, 0	黄色
magenta	255, 0, 255	1, 0, 1	洋红
cyan	0, 255, 255	0, 1, 1	青色
blue	0, 0, 255	0, 0, 1	蓝色
black	0, 0, 0	0, 0, 0	黑色
seashell	255, 245, 238	1, 0.96, 0.93	海贝色
gold	255, 215, 0	1, 0.84, 0	金色
pink	255, 192, 203	1, 0.75, 0.80	粉红色
brown	165, 42, 42	0.65, 0.16, 0.16	棕色
purple	160, 32, 240	0.63, 0.13, 0.94	紫色
tomato	255, 99, 71	1, 0.39, 0.28	番茄色

实例 3.15 是一个简单的程序，它使用 turtle 库绘制一个正方形。

```
# 实例 3.15 turtle 库基本使用
from turtle import *
for i in range(4):
    forward(100)
    right(90)
done()
```

此外，还可以使用循环和条件语句来创建更复杂的图形和图案。

3.6.3　实例：智能车竞赛车道线绘制

图 3.7 所示为全国大学生智能汽车竞赛百度创意组赛道。全国大学生智能汽车竞赛都是在封闭赛道上进行的，赛道直线段和曲线段相互衔接，首尾相连，在场地上还设计有城池、宿营地等场景。请用 turtle 库设计一个封闭的智能车比赛赛道，要求赛道能更好地验证赛车的转弯能力和加速性能等。

图 3.7　全国大学生智能汽车竞赛百度创意组赛道

```
# 实例 3.16 智能车竞赛车道线绘制
import turtle as t
t.pensize(30)
t.pencolor("grey")
t.penup()
t.goto(-280,-60)
t.pendown()
```

```
t.circle(-40,180)
t.left(90)
t.fd(60)
t.left(90)
t.fd(100)
t.circle(30,80)
for i in range (2):
    t.circle(-30,160)
    t.circle(30,160)
t.circle(-30,80)
t.fd(120)
for dis in [450,515]:
    t.circle(-50,270)
    t.fd(dis)
t.left(90)
t.fd(38)
t.right(90)
t.circle(40,180)
t.right(90)
t.fd(140)
t.done()
```

绘制完成的赛道如图 3.8 所示。

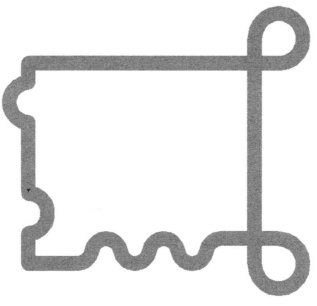

图 3.8　绘制完成的赛道

Python 的 turtle 库以一种有趣且互动的方式帮助程序员感受使用 Python 编程，turtle 库还有一些有趣的功能，感兴趣的读者可自行探索。

习　题

一、选择题

1.（　　）给出的保留字不直接用于表示分支结构。

A. else　　　　　　　　B. if　　　　　　　　C. in　　　　　　　　D. elif

2. 以下关于 Python 语言中"缩进"说法正确的是（　　）。

A. 缩进在同一个子语句块中长度统一且强制使用

B. 缩进统一为 4 个空格

C. 缩进是非强制的，仅为了提高代码可读性

D. 缩进可以用在任何语句之后

3. 在 try...except 结构中，finally 块中的代码会在（　　）情况下执行。

A. 只有 try 块中的代码正常执行完成

B. 只有 except 块中的代码执行

C. 无论是否执行 except 块

D. 只有在 except 块中没有执行时才执行

4. 下面（　　）语句用于在循环中跳过当前迭代，进入下一次迭代。

A. break　　　　　　　B. skip　　　　　　　C. continue　　　　　D. pass

5. Random 库中，random.randint(1, 10) 的作用是（　　）。

A. 生成一个随机整数，范围在 [1, 10]

B. 生成一个随机小数，范围在 [1, 10]

C. 生成一个随机整数，范围在 (1, 10)

D. 生成一个随机小数，范围在 (1, 10)

6. 下列（　　）不是 Python 的比较运算符。

A. ==　　　　　　　　B. !=　　　　　　　　C. <=　　　　　　　　D. ><

7. 在 Python 中，（　　）关键字用于结束当前循环，并跳到当前层循环结构之后的代码。

A. exit　　　　　　　　B. stop　　　　　　　C. break　　　　　　　D. continue

8. range(3, 10, 2) 的输出是（　　）。

A. [3, 5, 7, 9]　　　　　B. [3, 6, 9]　　　　　C. [2, 4, 6, 8]　　　　D. [4, 6, 8]

9. 下列语句中，（　　）用于放下画笔，绘制出轨迹。

A. turtle.trace()　　　　B. turtle.pd()　　　　C. turtle.draw()　　　D. turtle.done()

二、判断题

1. Python 中，if 语句用于循环操作。　　　　　　　　　　　　　　　　　（　　）

2. 在 Python 中，elif 是 else if 的缩写，用于处理多个条件。　　　　　　（　　）

3. Python 中的程序流程图可以用菱形、圆形和矩形表示。　　　　　　　　（　　）

4. Python 中的分支结构语句只有 if 语句。　　　　　　　　　　　　　　（　　）

5. Python 中的 random 库可以生成随机数。　　　　　　　　　　　　　　（　　）

6. Python 中的 turtle 库可以用来画图。　　　　　　　　　　　　　　　（　　）

7. try-except 块中的代码在没有异常发生时执行 except 块中的代码。　　（　　）

三、实训题

1. 批量修改交通图像名称。智能车竞赛需要自行采集图像构建数据集，采集图像时分多次采集，每次采集的图像保存在一个文件夹中，命名从 1 开始，构建数据集时需要将多个文件夹中的图像合成到一个文件夹，因此需要批量修改文件名以避免同名文件覆盖。请设计一段程序，实现批量修改文件名的功能。假设原本有两个图像，图像名分别为 1.jpg 和 2.jpg，修改为 vehicle1.jpg 和 vehicle2.jpg。

2. 正交编码器旋转状态解码。正交编码器是一种用于测量旋转速度和方向的传感器。最常见的正交编码器有两个输出信号：A 相和 B 相。一般情况下，A 相和 B 相的输出信号总是有 π/2 的相位差。编码器在旋转时，两条数据线上的电平信号不断变化，根据不同的变化状态可以计算出编码器旋转的方向。详细情形如下表所描述：

A（变化前）	B（变化前）	A（变化后）	B（变化后）	旋转状态	备注
0	0	0	0	不动	
0	0	0	1	−1	
0	0	1	0	+1	
0	0	1	1	−2	假定 A 相跳变时采集数据
0	1	0	1	不动	
0	1	1	0	+2	假定 A 相跳变时采集数据
0	1	1	1	−1	
0	1	0	0	+1	
1	0	0	0	−1	
1	0	0	1	+2	
1	0	1	0	不动	
1	0	1	1	+1	
1	1	0	0	−2	假定 A 相跳变时采集数据
1	1	0	1	+1	
1	1	1	0	−1	
1	1	1	1	不动	

表中"+1"表示顺时针旋转一格，"−1"表示逆时针旋转一格。两相数据都发生变化时，无法判定是顺时针旋转还是逆时针旋转，于是都假定变化后的数据是在 A 相跳变时采集的数据。当采样频率足够高时，两相数据同时发生变化的概率很小，这样的计算方式是足够精确的。

根据上表中的内容，编写一段程序，要求分别输入变化前后 A 相和 B 相的值，输出编码器的旋转状态。

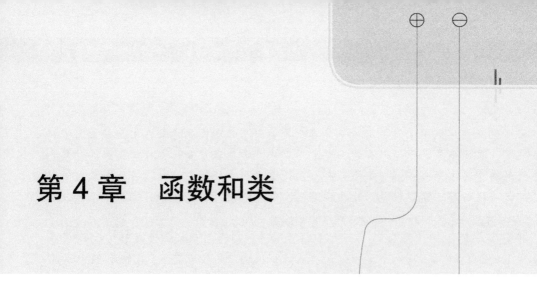

第 4 章　函数和类

　　程序由一系列代码构成，在实现一种功能时，有时会反复用到同一种方法，例如在深度学习模型训练过程中，一个轮次训练结束会读取新的数据进行训练，读取数据的方法被反复使用。倘若没有代码复用，那就需要写很多行代码来反复实现数据的读取。显然，这是一种低效且不利于维护的方式。相反，将读取数据的方法封装为一个函数，通过调用函数使同一段代码在需要时被重复使用，能够避免重复编程，提高编程效率和程序可读性。函数和类对象是代码复用的两种主要形式。模块化设计是通过函数和对象封装将程序划分成模块和模块间的表达。代码复用和模块化设计相辅相成，模块化设计使得代码更容易被复用，而代码复用则可以提高模块化设计的效率，两者结合起来提高了代码的可维护性和可扩展性。

4.1　代码复用和模块化设计

　　代码复用，就是对已有代码的一部分或全部重复加以利用，从而构建新的程序实现预期功能。代码复用避免了耗时耗力的重复劳动，也极大提高了代码的可读性和可维护性。软件复用是指将程序看成是由不同功能部分的组件所组成的有机体，每一个组件在设计编写时可以被设计成完成同类工作的通用方法，这样，如果完成各种工作的组件被创建出来以后，编写特定功能程序的工作就变成将各种不同组件组织连接起来的工作，这使得程序最终质量和维护工作产生了本质性的改变。

　　当一段程序具有成百上千行时，如果不划分模块，就算是最好的程序员也很难理解程序含义，程序的可读性将非常糟糕。解决这一问题的最好方法是将一段程序分割成独立的模块和组件，每一段程序完成特定的功能。对程序合理划分功能模块并基于模块设计程序是一种常用方法，称为"模块化设计"。这种分而治之、分层抽象、体系化的设计思想可以使模块内部紧耦合、模块之间松耦合。紧耦合是指模块内部各部分之间关系紧密，无法独立存在；松耦合是指模块间的关系尽可能简单，功能块之间耦合度低，可以独立存在。这样，每个模块都可以独立开发和测试，从而提高了代码的可维护性和可扩展性。

　　当我们在现实生活中遇到困难时，首先不要被困难吓倒，要想办法化繁为简、把复杂的问题分解成多个小问题，逐个攻破。

　　使用模块化设计需要遵循以下原则：

　　1）定义清晰的接口：每个模块应该有清晰的接口定义，明确输入 / 输出和功能。这样可以降低模块之间的依赖，提高代码的可测试性和可维护性。

2）单一职责原则：每个模块应该只负责一个功能或一组相关功能，遵循单一职责原则。这样可以减少代码的复杂性，提高代码的可读性和可维护性。

3）依赖倒置原则：模块之间的依赖关系应该依赖于抽象而不是具体实现。这样可以减少模块之间的紧耦合，提高代码的灵活性和可扩展性。

4.2　函数

函数是程序的一种基本抽象方式，它将一系列代码组织起来，用来实现单一的或相关联的功能，通过命名供其他程序使用。函数也可以看作是一段具有名称的子程序，可以在需要的地方调用执行，不需要在每个执行的地方重复编写这些语句。每次使用函数可以提供不同的参数作为输入，以实现对不同数据的处理。函数执行后，还可以反馈相应的处理结果。

函数封装的直接好处是代码复用，任何其他代码只要输入参数即可调用函数，从而避免相同功能代码在被调用处重复编写。代码复用还有一个优点：当更新函数功能时，所有被调用处的功能将被更新。

4.2.1　函数的定义和调用

Python 定义函数使用 def 关键字，一般格式如下：

$$def\ 函数名（参数列表）：$$
$$函数体$$

函数名可以是任何合法的 Python 标识符。参数列表是调用该函数时给其传递的参数值，可以有零个或多个。当没有参数时需要保留圆括号，当有多个参数时，中间用逗号隔开。

Python 定义函数遵循以下简单规则：

1）函数代码块以 def 关键词开头，后接函数标识符名称和圆括号 ()。

2）任何传入参数和自变量必须放在圆括号中间，圆括号之间可以用于定义参数。

3）函数的第一行语句可以选择性地使用文档字符串——用于存放函数说明。

4）函数内容以冒号（:）起始，并且缩进。

5）return [表达式] 结束函数，选择性地返回一个值给调用方，不带表达式的 return 相当于返回 None。

为了更加形象地说明 Python 中用户自定义函数的方法，用户自定义函数的规则如图 4.1 所示。

定义函数时，要给函数命名，以指定函数中包含的参数和代码块结构。在函数定义完成后，可以在另一段程序中直接使用函数名调用该函数。定义函数时，函数名之后圆括号中的参数列表称为形参，形参用于接收函数调用时传入的值。函数调用时，函数名之后圆括号中的参数列表称为实参，是函数调用时传递给函数的实际值，这些值会复制到形参中。函数定义和函数调用如实例 4.1 所示。

图 4.1　用户自定义函数示例

```
# 实例 4.1 max.py
def max1(a,b):
    if a>b:
        return a
    else:
        return b
print(max1(5,10))
```

实例 4.1 输出结果为：

```
>>>
10
```

实例 4.1 首先定义了函数 max1()，然后把调用 max1() 函数作为 print 函数的参数，输出结果为 10。

4.2.2　函数参数传递

在调用函数时，主函数和调用函数之间总是离不开数据的传递，即离不开参数的传递，参数的作用是传递数据给函数使用。Python 中的函数参数可以按照不同的方式进行传递。

1. 形式参数和实际参数

形式参数为定义函数时在括号中的参数，在函数的内部会使用这个参数进行代码的编写，而**实际参数**是函数调用时使用的参数，函数返回的结果是根据这个实际参数来代替形式参数得到的。如实例 4.2 所示，定义函数使用的 speed 和 time 是形式参数，调用函数时使用的 carspeed 和 cartime 是实际参数。

```
# 实例 4.2 distance.py 汽车行驶里程计算
carspeed = 30
cartime=20
def get_distance(speed, time):
    distance = speed * time
    print(distance)
get_distance (carspeed, cartime)
```

2. 位置参数

位置参数是最常见的参数类型。当定义一个函数时指定参数的名称，并在调用函数时按照相同的顺序传递参数的值，函数内部使用这些值来执行操作。

```
# 实例 4.3 distance-loc.py 位置参数
def get_distance(speed, time):
    print("Speed : ", speed)
    print("Time : ", time)
        print("Distance : ", speed * time)
    get_distance (30, 20)
```

实例 4.3 运行结果为：

```
Speed : 30
Time : 20
Distance : 600
```

3. 关键字参数

为了提高程序的可读性，在调用函数时还可以使用关键字参数调用。使用关键字参数可以直接在调用函数的时候给参数进行赋值，然后传递到函数中，最后返回结果。在这种传递方式中，参数位置的不同是不影响输出结果的，实例 4.4 中最后两行程序语句，参数位置是不同的，但是结果是一样的，在调用函数时，如果用了关键字，就会按照变量名称传递，而不是参数位置传递。

```
# 实例 4.4 distance-name 关键字参数
def get_distance(speed, time):
    print("Speed : ", speed)
    print("Time : ", time)
    print("Distance : ", speed * time)
get_distance (speed=30, time=20)
get_distance (time=20,speed=30)
```

实例 4.4 运行结果为：

```
Speed : 30
Time : 20
Distance : 600
Speed : 30
Time : 20
Distance : 600
```

4. 默认参数

定义一个函数的时候，可以给函数的参数定义一个初始值，这样在调用函数的时候如果没有给出实际参数，函数就会使用默认参数。在实例 4.5 中，在创建函数的时候已经给出了 speed 默认值，那么在使用函数的时候如果不给出实际参数则会自动使用默认参数。需要注意的是，定义函数时，默认参数要放在没有默认值的参数后面。

```
# 实例 4.5 distance-default.py 默认参数
def get_distance(time,speed=10):
    print("Speed : ", speed)
    print("Time : ", time)
    print("Distance : ", speed * time)
get_distance (speed=30, time=20)
get_distance (time=20)
```

实例 4.5 运行结果为：

```
Speed : 30
Time : 20
Distance : 600
Speed : 10
Time : 20
Distance : 200
```

5. 可变参数

Python 中函数参数的个数是可以变化的，也就是说参数的数量可以是不确定的，这种参数被称为可变参数。可变参数分为两种：一种是参数前加 *，这种方式的可变参数在传递的时候以元组的形式传递；一种是参数前加 **，这种方式的可变参数在传递的时候以字典的形式传递。这里主要介绍第一种方式，如实例 4.6 所示。

```
# 实例 4.6 distance-variable 可变参数
def get_distance(time,*speed):
    num=1
    for k in speed:
        print("{} 号赛车速度是 {}，里程是 {}".format(num,k,k*time))
        num=num+1
get_distance (20,50,60,70)
```

实例 4.6 运行结果为：

```
1 号赛车速度是 50，里程是 1000
2 号赛车速度是 60，里程是 1200
3 号赛车速度是 70，里程是 1400
```

4.2.3　函数的返回值

函数可以返回一个或一组值，函数返回的值称为返回值。在函数中，可以使用 return 语句将值返回到调用函数的代码行并退出函数。函数的返回值可以是任何类型，包括数字、字符串、列表、元组、字典等，不带参数值的 return 语句返回 None。

实例 4.7 展示了 return 语句返回一个值，实例 4.8 展示了 return 返回多个值，return 返回多个值的时候也相当于返回一个元组类型的值。

```
# 实例 4.7 distance-re1.py 函数返回单个值
def get_distance(speed, time):
    return(speed*time)
s=get_distance (30, 20)
print("S=",s)
```

```
# 实例 4.8 distance-reN.py 函数返回多个值
def get_distance(speed, time):
    return(speed,time,speed*time)
s,t,d=get_distance (30, 20)
print(s,t,d)
print(get_distance (30, 20))
```

4.2.4 函数的递归

函数作为一种代码封装，可以被其他程序调用。递归函数是一种特殊的函数，它在定义中调用了自身。递归函数通常用于解决可以分解为相同但规模较小的子函数的问题，在数学和计算机应用中非常强大，能够非常简洁地解决重要问题。

递归函数通常包括两个部分：基例和递归链条。基例是指函数不再调用自身的情况，可以有一个或多个基本情况，通常是问题规模最小的情况。递归链条是指函数继续调用自身来解决更小规模的子问题的情况。所有递归情况最后要归结为一个或多个基例结尾。如式（4.1）求 n 阶乘就属于典型的递归问题，实例 4.9 为实现代码。

$$n! = \begin{cases} 1 & n = 0 \\ n(n-1)! & \text{其他} \end{cases} \tag{4.1}$$

```
# 实例 4.9 nfactor.py 函数的递归调用 - 求阶乘
def fact(n):
    if n == 0 :
        return 1
    else :
        return n*fact(n-1)
print(fact(5))
```

汉诺塔问题是一个经典的递归问题。在一块铜板装置上，有三根杆（编号 A、B、C），在 A 杆自下而上、由大到小按顺序放置 64 个金盘（图 4.2）。游戏的目标：把 A 杆上的盘子全部移到 C 杆上，并仍保持原有顺序叠好。操作规则：每次只能移动一个盘子，并且在移动过程中三根杆上都始终保持大盘在下，小盘在上，操作过程中盘子可以置于 A、B、C 任一杆上。这个问题可以使用递归函数来解决，如实例 4.10 所示，为了显示方便，这里将圆盘数量 num 设置为 3，读者可以自行修改 num=64 测试。

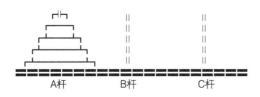

图 4.2　汉诺塔问题

```
# 实例 4.10  hanoi.py 汉诺塔问题
def hanoi(n, a, b, c):
    if n == 1:
        print(a, '->', c)
    else:
        hanoi(n-1, a, c, b)
        hanoi(1, a, b, c)
        hanoi(n-1, b, a, c)
num=3    # 定义圆盘总数
hanoi(3, 'A', 'B', 'C')
```

在实例 4.10 中，定义了一个名为 hanoi 的递归函数，它接收 4 个参数：n 表示盘子的数量，a、b 和 c 分别表示三根杆。函数的基例是当 $n==1$ 时，直接将盘子从 a 移动到 c。递归情况是当 $n>1$ 时，先将 $n-1$ 个盘子从 a 移动到 b，然后将剩下的一个盘子从 a 移动到 c，最后再将 $n-1$ 个盘子从 b 移动到 c。输出结果表示了将三个盘子从 a 移动到 c 所需的步骤。

4.2.5 局部变量和全局变量

全局变量是指在函数之外定义的变量，一般没有缩进，在程序执行全过程有效。局部变量是指在函数内部使用的变量，仅在函数内部有效，当函数调用结束时变量将不存在。

全局变量和局部变量作用域说明如图 4.3 所示。

局部变量和全局变量是不同变量。**局部变量是函数内部的占位符，与全局变量可能重名但不是同一变量。**函数运算结束后，局部变量将被释放。实例 4.11 展示了程序中使用全局变量和局部变量的区别，在函数 fact 内部定义的 s 是局部变量，并不会影响全局变量的值，所以程序运行结果为"120,10"。

图 4.3 全局变量和局部变量作用域说明

```
# 实例 4.11  local-global.py 局部变量和全局变量
n, s = 5, 10      # 此处 n, s 是全局变量
def fact(n) :      # 形参 n 是局部变量
    s=1           #s 是局部变量
    for i in range(1, n+1):
        s *= i
    return s       # 返回局部变量 s 的值
print(fact(n), s)  # 此处 s 是全局变量的值
```

可以使用 global 保留字在函数内部使用全局变量。如实例 4.12 所示，在 fact 函数中，使用关键字 global 声明 s 变量，表明函数 fact 中用的 s 是全局变量，所以程序运行结果为"1200,1200"。

```
# 实例 4.12 gloal1.py 全局变量的声明
n, s = 5, 10      # 此处 n, s 是全局变量
def fact(n) :     # 形参 n 是局部变量
    global s       # s 是全局变量
    for i in range(1, n+1):
        s *= i
    return s        # 返回全局变量 s 的值
print(fact(n), s)   # 此处 s 是全局变量的值
```

当局部变量为组合数据类型且在函数内部未被真实创建时，函数内部可以直接使用并修改全局变量的值。如实例 4.13 所示，列表变量 ls 未在函数 func() 中被创建，用的就是全局变量 ls，实例 4.13 运行结果为 "['S', 'T' 'D']"。如果函数内部真实创建了组合数据类型变量，则无论是否有同名全局变量，函数都仅对局部变量进行操作，函数退出后局部变量将被释放，全局变量值不变。如实例 4.14 所示，在函数 func() 中创建了局部列表变量 ls，这时函数中使用的就是局部变量 ls，程序运行结果为 "['S', 'T']"。

```
# 实例 4.13 combination1.py 局部变量为组合数据类型且未在函数中创建
ls = ["S", "T"]
def func(a) :
    ls.append(a)
    return
func("D")
print(ls)
```

```
# 实例 4.14 combination2.py 局部变量为组合数据类型且在函数中创建
ls = ["S", "T"]
def func(a) :
    ls=[]
    ls.append(a)
    return
func("D")
print(ls)
```

4.2.6 匿名函数：lambda 函数

如果一个函数使用简单的表达式就可以实现所需功能，那么就无须显式定义一个函数。Python 中保留字 lambda 用于定义一种特殊的函数——匿名函数，又称为 lambda 函数。匿名函数并非没有名字，而是将函数名作为函数结果返回，其语法格式如下：

< 函数名 > = lambda < 参数列表 > : < 表达式 >

lambda 函数等价于下面形式：

def < 函数名 > (< 参数列表 >):
  return < 表达式 >

实例 4.15 展示了如何使用 lambda 函数。

```
# 实例 4.15 lambda.py 函数
distance = lambda speed, time : speed*time    # 定义匿名函数
print(type(distance))
print(distance(20,30))
```

实例 4.15 输出结果为：

```
>>>
<class 'function'>
600
```

通常在需要定义匿名函数的地方，直接使用 lambda 表达式即可，无须再给它一个名字。

4.2.7   实例：单层感知器函数设计

人工智能是当今快速发展的领域之一。人工智能的灵感来源于生物神经元结构，用数学的方式模仿实现生物神经元结构的功能。图 4.4 为生物神经元结构和人工网络神经元结构的对比。

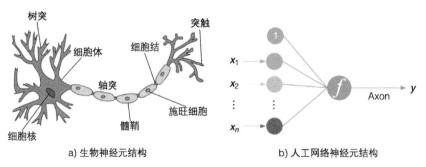

a) 生物神经元结构   b) 人工网络神经元结构

图 4.4   生物神经元结构与人工网络神经元结构

1957 年 Frank Rosenblatt 提出了一种简单的人工神经网络，被称为感知器。早期的感知器由一个输入层和一个输出层构成，因此也被称为"单层感知器"。单层感知器是最简单的神经网络。感知器的输入层负责接收实数值的输入向量，输出层则为 1 或 -1 两个值。单层感知器可作为一种二分类线性分类模型，结构如图 4.5 所示。

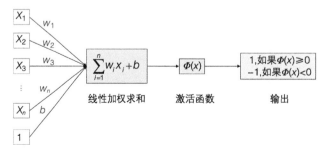

图 4.5   单层感知器结构

单层感知器的模型可以简单表示为

$$f(x) = \text{sgn}\,(wx + b) \tag{4.2}$$

对于具有 n 个输入 x_i 以及对应连接权重系数为 w_i 的感知器，首先通过线性加权得到输入数据的累加结果 z：

$$z = w_1 x_1 + w_2 x_2 + \cdots + b$$

式中，$x_1, x_2, \cdots, x_n$ 为感知器的输入；$w_1, w_2, \cdots, w_n$ 为网络的权重系数；b 为偏置项（bias）。

然后将 z 作为激活函数 $\Phi()$ 的输入，这里激活函数 $\Phi()$ 为 sgn 函数，其表达式为

$$\text{sgn}(x) = \begin{cases} +1, & x \geq 0 \\ -1, & x < 0 \end{cases} \tag{4.3}$$

$\Phi()$ 会将 z 与某一阈值进行比较，如果大于等于该阈值，则感知器输出为 1，否则输出为 −1。通过这样的操作，输入数据被分类为 1 或 −1 这两个不同类别。

借助函数的思想，使用 Python 可以快速实现单层感知器模型。实例 4.16 实现了单层感知器模型，其中定义了两个函数，分别为静活值函数 lr() 和激活函数 active()。

本实例代码相对于前面的都较长，建议读者下载代码在线测试体会。

```python
# 实例4.16 neuron.py 单层感知器
# 定义静活值函数
def lr(x,w):  # linear regression
    s=w[0]
    for i in range(len(x)):
        s=s+x[i]*w[i+1]
    print("s=",s)
    return s
# 定义激活函数
def active(s):
    if s>=0:
        print("单层感知器输出结果为 1")
    else :
        print("单层感知器输出结果为 -1")
import random
k = int(input("请确定输入信号数量:"))   #k 存放输入信息行数
print("请以逗号为分隔符输入 k 个信号值（如 '100,-50,0.3'）:".format(k))
line = input().split(",")
print("line=",line)
x = [eval(v) for v in line]
print("x=",x)
w=[]
```

```
for i in range(k+1):
    w.append(random.uniform(-100,100))
#print("w=",w)
ss=lr(x,w)
active(ss)
```

4.3 面向对象和类

4.3.1 面向对象编程基本概念

Python 是面向对象编程的语言，这一概念是相对于面向过程编程语言来讲的。在面向过程程序设计中，问题被看作一系列需要完成的任务，函数则用于完成这些任务，解决问题的焦点集中于函数，C 语言是最常见的面向过程的编程语言。

面向对象编程（Object Oriented Programming，OOP）是一种程序设计思想。它把对象作为程序的基本单元，一个对象包含了数据和操作数据的函数，具有相同属性和操作方法的对象被抽象为类（Class），对象（Object）是类的实例（Instance）。可以理解为类相当于是一个模板，对象就是使用模板生产出的零件。

在面向对象编程中，程序员编写表示现实世界中的事物和情境的类，并基于这些类来创建对象。定义类时，程序员定义一大类对象都有的通用行为。基于类创建对象时，每个对象都自动具备这种通用行为，然后可根据需要赋予每个对象独特的个性。例如汽车是既拥有外形、尺寸、颜色等外部特性，又具有行驶、停车、转向、制动等功能的实体，而这样一个实体在面向对象的程序中，就可以表达成一个计算机可理解、可操纵、具有一定属性和行为的对象。

为了更好地理解面向对象编程技术，下面介绍一些常用名词的定义：

• 类（Class）：用来描述具有相同属性和方法的对象的集合。它定义了该集合中每个对象所共有的属性和方法。对象是类的实例。

• 方法：类中定义的函数。

• 实例变量：在类的方法中定义的变量。

• 类变量：类变量在所有实例化的对象中是公用的。类变量定义在类中，但在类的方法之外。类变量通常不作为实例变量使用。

• 数据成员：类变量或者实例变量用于处理类及其实例对象的相关数据。

• 方法重写：如果从父类继承的方法不能满足子类的需求，可以对其进行改写，这个过程叫方法的覆盖（override），也称为方法的重写。

• 继承：即一个派生类（derived class）继承基类（base class）的字段和方法。继承也允许把一个派生类的对象作为一个基类对象对待。例如，有这样一个设计：一个 Dog 类型的对象派生自 Animal 类。

• 实例化：创建一个类的实例，类的具体对象。

• 对象：通过类定义的数据结构实例。

4.3.2　类和对象

（1）类定义

类是一种具有相同属性和方法的对象的抽象。使用类几乎可以模拟任何东西。在创建类的实例之前，需要先定义类。一旦定义了类，就可以通过创建其实例来访问其属性和方法。类使用 class 关键字来定义，类名通常使用首字母大写的驼峰命名法。类的定义格式如下：

```
class ClassName:
  <statement-1>
    .
    .
    .
  <statement-N>
```

实例 4.17 简单定义了一个 RacingCar 类。

```
# 实例 4.17 RacingCar 定义类
class RacingCar:
    """ 一个简单的类实例 """
    i = 1
    def info(self):
        print("This is a racingcar")
```

（2）类实例化

在完成类定义后，实际上并不会立即创建一个实例。这是因为类定义就像是一份赛车的蓝图，蓝图可以展示赛车的属性和方法，但本身并不是一辆赛车，要通过类的实例化来创建类的实例。在实例 4.17 类定义后面增加类实例化语句"car1=Car( )"，就生成了一个类实例 car1，car1 就有了属性 info( )。增加下面两个语句运行实例 4.17，会输出"This is a racingcar"。

```
car1=Car()
car1.info()
```

（3）类属性和类方法

类有公有属性和私有属性之分。类的公有属性命名符合正确的变量命名规则即可，开头没有下画线，类外部可以直接进行访问。类的私有属性由两个下画线开头，声明该属性为私有，在类内部的方法中使用的格式为 self.__private_attrs。

需要注意的是，Python 类并没有真正意义上的私有属性，用两个下画线开头定义的私有属性只是一种程序员约定俗成的规定，加了表示私有变量，但是如果在外部调用，还是可以调用的，建议遵守约定俗成的规定以避免不必要的麻烦。

类有一些特殊的属性，见表 4.1。

表 4.1　类的特殊属性

特殊类属性	说明
cls.__name__	类 cls 的名称（字符串）
cls.__doc__	类 cls 的文档字符串，即注释说明
cls.__bases__	类 cls 的所有父类构成的元组
cls.__dict__	类 cls 的属性
cls.__module__	类 cls 定义所在的模块
cls.__class__	类 cls 对应的基类

在类的内部，使用 def 关键字来定义一个方法。与一般函数定义不同，类方法必须包含参数 self，且必须为第一个参数。self 代表的是类当前的实例化对象，在调用时，不需要给这个参数传值。

类的私有方法由两个下画线开头，声明该方法为私有方法，不能在类的外部调用。

类有一个名为 __init__() 的特殊方法（构造函数），每当类被实例化时，就会先执行该构造方法。当然，__init__() 方法可以有参数，参数通过 __init__() 传递到类的实例化操作上。表 4.2 列出了除了构造方法之外的类专有方法。

表 4.2　类的专有方法

专有方法	说明
__init__	构造函数，在生成对象时调用
__del__	析构函数，释放对象使用
__repr__	打印，转换
__setitem__	按照索引赋值
__getitem__	按照索引获取值
__len__	获得长度
__call__	函数调用
__add__	加运算
__sub__	减运算
__mul__	乘运算
__div__	除运算
__mod__	求余运算
__pow__	乘方运算

实例 4.18 丰富了实例 4.17 中 RacingCar 类的定义，用于展示类属性和类方法。number、velocity、direction 都属于 RacingCar 的属性，setinfo() 和 showinfo() 属于类的方法。基于 RacingCar 创建了三个实例分别是 car1、car2、car3。它们是相互独立的三个类实例，各自拥有 RacingCar 类的属性和方法。

```
# 实例 4.18 RacingCar2.py 创建赛车类
# 创建赛车类
class RacingCar:
    # 定义学生属性，初始化方法
    def __init__(self,number):
        self.number = number
    def setinfo(self,velocity,direciton):
```

```
            self.velocity = velocity
            self.direction = direciton
        # 定义打印赛车信息的方法
        def showinfo(self):
            print("{} 号赛车信息:".format(self.number),end='')
            if(abs(abs(self.direction-0)<1e-6)):
                print(" 直行，速度为{}".format(self.velocity))
            elif(self.direction>0):
                print(" 左转弯 {} 度，速度为 {}".format(self.direction,self.veloc-
ity))
            else:
                print(" 右转弯 {} 度，速度为 {}".format(abs(self.direction),self.
velocity))

# 创建具体的赛车对象 (Object)
car1 = RacingCar("1")
car2 = RacingCar("2")
car3 = RacingCar("3")
# 调用对象的方法
car1.setinfo(60,15)
car2.setinfo(50,-5)
car3.setinfo(80,0)
car1.showinfo()
car2.showinfo()
car3.showinfo()
```

实例 4.18 的输出结果为：

```
>>>
1 号赛车信息：左转弯 15 度，速度为 60
2 号赛车信息：右转弯 5 度，速度为 50
3 号赛车信息：直行，速度为 80
```

（4）类变量和实例变量

在 Python 面向对象的编程中，实例变量和类变量是两个重要的概念。实例变量是指属于某个对象实例的属性，而类变量则是指属于类的属性。类变量一般是在类的内部定义的，但在类的方法之外定义，如实例 4.19 中的 sumnumber 是类变量，它可以被该类的所有实例对象共享。类变量通常用于描述类的某种属性，可以被所有实例对象访问和修改。在方法中定义的变量 number 属于实例变量。

```
# 实例 4.19 RacingCar3.py 类变量和实例变量的区别
class RacingCar:
    sumnumber = 0   # 此处 sumnumber 属于类变量，定义在成员方法外，不属于具体实例
    # 定义属性，初始化方法
```

```
        def __init__(self,number):
            self.number = number    #定义在方法类的 number，属于实例变量
            RacingCar.sumnumber = RacingCar.sumnumber + 1    #通过类名引用类变量
        def setinfo(self,velocity,direciton):
            self.velocity = velocity
            self.direction = direciton
    # 定义打印赛车信息的方法
        def showinfo(self):
            print("{}号赛车信息：".format(self.number),end="")
            if(abs(abs(self.direction-0)<1e-6)):
                print("直行，速度为{}".format(self.velocity))
            elif(self.direction>0):
                print("左转弯{}度，速度为{}".format(self.direction,self.veloc-
ity))
            else:
                print("右转弯{}度，速度为{}".format(abs(self.direction),self.ve-
locity))
    # 创建具体的赛车对象（Object）
    car1 = RacingCar("1")
    car2 = RacingCar("2")
    car3 = RacingCar("3")
    # 调用对象的方法
    print("总共有{}辆赛车".format(RacingCar.sumnumber))
    car1.setinfo(60,15)
    car2.setinfo(50,-5)
    car3.setinfo(80,0)
    car1.showinfo()
    car2.showinfo()
    car3.showinfo()
    print("car1的编号和速度是：",car1.number,car1.velocity)
```

实例 4.19 的输出结果为：

```
>>>
总共有 3 辆赛车
1 号赛车信息：左转弯 15 度，速度为 60
2 号赛车信息：右转弯 5 度，速度为 50
3 号赛车信息：直行，速度为 80
car1 的编号和速度是： 1 60
```

4.3.3 基类和继承

（1）父类、子类与继承

Python 同样支持类的继承，如果一种语言不支持继承，类就没有什么意义。派生类的定义如下所示：

```
class DerivedClassName(BaseClassName):
    <statement-1>
    .
    .
    .
    <statement-N>
```

子类（或称为派生类 DerivedClassName）会继承父类（或称为基类 BaseClassName）的属性和方法。BaseClassName（实例中的基类名）必须与派生类定义在一个作用域内。基类定义在另一个模块中也可以，引用时需要表示出另一个模块 modname 的名称：

```
class DerivedClassName(modname.BaseClassName):
    <statement-1>
    .
    .
    .
    <statement-N>
```

派生类定义的执行过程和基类是一样的。构造派生类对象时，就继承了基类的属性和方法。这在解析属性引用的时候尤其有用，如果在类中找不到请求调用的属性，就搜索基类。如果基类是由别的类派生而来，那么这个规则会递推应用。

（2）多继承

Python 中支持类的多重继承，被继承的类称为当前类的基类（Base Classes）或者超类（Super Classes），也叫作父类。当前类被称为被继承类的子类（Subclasse）。

Python 多继承的类定义方法如下：

```
class DerivedClassName(Base1, Base2, Base3):
    <statement-1>
    .
    .
    .
    <statement-N>
```

实例 4.20 展示了类的继承。子类继承父类的属性和方法，如果父类方法的功能不能满足使用要求，则可以在子类重写父类的方法，如实例 4.20 所示。

```
# 实例 4.20 SchoolMember_Inheritance.py 类的继承
# 创建父类学校成员 SchoolMember
class SchoolMember:

    def __init__(self, name, age):
        self.name = name
        self.age = age

    def tell(self):
        # 打印个人信息
```

```
        print('Name:"{}" Age:"{}"'.format(self.name, self.age), end=" ")

# 创建子类老师 Teacher
class Teacher(SchoolMember):

    def __init__(self, name, age, salary):
        # 在创建子类的过程中，需要调用父类的构造函数 __init__ 来完成子类的构造
        # 在子类中调用父类的方法时，需要加上父类的类名前缀且需要带上 self 参数变量
        SchoolMember.__init__(self, name, age)
        self.salary = salary     # 老师的专有属性

    # 方法重写
    def tell(self):
        #SchoolMember.tell(self)
        super().tell() # 等同于 SchoolMember.tell(self)
        print('Salary: {}'.format(self.salary))

# 创建子类学生 Student
class Student(SchoolMember):
    def __init__(self, name, age, score):
        SchoolMember.__init__(self, name, age)
        self.score = score  #学生的专有属性

    def tell(self):
        SchoolMember.tell(self)
        print('score: {}'.format(self.score))

teacher1 = Teacher("John", 44, "$60000")
student1 = Student("Mary", 12, 99)

# 如果子类调用了某个方法（如 tell()）或属性，Python 会先在子类中找
# 如果找到了会直接调用
# 如果找不到才会去父类找，这为方法重写带来了便利
teacher1.tell()  # 打印 Name:"John" Age:"44" Salary: $60000
student1.tell()  # Name:"Mary" Age:"12" score: 99
```

实例 4.20 运行结果如下：

```
Name:"John" Age:"44" Salary: $60000
Name:"Mary" Age:"12" score: 99
```

4.4 实例：智能车自动巡航类创建

在全国大学生智能车比赛中，智能车要实现自动巡航，可以通过深度学习模型得到转角预测值，然后控制赛车沿着车道自动巡航。搭建深度学习模型之前需要采集数据，需要

参赛人员遥控赛车沿着赛道行进，赛车上的前置摄像头拍摄每个位置的照片，并记录下手动遥控的转向角度和速度，角度为正值是右转向，负值为左转向，0 为直行。使用 Python 设计一个智能车自动巡航类，能保存每张图片对应的转角值。转角值经归一化处理后在 [-1,1] 之间，程序代码如实例 4.21 所示，程序运行结果会将图片名称对应的转向信息输出。

```python
# 实例 4.21 智能车自动巡航类创建
#import sys
class Cruise: # 自动巡航类定义
    def __init__(self):
        self.picname=""
        self.steer = 0

    def set(self, picname, steer):
        self.picname = picname
        self.steer = steer
    def get(self):
        print(self.picname,self.steer)

pic1=Cruise()
pic1.set("picture1",+0.5)
pic2=Cruise()
pic2.set("picture2",-0.3)
pic3=Cruise()
pic3.set("picture3",0)
pic1.get()
pic2.get()
pic3.get()
```

实例 4.21 程序运行结果如下：

```
picture1 0.5
picture2 -0.3
picture3 0
```

4.5　实例：单层感知器类创建

将实例 4.16 neuron.py 改成用类的方法完成。程序代码如实例 4.22 所示。实例 4.22 和实例 4.16 实现的功能是完全一样的，只是编程的思路转变了，实例 4.22 中把单层感知器定义为一个 Neuron 类，x 和 w 是类的属性，lr() 和 active() 是类的方法。

```python
# 实例 4.22 Neuron_class.py 创建单层感知器类
class Neuron:
    def __init__(self,x,w):
        self.x = x
```

```
            self.w = w
    # 定义静活值方法
    def lr(self):  # linear regression
        self.s=self.w[0]
        for i in range(len(self.x)):
            self.s=self.s+self.x[i]*self.w[i+1]
        #return self.s
    # 定义激活方法
    def active(self):
        self.lr()
        if self.s>=0:
            print("单层感知器输出结果为 1")
        else:
            print("单层感知器输出结果为 -1")
import random
k = int(input("请确定输入信号数量:"))   #k 存放输入信息行数
print("请以逗号为分隔符输入 k 个信号值（如 '100,-50,0.3'）:".format(k))
line = input().split(",")
#print("line=",line)
x = [eval(v) for v in line]
print("x=",x)
w=[]
for i in range(k+1):
    w.append(random.uniform(-100,100))
print("w=",w)
obj=Neuron(x,w)
obj.active()
```

习　题

一、选择题

1. 递归函数的特点是（　　　）。

A. 函数内部包含对本函数的再次调用　　　B. 函数名称作为返回值

C. 函数比较复杂　　　　　　　　　　　　D. 包含一个循环结构

2. 以下（　　　）不是函数作用。

A. 降低编程复杂度　　　　　　　　　　　B. 提高代码执行速度

C. 增强代码可读性　　　　　　　　　　　D. 复用代码

3. 以下关于函数调用描述正确的是（　　　）。

A. 函数在调用前不需要定义，拿来即用就好

B. 函数和调用只能发生在同一个文件中

C. 自定义函数调用前必须定义

D. Python 内置函数调用前需要引用相应的库

4. 以下关于模块化设计描述错误的是（　　　）。

A. 应尽可能合理划分功能块，功能块内部耦合度低

B. 高耦合度的特点是复用较为困难

C. 应尽可能合理划分功能块，功能块内部耦合度高

D. 模块间关系尽可能简单，模块之间耦合度低

5. 下列关于形参和实参的说法正确的是（　　　）。

A. 函数定义中参数列表里面的参数是实际参数，简称实参

B. 参数列表中给出要传入函数内部的参数，这类参数成为形式参数，简称形参

C. 程序在调用时，将形参复制给函数的实参

D. 程序在调用时，将实参复制给函数的形参

6. 关于 lambda 函数，（　　　）的描述是错误的。

A. 定义了一种特殊的函数　　　　　　　　B. lambda 不是 Python 的保留字

C. 匿名函数　　　　　　　　　　　　　　D. 将函数名作为函数结果返回

7. 关于 return 语句，描述正确（　　　）。

A. 函数必须有一个 return 语句　　　　　B. 函数可以没有 return 语句

C. 函数中最多只有一个 return 语句　　　D. return 只能返回一个值

8. 下面关于 Python 中类的继承，说法错误的是（　　　）。

A. 创建子类时，父类必须包含在当前文件夹且位于子类的前面

B. 定义子类时，必须在括号内指明子类所要继承的父类的名称

C. 如果调用的是继承的父类中的公有方法，那么可以在这个公有方法中访问父类中的私有属性和私有方法

D. 如果在子类中实现了一个公有方法，该方法也能调用继承的父类中的私有方法和私有属性

二、判断题

1. 函数是代码功能的一种抽象。　　　　　　　　　　　　　　　　　　　（　　　）

2. 函数是计算机对代码执行优化的要求。　　　　　　　　　　　　　　　（　　　）

3. 函数是代码逻辑的封装。　　　　　　　　　　　　　　　　　　　　　（　　　）

4. 函数对一段代码的命名。　　　　　　　　　　　　　　　　　　　　　（　　　）

5. 全局变量不能和局部变量重名。　　　　　　　　　　　　　　　　　　（　　　）

6. Python 中的类可以用 class 关键字定义。　　　　　　　　　　　　　　（　　　）

7. Python 中的属性和方法可以用点号 (.) 的方式访问。　　　　　　　　　（　　　）

8. Python 中的类可以继承自其他类。　　　　　　　　　　　　　　　　　（　　　）

三、实训题

1. 位置式 PID（比例 - 积分 - 微分控制器，Proportional Integral Derivative）类设计。PID 是工业应用最为广泛的控制器。PID 控制器由比例单元（Proportional）、积分单元（Integral）和微分单元（Derivative）组成，可以通过调整这三个单元的增益 K_i、K_p 和 K_d 来调节其特性。在智能车竞赛中，使用 PID 控制器对智能车速度和智能车转向角度进行控制。

位置式 PID 控制器是一种常用的控制算法，它根据系统的误差来计算控制量。位置式 PID 控制器的输出与整个过去的状态有关，它使用了误差的累加值来计算控制量。其离散公式为

$$u(k) = K_{\mathrm{p}}e(k) + K_{\mathrm{i}}\sum_{i=0}^{k}e(i) + K_{\mathrm{d}}[e(k) - e(k-1)]$$

式中，$u(k)$ 表示控制量；$e(k)$ 表示系统误差；K_{p}、K_{i} 和 K_{d} 分别表示比例、积分和微分系数。请根据离散公式，封装一个类实现位置式 PID。

2. 增量式 PID 类设计。上题实现了位置式 PID，还有一种更常用的方法是增量式 PID。与位置式 PID 不同，增量式 PID 控制器输出的是控制量增量，它只与当前步和前两步的误差有关，因此相对于位置式 PID 控制的累积误差更小。增量式 PID 的离散公式为

$$\Delta u(k) = K_{\mathrm{p}}\,[e(k) - e(k-1)] + K_{\mathrm{i}}\,e(k) + K_{\mathrm{d}}\,[e(k) - 2e(k-1) + e(k-2)]$$

式中，$\Delta u(k)$ 表示控制量增量；$e(k)$ 表示系统误差；K_{p}、K_{i} 和 K_{d} 分别表示比例、积分和微分系数。请根据离散公式，封装一个类实现增量式 PID。

使用类实现智能车行驶里程计算。

3. 在第 2 章习题三（2）中，实现了用电机速度计算智能车行驶速度，在本题，请将上述功能封装为类。

第 5 章 组合数据类型

在编程求解实际的工程问题或科学问题时，通常不只处理单个变量表示的数据，常常需要批量处理一组数据。这些数据类型可能相同，也可能不同。Python 组合数据类型可以将多个同类型或不同类型的数据组织起来，通过单一的表示方式使海量数据的访问和操作更加便捷、更有秩序。可以说，Python 组合数据类型为处理大数据奠定了良好的基础。

5.1 概述

在实际应用中，我们会经常碰到一些问题：

1）给定一组数据集的标签值 {car，truck，bus，pedestrian，bicycle}，统计数据集中每一类标签的数量。

2）给定一段车辆行驶的数据，统计该段数据中加速状态所占的比例。

3）智能车车载摄像头一次采集多张图像，对大量图像数据进行分析。

以统计数据集中每一类标签的数量为例，在计算每一类标签出现的次数时，程序需要使用一个变量表示这个标签。对于一组标签值，需要多个变量表示。有两种解决方案：第一种方案是为每个标签值分配一个变量，以变量名区分不同标签，例如，使用 a1、a2 分别表示标签值 car 和 truck；第二种方案是采用一个数据结构一次性存储一组数据，对数据结构中每个元素加以索引进行区分，例如用 a 表示上述一组标签，a[0] 表示标签值 car，a[1] 表示标签值 truck。显然，采用第二种方法具有明显的优势，既可以减少程序中的变量数量，又便于程序循环遍历。

Python 组合数据类型可以将多个同类型或不同类型的数据组织起来。根据数据之间的关系，Python 组合数据类型可以分为三类：序列类型、集合类型和映射类型，如图 5.1 所示。

1）序列类型源于数学概念中的数列，是一维元素向量，元素之间存在先后关系，通过序号访问，序列中元素不排他，即允许相同元素存在。Python 中共有六种序列类型，常用的序列类型有字符串（str）、元组（tuple）和列表（list）。

2）集合类型是一个元素集合，元素之间无序，不允许出现重复元素，即相同的元素在集合中唯一存在。集合中的元素只能是不可变类型，

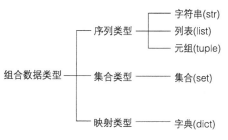

图 5.1 Python 组合数据类型

如整数、浮点数、字符串、元组等。

3）映射类型是"键 - 值"数据项的组合，每个元素是一个键 - 值对，表示为（key,value）。映射类型中的键必须是不可变类型，而值可以是任意类型。Python 中主要的映射类型是字典（dict）。

5.2 序列类型

序列类型是一维元素向量，元素之间存在先后关系，通过序号访问。当需要访问序列中某个特定值时，只需要通过索引即可。序列类型可以存储任意类型的数据。序列类型元素之间存在先后顺序，序列类型数据中可以存在多个数值相同而位置不同的元素。序列类型支持成员关系操作符 (in)、长度计算函数 (len())、切片操作 ([ ])。

Python 语言常用的三种序列类型为字符串（str）、元组（tuple）和列表（list），序列类型数据都支持索引、切片、拼接、复制、遍历等操作。字符串在第 2 章已经讲过，本章重点讲解元组和列表。

1）元组是由零个或多个任意类型的数据组成的不可变序列。元组生成后是固定的，其中任何数据项都不能替换或删除。元组用圆括号表示，如（1，2，3）和（"a"，"b"，"c"）。元组还有一些内置函数可以对元组进行处理，如 len()、min()、max() 等。

2）列表是由零个或多个任意类型的数据组成的可变序列。可以修改列表中的数据项，使用更为灵活。列表用方括号表示，如 [1, 2, 3] 和 ["a", "b", "c"]。

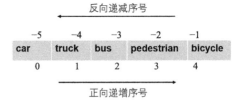

图 5.2　序列类型索引体系

序列类型都可以使用相同的索引体系，即正向递增序号和反向递减序号，如图 5.2 所示。

序列类型有 12 种通用的操作符和函数，见表 5.1。

表 5.1　序列类型通用操作符和函数

操作符	描　　述
x in s	如果 x 是 s 的元素，返回 True，否则返回 False
x not in s	如果 x 不是 s 的元素，返回 True，否则返回 False
s+t	连接 s 和 t
s*n 或 n*s	将序列 s 复制 n 次
s[i]	索引，返回序列的第 i 个元素
s[i:j]	切片，返回包含序列 s 第 i 到 j 个元素的子序列（不包含第 j 个元素）
s[i:j:k]	步长切片，返回包含序列 s 第 i 到 j 个元素以 k 为步长的子序列
len(s)	系列 s 的长度（元素个数）
min(s)	系列 s 中的最小元素
max(s)	序列 s 中的最大元素
s.index(x[,i[,k]])	序列 s 中从 i 开始到 j 位置中第一次出现元素 x 的位置
s.count(x)	序列 s 中出现 x 的总次数

5.2.1　元组及其操作

元组（tuple）是序列类型中比较特殊的类型，它一旦创建就不能被修改。元组使用小括号 () 或 tuple() 创建，元素间用逗号分隔，可以使用或不使用小括号。如下为元组类型的创建和索引，交互模式显示，绿色字体为上一句代码的运行结果。

```
>>>vehicle = "truck", "car", "bus", "vans"
>>>vehicle
('truck', 'car', 'bus', 'vans')
>>>obstacle = ("pedestrian", 100, "animal", vehicle)
>>>obstacle
('pedestrian', 100, 'animal', ('truck', 'car', 'bus', 'vans'))
>>>obstacle[2]
'animal'
>>>obstacle[-1][2]
'bus'
```

如果元组只有一个元素，那么一定要加上逗号，由于 () 本身是一个运算符，将直接返回括号内的内容，如下所示显示出元组中只有一个数据的情况。

```
>>>print(type((1)))
<class 'int'>
>>>print(type((1,)))
<class 'tuple'>
```

Python 支持定义空元组，也可以追加元组到当前元组中，所以"只读"是指其中元素不可被删除或者更改，而不是元组本身不可更改。可以将元组对象转换为其他类型，元组也支持复制运算和拼接运算，如实例 5.1 所示。

```
# 实例 5.1 tuple1.py 元组操作
tuple0 = ()
tuple0 += (1, 2, 3)
print(tuple0[0])
print(tuple0[0:2])
print(len(tuple0))
# 类型转换
print(str(tuple0))
print(list(tuple0))
# 重复
tuple0 *= 2
print(tuple0)
tuple1 = (4, 5)
# 拼接
tuple0 += tuple1
print(tuple0)
```

实例 5.1 输出结果为：

```
>>>
1
(1, 2)
3
(1, 2, 3)
[1, 2, 3]
(1, 2, 3, 1, 2, 3)
(1, 2, 3, 1, 2, 3, 4, 5)
```

元组类型在表达固定数据项、函数多返回值、多变量同步赋值、循环遍历等情况时十分有用，如下所示：

```
>>>def func(n):    # 函数多返回值
        return n, n**5
>>>a, b = 'truck', 'car'    # 多变量同步赋值
>>>a, b = (b, a)            # 多变量同步赋值，括号可省略
>>>import math
>>>for x, y in ((1,2), (3,7), (4,6)):    # 循环遍历
        print(math.hypot(x,y))  # 求多个坐标值到原点的距离
```

5.2.2 列表及其操作

列表（list）是常用的 Python 序列类型。列表没有长度限制，一个列表中的元素类型可以不同，列表的长度和内容都是可变的。列表是一个十分灵活的数据结构，它具有处理任意长度、混合类型的能力，并提供了丰富的基础操作符和方法。当程序需要使用组合数据类型管理批量数据时，请尽量使用列表类型。可以对列表中的元素自由进行增加、删除和替换，使用非常灵活。

1. 列表的创建

可以通过方括号 ([ ]) 和 list() 函数创建列表，也可以通过 list() 函数将元组、字符串、字典转化成列表，直接使用 list() 函数会返回一个空列表，如下所示。

```
>>> list0 = [0, 1, 2, 3, 4]
>>> list0
[0, 1, 2, 3, 4]
>>> list1 = ["123", 1, 3.0, [1, 2], {"key": "val"}]
>>> list1
['123', 1, 3.0, [1, 2], {'key': 'val'}]
>>> list2 = [list0, list1]
>>> list2
[[0, 1, 2, 3, 4], ['123', 1, 3.0, [1, 2], {'key': 'val'}]]
>>>list(('pedestrian', 100, 'animal', 'vehicle')) #将元组转换成列表
```

```
['pedestrian', 100, 'animal', 'vehicle']
>>>list("百度智慧交通创意赛")  #将字符串转换成列表
['百', '度', '智', '慧', '交', '通', '创', '意', '赛']
>>>list3=list()
>>> list3
[ ]
```

列表数据结构支持通过列表的组合生成新列表，通过 "+" 运算符实现列表的拼接，通过 "*" 运算符实现列表的复制，如实例 5.2 所示。

```
# 实例 5.2 list1.py 列表拼接和复制
# 列表拼接
list0=list("全国大学生智能汽车竞赛")
list1=list("我来啦")
list2=list0+list1
# 列表重复
list3 = ['*'] * 5
list4 = [1, 2] * 5
for i in range(5):
    print(eval("list" + str(i)))
```

实例 5.2 运行结果为：

```
>>>
['全', '国', '大', '学', '生', '智', '能', '汽', '车', '竞', '赛']
['我', '来', '啦']
['全', '国', '大', '学', '生', '智', '能', '汽', '车', '竞', '赛', '我',
'来', '啦']
['*', '*', '*', '*', '*']
[1, 2, 1, 2, 1, 2, 1, 2, 1, 2]
```

与整数和字符串不同，列表要处理一组数据，因此，列表必须通过显式的数据赋值才能生成，简单将一个列表赋值给另一个列表不会生成新的列表对象。例如，通过赋值语句 "lt=ls"，并没有真实生成一个新的 lt 列表，只是让 lt 也指向了 ls 这个列表中的数据，相当于是生成了一个引用。修改 ls[0] = 0 后查看 lt，发现 lt[0] 也变成 0 了。

```
>>>ls = [425, "BOY", 1024]  #用数据赋值产生列表 ls
>>>lt = ls      #lt 是 ls 所对应数据的引用，lt 并不包含真实数据
>>>ls[0] = 0
>>>lt
[0, 'BOY', 1024]
```

2. 列表的索引、遍历与切片

索引是列表的基本操作，用于获得列表的一个元素，使用 [ ] 作为索引操作符，可以通

过索引直接获取列表的单个元素，返回元素原来对应的类型。如下为一些操作实例。

```
>>>ls = ['pedestrian', 100, 'animal', ('truck', 'car', 'bus', 'vans')]
>>>ls
['pedestrian', 100, 'animal', ('truck', 'car', 'bus', 'vans')]
>>>ls[2]
'animal'
>>>ls[3]
('truck', 'car', 'bus', 'vans')
>>>ls[3][-1][0]
'v'
```

从实例 5.3 可以看出，正向索引和反向索引均可以访问列表变量，正向索引从 0 开始，反向索引从 −1 开始，返回列表变量保持原来对应的数据类型。

```
#实例 5.3 list2.py 访问列表变量
list0=["car",0,(1,2),[3,4]]
print(list0[0])
print(type(list0[0]))
print(list0[1])
print(type(list0[1]))
print(list0[-1])
print(type(list0[-1]))
print(list0[-2])
print(type(list0[-2]))
```

实例 5.3 输出结果为：

```
>>>
car
<class 'str'>
0
<class 'int'>
[3, 4]
<class 'list'>
(1, 2)
<class 'tuple'>
```

与元组一样，列表可以通过 for…in 语句对其元素进行遍历，基本语法结构如下：

```
for <任意变量名> in <列表名>:
    语句块
```

如下为列表遍历的应用展示。通过 for…in 组合可以遍历列表 ls1 中的每个元素，对每个元素单独操作。ls1*2 是把列表 ls1 整体复制一份。"ls2 = [x * 2 for x in ls1]"语句的作用是生成列表 ls2。列表 ls2 中的元素通过遍历 ls1 中的元素乘以 2 得到。

```
>>> ls1 = [100, "Vehicle", 'bicycle', 300]
>>>for i in ls1:
        print(i*2)
200
VehicleVehicle
bicyclebicycle
600
>>>print(ls1*2)
[100, 'Vehicle', 'bicycle', 300, 100, 'Vehicle', 'bicycle', 300]
>>>ls2 = [x * 2 for x in ls1]
[200, 'VehicleVehicle', 'bicyclebicycle', 600]
```

切片操作是序列类型数据结构具有的重要特性。使用切片操作，列表可以获取部分连续元素，返回列表类型。切片有如下两种使用方式：

< 列表或列表变量 >[N：M]

< 列表或列表变量 >[N：M：K]

第一种为获取列表类型从 N 到 M（不包含 M）的元素组成新的列表，第二种为按步长切片，切片获取列表类型从 N 到 M（不包含 M）以 K 为步长所对应元素组成的列表。当 N 不存在时，默认值为 0，从第一元素开始截取；当 M 不存在时，截取到最后一个元素；当 M ≤ N 时，截取到的是空列表。在第二种方式中，当 K 不存在时，切片获取列表类型从 N 到 M（不包含 M）的元素组成新的列表。

```
>>>ls= [100, "Vehicle", 'bicycle', 300]
>>>ls[1:4]
["Vehicle", 'bicycle', 300]
>>>ls[-1:-3]
[]
>>>ls[-3:-1]
['bicycle', 300]
>>>ls[0:4:2]
[1010, 'bicycle']
>>> ls[2:]
['bicycle', 300]
>>> ls[:3]
[100, "Vehicle", 'bicycle']
```

5.2.3　列表操作

Python 内置了许多函数和方法实现列表的操作，函数和方法见表 5.2，实现的操作包括列表统计、排序、反向、元素扩展、元素删除、列表比较等，下面将举例说明。

表 5.2　列表操作函数和方法

函数 & 方法	描　述
len(list)	统计列表元素个数
max(list)	返回列表元素最大值
min(list)	返回列表元素最小值
list(seq)	将其余数据类型转换为列表
list.append(obj)	在列表末尾添加新的元素
list.count(obj)	统计某个元素在列表中出现的次数
list.extend(seq)	在列表末尾一次性追加另一个序列中的多个值
list.index(obj)	从列表中找出某个值第一个匹配项的索引
list.insert(index,obj)	将元素插入列表
list.pop([index=-1])	移除列表中的一个元素（默认最后一个元素），并且返回该元素的值
list.remove(obj)	移除列表中某个值的第一个匹配项
list.reverse()	反向列表中元素
list.sort(key=None,reverse=False)	对原列表进行排序
list.clear	清空列表
list.copy()	复制列表

实例 5.4 实现常见的几种列表统计，包括统计列表元素个数、统计列表中某一元素出现的次数、统计列表中不同元素数、统计列表中的最大值和最小值。统计最大值和最小值时列表中元素必须为数值，否则需要先转换为数值。

```python
# 实例 5.4 listcount.py 列表统计
list0 = [0, 1, 2, [2, 3]] # 注意 [2, 3] 是一个列表元素
print(len(list0)) # 统计列表 list0 长度（元素个数）
print(list0.count(2)) # 统计列表 list0 中元素 2 出现的次数
list1 = [0, 1, 1, 1, 2, 2, "car"]
list2 = [0, 1, 1, 2, 3, 9, 7]
print(max(list2)) # 统计列表 list2 中的最大值
print(min(list2)) # 统计列表 list2 中的最小值
```

实例 5.4 输出结果为：

```
>>>
4
1
9
0
```

实例 5.5 使用 sort() 函数实现了列表排序，使用 reverse() 函数实现了列表反向。注意在使用 sort() 函数进行排序时，列表中元素类型必须相同。

```python
# 实例 5.5 sort1.py 正序排列，反序
list0 = ['c1', 'b2', 'e0', 'f3']
list1 = [7, 767, 876, 68]
```

```
list0.sort(reverse=False)
list1.sort(reverse=False)
print(list0)
print(list1)

# 逆序排列
list0.sort(reverse=True)
list1.sort(reverse=True)
print(list0)
print(list1)
# 列表反向
list0.reverse()
list1.reverse()
print(list0)
print(list1)
```

实例 5.5 输出结果为：

```
>>>
['b2', 'c1', 'e0', 'f3']
[7, 68, 767, 876]
['f3', 'e0', 'c1', 'b2']
[876, 767, 68, 7]
['b2', 'c1', 'e0', 'f3']
[7, 68, 767, 876]
```

　　实例 5.6 使用 insert() 函数实现了在指定索引位置插入元素，其余元素后移，使用 list.insert(len(list),obiect)、append() 方法和 extend() 方法实现尾部追加元素。需要注意的是，append() 方法将元素作为整体插入，即只插入一个元素，extend() 方法可以接受一个迭代对象，并把所有的对象逐个追加到列表尾部。

```
# 实例 5.6 add.py
# 在指定索引位置插入元素
list0 = [5, 1, 2, 3]
list0.insert(2, 68) # 在索引位置 2 插入元素 68，其余元素后移
print(list0)
# 如果索引超出 list 长度，则直接插入结尾
list0.insert(len(list0) + 1, [200, 101])
print(list0)

# append() 函数实现列表尾部追加元素
list1 = [5, 1, 2, 3]
list1.append([100,101])
print(list1)

# extend() 函数实现列表尾部追加元素
list2 = [5, 1, 2, 3]
```

```
list2.extend([100,101])
print(list2)
list2.extend("789")
print(list2)
```

实例 5.6 输出结果为：

```
>>>
[5, 1, 68, 2, 3]
[5, 1, 68, 2, 3, [200, 101]]
[5, 1, 2, 3, [100, 101]]
[5, 1, 2, 3, 100, 101]
[5, 1, 2, 3, 100, 101, '7', '8', '9']
```

两个列表可以直接使用关系运算符进行比较，运算结果为布尔值。关系运算符见表 5.3。

表 5.3　关系运算符

运算符	描述	实例
==	等于：比较对象是否相等	(a==b) 返回 False
!=	不等于：比较对象是否不相等	(a!=b) 返回 True
>	大于：返回 a 是否大于 b	(a>b) 返回 True
<	小于：返回 a 是否小于 b	(a<b) 返回 True
>=	大于等于：返回 a 是否大于等于 b	(a>=b) 返回 False
<=	小于等于：返回 a 是否小于等于 b	(a<=b) 返回 True

注意：== 和 != 运算符比较对象可以为任何不同的类型，含有 > 和 < 的运算符，比较对象类型必须相同。

实例 5.7 为列表变量的比较，最后一条语句报 Typerror，列表类型和整型数据不能比较大小。

```
#实例 5.7 compare.py 关系运算符
list0, list1 = [456, 'xyz'], [456, 'abc']
print(list0 > list1)
print(list0 == list0)
print(list0 == "456xyz")
print(list0 != 456)
print(list0 >= 456) # '>=' 不支持不同类型对象的比较
```

实例 5.7 输出结果为：

```
True
True
False
True
Traceback (most recent call last):
  File "D:\5\5.7compare.py", line 7, in <module>
    print(list0 >= 456) # '>=' 不支持不同类型对象的比较
TypeError: '>=' not supported between instances of 'list' and 'int'
```

5.3 集合类型

集合类型来源于数学中的集合概念，集合是包含零个或多个元素的无序组合，集合中元素不可重复，元素类型只能是固定的类型，如整数、浮点数、字符串、元组等，列表、字典和集合类型本身都是可变数据类型，不能作为集合的元素出现。Python 提供了同名的具体数据类型——集合 (set)。由于集合是无序组合，因此没有位置和索引的概念，不能进行切片操作。集合中元素可以动态增加或删除。

5.3.1　集合的创建

集合（set）是一个无序的不重复元素集合，可以使用大括号 {} 或者 set() 函数创建集合，如下所示。

```
>>>S = {100, "Vehicle", (20,'bicycle'), 300}
>>>S
{(20, 'bicycle'), 100, 300, 'Vehicle'}
>>> S = set((100, "Vehicle", (20,'bicycle'), 300))
>>> S
{(20, 'bicycle'), 100, 300, 'Vehicle'}
```

set() 函数的参数可以是一个可迭代对象，会自动去除重复元素，如实例 5.8 所示。

```
# 实例 5.8 集合去重
set0 = set('bc')
set1 = set([1, 2, 2, 3])
print(set0)
print(set1)
```

实例 5.8 输出结果为：

```
>>>
{'a', 'l', 'b'}
{1, 2, 3}
```

5.3.2　集合的操作

集合类型有 10 种操作符，见表 5.4。这些操作符涵盖了集合类型的四种基本操作：交集（&）、并集（|）、差集（-）和补集（^），操作逻辑与数学定义完全相同。

表 5.4　集合类型操作符

操作符	描　　述
S-T 或 S.difference(T)	返回一个新集合，包括在集合 S 中但不在集合 T 中的元素
S-=T 或 S.difference_update(T)	更新集合 S，包括在集合 S 中但不在集合 T 中的元素

（续）

操作符	描　述
S&T 或 S.intersection(T)	返回一个新集合，包括同时在集合 S 和 T 中的元素
S&=T 或 S.intersection_update(T)	更新集合 S，包括同时在集合 S 和 T 中的元素
S^T 或 S.symmetric_difference(T)	返回一个新集合，包括集合 S 和 T 中的元素，但不包括同时在其中的元素
S^T 或 S.symmetric_difference_update(T)	更新集合 S，包括集合 S 和 T 中的元素，但不包括同时在其中的元素
S|T 或 S.union(T)	返回一个新集合，包括集合 S 和 T 中的所有元素
S|=T 或 S.update(T)	更新集合 S，包括集合 S 和 T 中的所有元素
S<=T 或 S.issubset(T)	如果 S 与 T 相同或 S 是 T 的子集，返回 True，否则返回 False。可以用 S < T 判断 S 是否是 T 的真子集
S>=T 或 S.issuperset(T)	如果 S 与 T 相同或 S 是 T 的超集，返回 True，否则返回 False。可以用 S > T 判断 S 是否是 T 的真超集

如下为两个集合的交并差补代码及结果演示。

```
>>>S = {1010, "2010", 77.6}
>>>T = {1010, "2010", 12.8, 1010, 1010}
>>>S | T
{77.6, 1010, 12.8, '2010'}
>>>T | S
{1010, 12.8, 77.6, '2010'}
>>>S - T
{77.6}
>>>T - S
{12.8}
>>>S & T
{1010,'2010'}
>>>T & S
{1010,'2010'}
>>>S ^ T
{77.6, 12.8}
>>>T ^ S
{77.6, 12.8}
```

Python 内置了许多函数和方法实现集合的操作，常见的函数和方法见表 5.5。实现的操作包括添加和移除元素、取差集 / 交集 / 并集、合并不同项、子集和超集判定等，下面将举例说明。

表 5.5　集合的操作函数和方法

函数 & 方法	描　述
add()	为集合添加一个元素
clear()	移除集合中的所有元素
copy()	复制一个集合

（续）

函数 & 方法	描　　述
discard()	删除集合中指定的元素
isdisjoint()	判断两个集合是否包含相同的元素，没有返回 True，否则返回 False
pop()	随机移除元素
remove()	移除指定元素
len()	返回集合中元素个数
in	判断指定元素是否在集合中，在返回 True，否则返回 False
not in	判断指定元素是否不在集合中，不在返回 True，否则返回 False

　　实例 5.9 使用 add() 方法实现了往集合中添加新元素，一次只能添加一个。如果该元素已存在，则忽略。

```
# 实例 5.9 setadd.py 集合中添加元素
set0 = set()
set0.add('bus')
set0.add('bus') # 忽略，不会报错
print(set0)
set0.add('vehicle')
print(set0)
```

　　实例 5.9 输出结果为：

```
>>>
{'bus'}
{'bus', 'vehicle'}
```

　　实例 5.10 展现了几种删除集合中元素的方式：remove() 删除一个指定元素，如果不存在，则报错；discard() 删除一个指定元素，如果不存在，则忽略；pop() 方法随机删除一个元素并返回，更新原集合；clear() 方法清空集合中所有元素，清空后为空集合。

```
# 实例 5.10 setclear.py 删除集合元素
set0 = {'truck', 'bus'}
set0.remove( 'bus')  # 移除 "bus"
print("After bus be romoved,set0 is",set0)

set1 = {'truck','bus'}
set1.discard('bus')    # 删除 "bus"
print("After bus be discarded,set1 is",set1)
set1.discard('bus') # 忽略，不会报错
print("After bus be discarded again,set1 is",set1)

set2 = {'truck', 'bus'}
set2.pop() #随机移除一个元素
print("After one element be popped,set2 is",set2)

set3 = {'truck', 'bus'}
set3.clear()    #清空集合
print("After set3 be cleared,set3 is",set3)
```

实例 5.10 输出结果为：

```
>>>
After bus be romoved,set0 is {'truck'}
After bus be discarded,set1 is {'truck'}
After bus be discarded again,set1 is {'truck'}
After one element be popped,set2 is {'bus'}
After set3 be cleared,set3 is set()
```

实例 5.11 使用 copy() 实现了复制 set0，返回新集合。

```
# 实例 5.11  setcopy 复制集合
s0 = {'f', 'b'}
s1 = s0.copy()
print(s1)
```

实例 5.11 输出结果为：

```
>>>
{'b', f'}
```

集合类型主要用于 3 个场景：成员关系测试、元素去重和删除数据项，如实例 5.12 所示。

```
# 实例 5.12  setapp.py 集合的三大应用
tup=("car","truck","bus","truck","pedestrain","bus","bicycle")
print(set(tup)) # 元素去重
print("car" in {"car","truck","bus","pedestrain","bicycle"}) # 成员关系测试
newtup=tuple(set(tup)-{"car"}) # 去重同时删除数据项
print(newtup)
```

实例 5.12 输出结果为：

```
>>>
{'bus', 'bicycle', 'pedestrain', 'car', 'truck'}
True
('bus', 'truck', 'bicycle', 'pedestrain')
```

5.4　映射类型

　　映射类型是指一类键 - 值数据项的组合，提供了存取数据项及其键和值的方法，每个元素是一个键 - 值对，即元素是（key，value），元素之间是无序的。键（key）表示一个属性，值（value）表征该属性的具体内容，键 - 值对存储了一个属性和对应值之间的映射关系，对应关系如图 5.3 所示，可以通过键访问值。

图 5.3　映射关系实例

字典（dict）是 Python 中最常用的映射类型，也是 Python 中唯一的内建映射类型，它是存储了一个个键 - 值对（由键映射到值）的关联容器。字典中的键必须是不可变类型，如整数、浮点数、字符串、元组等，而值可以是任意类型。每个键只能对应一个值，不允许同一个键在字典中重复出现。

列表的索引模式是"通过 < 整数序号 > 查找 < 被索引内容 >"，然而很多应用程序需要更为灵活的信息查找方式，例如基于身份证号查询人员信息、基于学号查找学生信息等。字典可以看作是序列类型的一种扩展。在序列类型中，采用从 0 开始的正向递增序号或者从 -1 开始的反向递减序号进行具体元素值的索引。而字典则用"键"去索引具体的"值（value）"。Python 字典类型同时具有和集合类似的性质，键 - 值对之间没有顺序且不能重复。因此，可以把字典看成元素是键 - 值对的集合。

5.4.1　字典的创建和访问

Python 语言中的字典可以通过大括号 ({}) 创建，建立模式为：{< 键 1>:< 值 1>，< 键 2>:< 值 2>，…，< 键 n>:< 值 n>}。其中，键和值通过冒号连接，不同键 - 值对通过逗号隔开。如下创建了 Dcountry 字典。字典打印出来的顺序与创建之初的顺序可能不同，这不是错误。字典类型也具有和集合类似的性质，各元素之间，即键 - 值对之间没有顺序且不能重复。

```
>>>Dcountry={"中国 ":"北京 ", "美国 ":"华盛顿 ", "法国 ":"巴黎 "}
>>>print(Dcountry)
{'中国 ': '北京 ', '法国 ': '巴黎 ', '美国 ': '华盛顿 '}
```

字典元素"键 - 值对"中键是值的索引，因此，可以直接利用键 - 值对关系索引元素，通过键索引值，并可以通过键修改值。字典中键 - 值对的访问模式如下，采用中括号格式：

< 值 > = < 字典变量 >[< 键 >]

如下通过交互模式演示 Dcountry 字典的访问和通过键修改值的方法。

```
>>>Dcountry={"中国 ":"北京 ", "美国 ":"华盛顿 ", "法国 ":"巴黎 "}
>>>Dcountry["中国 "]
'北京 '
>>>Dcountry["中国 "]=' 大北京 '
>>>print(Dcountry)
{'中国 ': '大北京 ', '法国 ': '巴黎 ', '美国 ': '华盛顿 '}
```

通过中括号可以向字典中增加新的元素，如下向字典 Dcountry 中增加了"英国：伦敦"键 - 值对元素。

```
>>>Dcountry={"中国 ":"北京 ", "美国 ":"华盛顿 ", "法国 ":"巴黎 "}
>>>Dcountry["英国 "]="伦敦 "
>>>print(Dcountry)
{'中国 ': '北京 ', '法国 ': '巴黎 ', '美国 ': '华盛顿 ', '英国 ': '伦敦 '}
```

使用大括号 {} 可以创建一个空的字典，并通过中括号 [] 向其增加元素。

```
>>>Dp={}
>>>Dp['2^10']=1024
>>>print(Dp)
{'2^10': 1024}
```

5.4.2　字典的操作

字典在 Python 内部采用面向对象方式实现，有一些对应方法实现字典的操作。表 5.6 是一些字典通用的操作函数，表 5.7 为一些字典常用的操作方法。

如下为表 5.5 所列函数的应用效果展示。

表 5.6　字典通用的操作函数

函数	描述
del(dict)	删除字典
len(dict)	返回字典元素个数，即键 - 值对的总数
min(d)	字典 d 中的键最小元素
max(d)	字典 d 中的键最大元素
dict()	生成一个空字典
del(dict)	删除字典

```
>>>Dcountry={"中国":"北京","美国":"华盛顿","法国":"巴黎"}
>>>len(Dcountry)
3
>>>>d = {"201801":"小明","201802":"小红","201803":"小白"}
>>>min(d)
'201801'
>>>max(d)
'201803'
>>>d = dict()
>>>print(d)
{}
```

表 5.7　字典的操作方法

函数 & 方法	描述
dict.keys()	返回字典中所有的键信息
dict.values()	返回字典中所有的值信息
dict.items()	返回字典中所有的键 - 值对
dict.get(<key>,<default=None>)	键存在则返回对应值，否则返回默认值
dict.setdefault(key,default=None)	键存在则返回对应值，键不存在则添加键并将值设置为 default
dict.pop(<key>,<default>)	键存在则返回对应值，同时删除键 - 值对，否则返回默认值
dict.popitem()	随机从字典中取出一个键 - 值对，以元组 (key,value) 形式返回
dict.clear()	删除字典中所有的键 - 值对
dict.copy()	返回一个字典的浅复制
dict.fromkeys(seq,val)	创建一个新字典，以序列中元素做字典的键，val 为字典中所有键对应的初始值
dict.update(dict2)	把字典 dict2 中的键 - 值对更新到字典 dict
key in dict	键在字典中则返回 True，否则返回 False

d.keys() 方法返回字典中的所有键信息，返回结果是 Python 的一种内部数据类型 dict_

keys，专用于表示字典的键。如果希望更好地使用返回结果，可以将其转换为列表类型，如下所示。

```
>>>Dcountry={"中国":"北京", "美国":"华盛顿", "法国":"巴黎"}
>>>Dcountry.keys()
dict_keys(['中国', '美国', '法国'])
>>>type(Dcountry.keys())
<class 'dict_keys'>
>>>list(Dcountry.keys())
['中国', '美国', '法国']
```

d.values() 方法返回字典中的所有值信息，返回结果是 Python 的一种内部数据类型 dict_values。如果希望更好地使用返回结果，可以将其转换为列表类型。

```
>>>Dcountry={"中国":"北京", "美国":"华盛顿", "法国":"巴黎"}
>>>Dcountry.values()
dict_values(['北京', '华盛顿', '巴黎'])
>>>type(Dcountry.values())
<class 'dict_values'>
>>>list(Dcountry.values())
['北京', '华盛顿', '巴黎']
```

d.items() 方法返回字典中的所有键 - 值对信息，返回结果是 Python 的一种内部数据类型 dict_items。

```
>>>Dcountry={"中国":"北京", "美国":"华盛顿", "法国":"巴黎"}
>>>Dcountry.items()
dict_items([('中国', '北京'), ('美国', '华盛顿'), ('法国', '巴黎')])
>>>type(Dcountry.items())
<class 'dict_items'>
>>>list(Dcountry.items())
[('中国', '北京'), ('美国', '华盛顿'), ('法国', '巴黎')]
```

d.get(key, default) 根据键信息查找并返回值信息。如果 key 存在则返回相应值，否则返回默认值。第二个元素 default 可以省略，如果省略则默认值为空。

```
>>>Dcountry={"中国":"北京", "美国":"华盛顿", "法国":"巴黎"}
>>>Dcountry.get('美国', '悉尼')  #'美国'在字典中存在
'华盛顿'
>>>Dcountry.get('澳大利亚', '悉尼')  #'澳大利亚'在字典中不存在
'悉尼'
```

d.pop(key, default) 方法根据键信息查找并取出值信息。如果 key 存在则返回相应值，否则返回默认值。第二个元素 default 可以省略，如果省略则默认值为空。相比 d.get() 方法，d.pop() 在取出相应值后，将从字典中删除对应的键 - 值对。

```
>>>Dcountry={" 中国 ":" 北京 ", " 美国 ":" 华盛顿 ", " 法国 ":" 巴黎 "}
>>>Dcountry.pop(" 中国 "," 首尔 ")
' 北京 '
>>>Dcountry.pop(" 韩国 "," 首尔 ")
' 首尔 '
>>>Dcountry
{' 美国 ': ' 华盛顿 ', ' 法国 ': ' 巴黎 '}
```

d.popitem() 方法随机从字典中取出一个键 - 值对，以元组 (key,value) 形式返回。取出后从字典中删除这个键 - 值对。

```
>>>Dcountry={" 中国 ":" 北京 ", " 美国 ":" 华盛顿 ", " 法国 ":" 巴黎 "}
>>>Dcountry.popitem()
(' 法国 ', ' 巴黎 ')
>>>Dcountry
{' 中国 ': ' 北京 ', ' 美国 ': ' 华盛顿 '}
```

d.clear() 删除字典中所有键 - 值对。如果希望删除字典中某一个元素，可以使用 Python 保留字 del。

```
>>>Dcountry={" 中国 ":" 北京 ", " 美国 ":" 华盛顿 ", " 法国 ":" 巴黎 "}
>>>country.clear()
>>> Dcountry
[]
>>>Dcountry={" 中国 ":" 北京 ", " 美国 ":" 华盛顿 ", " 法国 ":" 巴黎 "}
>>>del Dcountry[" 美国 "]
>>>Dcountry
{' 中国 ': ' 北京 ', ' 法国 ': ' 巴黎 '}
```

字典类型也支持保留字 in，用来判断一个键是否在字典中。如果在则返回 True，否则返回 False。

```
>>>Dcountry={" 中国 ":" 北京 ", " 美国 ":" 华盛顿 ", " 法国 ":" 巴黎 "}
>>>" 中国 " in Dcountry
True
>>>" 德国 " in Dcountry
False
```

与其他组合类型一样，字典可以通过 for…in 语句对其元素进行遍历，基本语法结构如下：

```
for  < 变量名 >  in  < 字典名 >:
        语句块
```

```
>>>Dcountry={" 中国 ":" 北京 ", " 美国 ":" 华盛顿 ", " 法国 ":" 巴黎 "}
>>>for key in Dcountry:
        print(key)
```

中国
美国
法国

for 循环返回的变量名是字典的索引值。如果需要获得键对应的值，可以在语句块中通过 get() 方法获得。

```
>>>for k in Dcountry:
    print(" 键和值分别是:{} 和 {}".format(k,Dcountry.get(k)))
键和值分别是：中国和北京
键和值分别是：美国和华盛顿
键和值分别是：法国和巴黎
```

5.4.3　实例：使用字典实现英文词频统计

编写 Python 程序接受一段字符串，统计在该字符串中每个单词出现的次数，将单词和出现的次数以键 - 值对形式加入列表中，如实例 5.13 所示。

```
# 实例 5.13 wfrequency.py 词频统计
freq = {}       # 创建空字典
line = input(" 请输入一段字符串:")
for word in line.split():   # 以空格分割字符串，生成列表
    freq[word] = freq.get(word,0)+1 # 字典中加入新元素，或者使已有键的值 +1
for w in freq:
    print("%s:%d" % (w,freq[w]))
```

实例 5.13 输出结果为：

```
>>>
请输入一段字符串:New to Python or choosing between Python 2 and Python 3?
Read Python 2 or Python 3. Python 3 is ok!
New:1
to:1
Python:6
or:2
choosing:1
between:1
2:2
and:1
3?:1
Read:1
3.:1
3:1
is:1
ok!:1
```

5.4.4　实例：用类创建智能车自动巡航的字典

在全国大学生智能汽车竞赛百度智慧交通组比赛中，使用深度学习模型来控制小车前进的方向，深度学习模型读入图像，输出小车前进的转角。可以用一个字典存储上述信息，字典的键为图片名称，值为小车的转向信息。如果同一图片输入多次，求多次输入转向角的平均值为该图片最后的转角值，使用键盘输入模拟读取图片和生成信息的过程，程序代码见实例 5.14。

```python
# 实例 5.14 cruisedict.py 用类创建智能车自动巡航字典
class CruiseDic:
    def __init__(self):
        self.dict = {}
    def setControl(self,picname,steer):  #定义设置图片信息方法
        if picname not in self.dict.keys():
            #key 不存在，新增加键值对
            self.dict[picname] = [steer]
        else:
            #key 存在，往已有键增加值的内容
            self.dict[picname].append(steer)
    #    print(self.dict)
    def getControl(self,picname):  #定义获取图片信息方法
        if picname in self.dict:  # 如果图片名称在字典的键中
            s_steer=0   # 转向角度累加器
            k=0         #模拟采集同一图片的次数
            for v in self.dict[picname]:  #遍历每张图片名称（键）对应的值
                k=k+1
                s_steer+=v  # 累加同一图片对应的转角值
            s_steer/=k  # 求图片转角平均值
            print(picname,s_steer)
        else:
            print(" 没找到对应的图片 ")
# 输入操作方法及信息行，如果是 set 方法，后面需要图片名称、转角信息
# 如果是 get 方法，后面只需要图片名称
obj = CruiseDic()
k = int(input("请输入控制信息行数:"))   #k 存放输入信息行数
print("请输入 {} 行操作信息（如 'set,pic1,0.5' 或 'get,pic1'）:".format(k))
for i in range(k):
    line = input().split(",")   #分割字符串，生成列表
    op = line[0]
    if (op == "set"):
        obj.setControl(line[1],eval(line[2]))
```

```
elif (op == "get"):
    obj.getControl(line[1])
else:
    print("输入的操作方法不对，请重新输入")
```

实例 5.14 中，getControl() 和 setControl() 方法实现如下功能：

1）setControl() 方法：向字典增加键 - 值对，将键盘输入的信息行信息转换成键 - 值对信息加入字典中，如果多次录入同一图片名称信息，需要把每次的转角信息都记录到字典中，也就是说一个键，其对应的值可以存放多次录入的转角信息，所以这里值采用列表形式。

2）getControl() 方法：根据信息行"get"标志后面输入的图片名称，求出其对应的速度和转向信息。如果字典中对应的图片名称有多个转向信息，求多次的平均值，最后输出 picname、steer。如果字典的键中没有找到图片名称，则输出"没找到对应的图片"。

5.5　jieba 库

5.5.1　jieba 库概述

jieba 库是一个优秀的中文分词第三方库，它可以将一段中文文本切分成若干个词语，方便进行文本分析和处理。jieba 库的分词原理是利用一个中文词库，将待分词的内容与分词词库进行比对，通过图结构和动态规划方法找到最大概率的词组。除了分词，jieba 库还提供增加自定义中文单词的功能。jieba 库支持三种分词模式：精确模式、全模式和搜索引擎模式。精确模式将句子最精确地切开，适合文本分析；全模式把句子中所有可以成词的词语都扫描出来，速度非常快但不能消除歧义；搜索引擎模式在精确模式的基础上，对长词进行再次切分，提高召回率，适合用于搜索引擎分词。

5.5.2　jieba 库安装与分词方法

在命令行使用 easy_install jieba 或者 pip install jieba / pip3 install jieba 命令自动安装。

安装完成后可以进入 Python 开发环境输入"import jieba"测试 jieba 库是否安装成功，并且使用"print(jieba.__version__)"查看相对应的版本号，输出结果如图 5.4 所示。

```
Python 3.7.9 (tags/v3.7.9:13c94747c7, Aug 17 2020, 18:58:18) [MSC v.1900 64 bit (AMD64)] on win32
Type "help", "copyright", "credits" or "license" for more information.
>>> import jieba
>>> print(jieba.__version__)
0.42.1
>>>
```

图 5.4　查看 jieba 库版本号

jieba 库主要提供分词功能，可以辅助自定义分词词典。jieba 库主要的函数和方法见表 5.8。

表 5.8   jieba 库的主要函数和方法

函数和方法	描述
jieba.cut(sentence, cut_all=False, HMM=True)	对一段文本进行分词，返回一个可迭代的生成器。参数 cut_all 表示是否采用全模式，参数 HMM 表示是否使用 HMM 模型进行未登录词识别
jieba.lcut(sentence, cut_all=False, HMM=True)	对一段文本进行分词，返回一个列表。参数含义同上
jieba.cut_for_search(sentence, HMM=True)	对一段文本进行搜索引擎模式的分词，返回一个可迭代的生成器。参数 HMM 表示是否使用 HMM 模型进行未登录词识别
jieba.lcut_for_search(sentence, HMM=True)	对一段文本进行搜索引擎模式的分词，返回一个列表。参数含义同上
jieba.add_word(word, freq=None, tag=None)	向词典中添加一个新词，可以指定其频率和词性。如果不指定频率，则使用默认值。如果不指定词性，则使用自动识别的结果
jieba.del_word(word)	从词典中删除一个词。如果该词不存在，则无效

5.5.3   实例："智能汽车创新发展战略"词频统计

实例 5.15 使用 jieba 分词方法，对国家发展改革委、中央网信办、科技部、工业和信息化部等 11 部委联合发布的《智能汽车创新发展战略》文件（智能汽车创新发展战略 .txt）进行分词操作，建立词和出现频次的键 - 值对字典，并进行排序处理，输出出现频率最高的 15 个词及其出现次数。

```
# 实例 5.15 jieba1.py jieba 库使用
import jieba
txt = open(" 智能汽车创新发展战略 .txt", "r", encoding='utf-8').read()# 读文件
words = jieba.lcut(txt) # 分词，生成列表
counts = {}
for word in words:
    if len(word) == 1:   # 排除单个字符
        continue
    else:
        counts[word] = counts.get(word,0) + 1
items = list(counts.items()) # 字典转换成列表
items.sort(key=lambda x:x[1], reverse=True) # 按词频排序
for i in range(15):   # 输出前 15 个高频词
    word, count = items[i]
    print ("{0:<10}{1:>5}".format(word, count))
```

实例 5.15 输出结果为：

```
>>>
智能        94
汽车        86
发展        33
基础        25
```

建设	23
安全	22
产业	21
体系	21
加强	20
完善	19
应用	17
系统	17
开展	16
能力	16
企业	16

jieba 库还具有更为丰富的分词功能，有兴趣的读者可自行探索，限于篇幅，本书不再深入介绍。

5.6　wordcloud 库

5.6.1　wordcloud 库概述

wordcloud 是一个 Python 的第三方库，可以用于生成词云。词云可以以词语为基本单位，然后根据词语的出现频率确定词语的大小。将所有这些词放到一张图片里，就可以更直观和艺术地展示文本，图 5.5 所示为《交通强国纲要》的词云。词云（Word Cloud) 主要用来做文本内容关键词出现的频率分析，适合文本内容挖掘的可视化。词云中出现频率较高的词会以较大的形式呈现出来，出现频率较低的词会以较小的形式呈现。词云的本质是点图，是在相应坐标点绘制具有特定样式的文字的结果，词云的绘制形状、尺寸和颜色都可以设定。

图 5.5　《交通强国纲要》词云

5.6.2　wordcloud 库安装

使用 wordcloud 之前需要先安装，在命令行使用 pip install jieba / pip3 install jieba 命令自动安装。安装完成后可以进入 Python 开发环境输入 "import jieba" 测试 jieba 库是否安装成功，并且使用 "print(jieba.__version__)" 查看相对应的版本号。

```
>>> import wordcloud
>>> print(wordcloud.__version__)
1.8.2.2
```

5.6.3　wordcloud 对象创建及参数设置

要使用 wordcloud 库，在引入 wordcloud 库后，首先需要执行下列语句：

```
w=wordcloud.WordCloud()
```

wordcloud.WordCloud() 方法生成一个 WordCloud 对象，之后对词云的一系列操作都是建立在这个对象的基础上的。词云对象 w 有一些常用的方法，见表 5.9。

表 5.9　词云对象常用方法

方法	描述
w.generate(txt)	向 WordCloud 对象 w 中加载文本 txt w.generate("Take time when time comes lest time steal away")
w.to_file(filename)	将词云输出为图像文件，.png 或 .jpg 格式 w.to_file("outfile.png")

实例 5.16 演示了词云生成过程，先用 wordcloud.WordCloud() 生成了一个词云对象实例 c，然后通过调用 c 对象的 generate() 向 WordCloud 对象 c 中加载文本，文本为字符串格式，最后调用 c 对象的 to_file() 方法将词云输出为图像文件，图像文件可以是 png 或 jpg 格式。生成的词云如图 5.6 所示。

```
# 实例 5.16 wordcloud1.py 生成词云图
import wordcloud
c = wordcloud.WordCloud()
c.generate("Take time when time comes lest \
time steal away.Time comes,and time was,and time is past.")
c.to_file("pywordcloud1.png")
```

图 5.6　词云图

在实例 5.16 中调用 wordcloud.WordCloud() 创建词云对象时，没有对方法中的参数进行修改，采用的是默认值。在生成词云对象时，还可以根据要求设置 WordCloud() 方法中的参数，以便更好地生成符合需要的词云。WordCloud() 函数常用的参数及设置方法见表 5.10。

表 5.10　wordcloud.WordCloud() 参数及设置方法

参数	设置方法
width	指定词云对象生成图片的宽度，默认 400 像素 w=wordcloud.WordCloud(width=600)
height	指定词云对象生成图片的高度，默认 200 像素 w=wordcloud.WordCloud(height=400)
min_font_size	指定词云中字体的最小字号，默认 4 号 w=wordcloud.WordCloud(min_font_size=10)
max_font_size	指定词云中字体的最大字号，根据高度自动调节 w=wordcloud.WordCloud(max_font_size=20)
font_step	指定词云中字体字号的步进间隔，默认为 1 w=wordcloud.WordCloud(font_step=2)
font_path	指定字体文件的路径，默认 None w=wordcloud.WordCloud(font_path="msyh.ttc")
max_words	指定词云显示的最大单词数量，默认 200 w=wordcloud.WordCloud(max_words=20)
stopwords	指定词云的排除词列表，即不显示的单词列表 w=wordcloud.WordCloud(stopwords={" 的 "," 了 "})

mask	指定词云形状，默认为长方形，需要引用 imread() 函数
	from scipy.misc import imread
	mk=imread("pic.png") # pic.png 为想生成的图云形状模版
	w=wordcloud.WordCloud(mask=mk)

background_ color	指定词云图片的背景颜色，默认为黑色 w=wordcloud.WordCloud(background_color="white")

5.6.4　实例：党的二十大报告词云生成

实例 5.17 使用 wordcloud 库，针对习近平主席代表中国共产党第十九届中央委员会于 2022 年 10 月 16 日在中国共产党第二十次全国代表大会上向大会所作的报告生成词云。通过词云对报告内容关键词出现的频率进行分析，使文本内容关键词形象可视化。

实例 5.17 中生成词云对象时，修改了一些参数的默认值，其中的停用词（stopwords）用集合赋值，词云中将不显示停用词集合中的元素。图 5.7 是没有设置停用词的词云，图 5.8 是设置了停用词的词云。停用词集合的元素是不反映文档关键意思，但是在文档中会高频出现的词，如 "我" "的" "了" 等，如果平常处理文档比较多，可以把停用词存放在一个 txt 文件中，在程序中读取 txt 文件，赋值给 stopwords 参数即可。

```
# 实例 5.17 20Report2.py 生成二十大报告词云（排除停用词）
import jieba
import wordcloud
```

```
f = open("二十大报告.txt", "r", encoding="utf-8")   #以只读方式打开二十大报告.txt
t = f.read()   #读二十大报告.txt, 为字符串类型, 赋值给t
f.close()   #关闭二十大报告.txt
ls = jieba.lcut(t) #调用jieba库分词方法, 生成列表ls
txt = " ".join(ls) #以空格连接列表ls中的元素, 生成字符串txt
w = wordcloud.WordCloud(   font_path = "msyh.ttc",\
    width = 1000, height = 700, background_color = "white", \
    stopwords={"的 ","和 ","在 ","为 ","以 ","新 ","把 ","了 ","是 ","我们 "})
#stopwords 停用词
    #stopwords={"的 ","和 ","在 ","为 "},max_words = 50)# max_words: 词云显示多
少个词
w.generate(txt)   #向 WordCloud 对象 w 中加载文本 txt
w.to_file("20report2.png") #WordCloud 对象 w 生成词云文件为 20report2.png
```

图 5.7   没有设置停用词的二十大报告词云

图 5.8   设置了停用词的二十大报告词云

习 题

一、选择题

1. (1,2,3)*3 的执行结果是（ ）。

A. 出错
B. (3,6,9）

C. (1,2,3)(1,2,3)(1,2,3)
D. (1,2,3,1,2,3,1,2,3)

2. str([1,2,3]) 的运行结果是（ ）。

A. ['1,2,3']
B. ['1','2','3']

C. ('1,2,3')
D. '[1,2,3]'

3. 字典 d={'abc':123, 'def':456, 'ghi':789}，（ ）是 len(d) 的结果。

A. 3
B. 12

C. 9
D. 6

4. S 和 T 是两个集合，（ ）对 S^T 的描述是正确的。

A. S 和 T 的补运算，包括集合 S 和 T 中的非相同元素

B. S 和 T 的差运算，包括在集合 S 但不在 T 中的元素

C. S 和 T 的交运算，包括同时在集合 S 和 T 中的元素

D. S 和 T 的并运算，包括在集合 S 和 T 中的所有元素

5. （ ）对集合类型应用场景的描述是错误的。

A. 集合可以表示一组有序元素

B. 集合可以用于两组元素之间的判断和操作

C. 集合可以测试元素的包含关系

D. 集合可以用于相同元素的去重

6. （ ）不是具体的 Python 序列类型。

A. 字符串类型
B. 数组类型

C. 元组类型
D. 列表类型

7. 对于序列 s，（ ）能够返回序列 s 中第 i 到 j 以 k 为步长的元素子序列。

A. s[i, j, k]
B. s[i; j; k]

C. s(i, j, k)
D. s[i:j:k]

8. 对于序列 s，（ ）对 s.index(x) 的描述是正确的。

A. 返回序列 s 中序号为 x 的元素

B. 返回序列 s 中元素 x 所有出现位置的序号

C. 返回序列 s 中 x 的长度

D. 返回序列 s 中元素 x 第一次出现的序号

9. 对于序列 s，（ ）对 s.count(x) 的描述是正确的。

A. 返回序列 s 中出现 x 的总次数

B. 返回序列 s 的长度，并保存在变量 x 中

C. 返回序列 s 元素 x 的长度

D. 返回一个新的序列，包括序列 s 中所有出现的元素 x

10. 对于元组变量 t=("cat", "dog", "tiger", "human")，（ ）是 t[::-1] 的结果。

A. 运行出错
B. {'human', 'tiger', 'dog', 'cat'}

C. ('human', 'tiger', 'dog', 'cat')
D. ['human', 'tiger', 'dog', 'cat']

11. 对于列表 ls，（ ）对 ls.append(x) 的描述是正确的。

A. 替换列表 ls 最后一个元素为 x

B. 向 ls 中增加元素，如果 x 是一个列表，则可以同时增加多个元素

C. 只能向 ls 最后增加一个元素 x

D. 向列表 ls 最前面增加一个元素 x

12. 给定字典 d，（　　　）对 d.get(x, y) 的描述是正确的。

A. 返回字典 d 中值为 y 的值，如果不存在，则返回 x

B. 返回字典 d 中键值对为 x:y 的值

C. 返回字典 d 中键为 x 的值，如果不存在，则返回空

D. 返回字典 d 中键为 x 的值，如果不存在，则返回 y

二、判断题

1. Python 组合数据类型能够将多个同类型或不同类型的数据组织起来，通过单一的表示使数据操作更有序、更容易。　　　　　　　　　　　　　　　　　（　　　）

2. 序列类型是二维元素向量，元素之间存在先后关系，通过序号访问。（　　　）

3. Python 的字符串、元组和列表类型都属于序列类型。　　　　　　（　　　）

4. 元组一旦创建就不能被修改。　　　　　　　　　　　　　　　　　（　　　）

5. Python 中元组采用逗号和圆括号（可选）来表示。　　　　　　　　（　　　）

6. 一个元组可以作为另一个元组的元素，可以采用多级索引获取信息。（　　　）

7. 元组中元素不可以是不同类型。　　　　　　　　　　　　　　　　　（　　　）

8. Python 中的字典是无序的。　　　　　　　　　　　　　　　　　　（　　　）

9. Python 中的字典中的键必须是唯一的。　　　　　　　　　　　　　（　　　）

10. Python 中的字典中的值可以是任何类型的数据。　　　　　　　　（　　　）

11. Python 中的字典可以通过 [] 的方式访问键对应的值。　　　　　　（　　　）

12. Python 中的字典可以通过 get() 函数获取键对应的值。　　　　　（　　　）

三、实训题

1. 字典翻转输出。智能车竞赛 CNN 巡航模型训练所用的数据集中标注文件以 json 格式存储，一张图片对应一个标签，以键 - 值对形式存储。通过文件名可以访问标签值。现在想将其中的键 - 值对反转，以达到读取指定标签文件的目的。请编写一段程序，读入一个字典类型的字符串，反转其中键 - 值对输出。即，读入字典 key:value 模式，输出 value:key 模式。

示例：

```
输入：{"a": 1, "b": 2}   输出：{1: 'a', 2: 'b'}
```

2. 图片去重排序。智能车比赛中需要训练深度学习模型，模型训练完成之后需要筛选图片进行测试。为了保证实验的客观性，先用计算机生成了 N 个 $1 \sim 1000$ 之间的随机整数（$N \leqslant 1000$），N 是用户输入的。对于其中重复的数字，只保留一个，把其余相同的数字去掉。不同的数对应着不同名称的图片，然后再把这些数从小到大排序，按照排好的顺序去筛选图片做测试。请编写一段程序完成 "去重" 与排序工作。

3. 重复检测直到确认某一目标。需求：用户输入标签编号，模拟目标检测模型检测到某一目标，将该标签添加到列表中，连续 5 次检测到同一目标即确认检测到真实该目标，打印目标名称，否则确认为误检测。

4. 修改实例 5.17，使得词云图形为五角星，并且词云中只显示 50 个关键词。

第 2 部分

Python 文件处理与数据分析

第 6 章　文件和数据格式化

用 Python 处理实际工程问题或科学问题时，处理的数据大多是存在文件中或者从网站读取，文件是存储在辅助存储设备上的数据序列。文件格式可以理解为数据在计算机系统中的一种编码方式，特定的数据需要特定的应用程序来读取以及编辑修改。本章将介绍文本文件和二进制文件的打开、关闭以及读写方式，基于 Python 的第三方库对文件目录和压缩文件进行处理，并针对读取出来的文件，将数据格式化为一维数据、二维数据、高维数据进行处理。

6.1　文件的使用

6.1.1　文件的理解

文件（file）是操作系统对存储设备的物理属性加以抽象而定义的逻辑存储单位。文件是存储在辅助存储设备上的数据序列，它只是数据存储的一种形式，是数据的集合和抽象表示，因此，一个文件可以包含任意的数据内容。当程序运行时，可以利用变量、序列等方式来保存数据，但是，无论是变量、序列或者对象，其中所存储的数据都是暂时的，程序结束后数据就会丢失，而部分数据需要在程序运行结束后仍旧被保存下来，这些数据就可以利用文件来长期保存。Python 提供了内置的文件对象，以及对文件、文件目录进行操作的内置模块，通过这些模块可以方便地将数据保存到文件中并对其进行相关操作。

文件类型，又被称为文件格式，一般根据计算机对数据的编码方式来区分，不同格式的文件采用不同的编码方式对数据进行编码并储存。文件主要分为两种类型：二进制文件和文本文件，它们采用不同的编码方式存储数据。需要注意的是，文件的格式和文件的扩展名是没有必然联系的。扩展名的主要作用是给用户备注或者告知操作系统在默认情况下使用什么软件打开文件，扩展名与文件的编码方式没有关系，改变扩展名不会改变文件的格式。例如将文本文件的扩展名由 .txt 改为常用二进制文件的扩展名（如 .bin），再使用打开二进制文件的软件打开，将会出现乱码，这是因为解码方式与编码方式不匹配。

文本文件，是基于字符编码的文件，常见的编码方式有 ASCII 编码、UNICODE 编码、UTF-8 编码等。其中，ASCII 编码、UNICODE 编码都是定长编码，UTF-8 编码是变长编码。由于存在编码格式，因此文本文件可以看成是存储的长字符串。文本文件格式适用于 .txt 文件、.py 文件等。

　　二进制文件，是基于值编码的文件，可以根据具体的应用指定某个值是什么意思，因此也可以看作是自定义编码。从编码长度来看，二进制编码可以看作是变长编码，因为作为值编码，多少个比特代表一个值，完全由用户决定。以 Windows 操作系统中的标准图像文件格式 BMP 文件为例，其头部是固定长度的文件头信息，前 2 个字节用于记录文件为 BMP 格式，接着 8 个字节用于记录文件长度，然后 4 个字节用于记录 BMP 文件头长度。二进制文件可以看作是存储的长字节流，其格式适用于 .png 文件、.avi 文件。

　　二进制文件是把内存中的数据按其在内存中的存储形式直接输出至磁盘存放，即存放的是数据的原形式；文本文件是把数据的终端形式以二进制数据输出至磁盘存放，即存放的是数据的终端形式。从本质上讲，所有的文件都是以二进制形式进行存储的，但是从形式上可以分为文本格式和二进制格式。

　　从用户的角度来讲，文本文件尽管存储需要花费转换时间来进行编译码，但是其可读性较好，使用常用的记事本工具即可阅读几乎所有文本格式文件；二进制文件尽管不需要花费转换时间进行编译码，但是其可读性较差，读写一个具体的二进制文件需要使用专用的解码工具，例如读取 JPG 文件就需要读图软件。从计算机角度来讲，文本文件编码大都基于字符定长，译码相对容易一些；而二进制文件的编码都是变长的，译码会相对困难一些，但是相较于文本文件，它更灵活，存储空间利用率也更高。

　　无论哪种格式的文件，都可以用文本文件的方式和二进制文件的方式打开，但是打开后的具体操作方式不一样。下面用一个例子来说明以"文本文件"和"二进制文件"形式打开文件操作的不同。

　　创建一个 .txt 文件，输入内容为"全国大学生智能汽车竞赛"并保存为 test_file.txt。分别用文本文件和二进制文件形式打开 test_file.txt 并输出其中内容，对比二者不同之处。

　　以文本文件形式打开文件，代码如实例 6.1 所示。

```
# 实例 6.1 readtextfile.py 文本形式打开文件
# 以文本形式打开文件，编码方式为 utf-8
# r 表示读文件，t 表示文本格式
tf = open("test_file.txt", "rt", encoding="utf-8")
print(tf.readline())
tf.close()
```

　　实例 6.1 输出结果为：

```
>>>
全国大学生智能汽车竞赛
```

　　此处文本文件形式输出结果为经过 UTF-8 编码后的字符，可直接阅读。

　　以二进制文件形式打开文件，代码实例 6.2 所示。

```
# 实例 6.2 readbinfile.py 二进制形式打开文件
# 以二进制形式打开文件
# r 表示读文件，b 表示二进制格式
tf = open("test_file.txt", "rb")
```

```
print(tf.readline())
tf.close()
```

实例 6.2 输出结果为：

```
>>>
b'\xe5\x85\xa8\xe5\x9b\xbd\xe5\xa4\xa7\xe5\xad\xa6\xe7\x94\x9f\xe6\x99\
xba\xe8\x83\xbd\xe6\xb1\xbd\xe8\xbd\xa6\xe7\xab\x9e\xe8\xb5\x9b'
```

二进制文件形式输出结果为字节流，其中 b 表示后续单引号中字符串类型为 bytes。上述输出字节流可以用 bytes.decode（"utf-8"）函数进行解码输出验证，如下所示。

```
>>> bytes = b'\xe5\x85\xa8\xe5\x9b\xbd\xe5\xa4\xa7\xe5\xad\xa6\xe7\x94\
x9f\xe6\x99\xba\xe8\x83\xbd\xe6\xb1\xbd\xe8\xbd\xa6\xe7\xab\x9e\xe8\xb5\
x9b'
>>> bytes.decode("utf-8")
'全国大学生智能汽车竞赛'
```

6.1.2　文件的打开和关闭

Python 针对文件的操作采用统一的步骤：打开—操作—关闭。计算机中的文件一般处于存储状态，要想对一个文件进行操作就需要先打开该文件，并对该文件赋予包括读、写等操作权限。打开后的文件被当前进程占用，处于占用状态，此时其他进程无法再对该文件进行操作。可以利用 <变量名>.<方法>() 对文件进行操作。操作结束后需要对文件进行关闭，使其从占用状态回到存储状态，如图 6.1 所示。

图 6.1　文件的操作步骤

Python 使用 open() 方法打开文件并对其赋予操作权限，open() 方法的格式为：

<变量> = open（< 文件名 >，< 打开模式 >）

其中，文件名参数包含完整文件路径和文件名称，当该文件与程序源文件同目录时可以省略文件路径，仅输入文件名称。打开模式用于将文件打开的同时赋予其操作权限，共有 7 种基本打开模式，见表 6.1。

表 6.1　打开模式

打开模式	描述
r	只读模式，默认值，如果文件不存在，返回 FileNotFoundError
w	覆盖写模式，文件不存在则创建文件，文件存在则从头开始编辑，覆盖原文件内容
x	创建写模式，文件不存在则创建文件，文件存在则返回 FileExistsError
a	追加写模式，文件不存在则创建文件，文件存在则从末尾开始编辑
t	文本文件模式，默认值

（续）

打开模式	描述
b	二进制文件模式
+	与 r/w/x/a 一起使用，在原模式基础上增加读写权限

实例 6.1 中创建的 test_file.txt 文件是以只读模式打开文件，并将文件中的内容打印，然后关闭文件。在实例 6.1 中，以只读模式打开文件（其中文件编码方式为 UTF-8 编码），将打开的文件赋值给对象 tf，通过文件对象 tf 的方法 tf.read() 读取文件中的所有内容并打印。

6.1.3　文件的读取

打开文件后，将会获得一个文件对象，例如实例 6.1 中的 tf。为了读取文件中的内容，Python 中的文件对象提供了一组访问方法来实现，见表 6.2。

表 6.2　文件读取方法

方法	读取范围	读取特点	返回内容
read()	一次性读取所有内容	不读取换行符	以字符串形式返回所有内容
readline()	每次读取一行内容	会读取换行符	以字符串形式返回一行内容
readlines()	一次性读取所有内容	会读取换行符	以列表形式返回所有内容，列表中每个元素为一行内容

1. read() 方法

read() 方法用于从打开的文件中读取内容并返回一个字符串，注意 Python 中的字符串除了可以是文本数据还可以是二进制数据。该方法的语法格式为 <f>.read(<size>)，其中，f 为打开的文件对象，传递参数 size 表示从打开的文件对象 f 中读取的字符数。如果参数 size 未指定，则默认参数为 −1，将读取整个文件中的全部内容。该方法默认从文件开始位置开始读取。

以 test_file.txt 为例，通过实例 6.3 所示代码读取文件内容。

```
# 实例 6.3 readtextfile2.py 读取文件内容
f = open("test_file.txt", "r", encoding="utf-8")
str = f.read(5)
print("the result of reading is: ", str)
print("the remaining words are: ", f.read())
f.close()
```

实例 6.3 输出结果为：

```
>>>
the result of reading is:  全国大学生
the remaining words are:  智能汽车竞赛
```

在上述代码中，通过传入参数 size = 5，读取到文件的前 5 个字符内容，即"全国大学生"；接下来不传入参数赋值给 size，即 size 为默认参数 −1；读取文件所有内容，从输出结果中可以看到，仅输出了"智能汽车竞赛"，并未输出"全国大学生"。原因在于使用文件对象提供的方法 read() 读取文件内容时，存在句柄指针，当以"r"模式打开文件时，句柄指针指向文件开头位置，即第 0 个字符处，也就是"全"字的位置。当通过 f.read(5) 读取前 5 个字符的内容后，句柄指针移动到了第 5 个字符处，也就是"智"字的位置，因此此时再通过 f.read() 读取文件内容，只能读到句柄指针往后的内容。可以使用 tell() 方法返回文件当前位置，即句柄指针当前位置。tell() 方法的语法格式为 <f>.tell()，tell() 方法无须传入任何参数。代码示例如实例 6.4 所示。

```
#实例 6.4 filetell.py tell 方法使用
f = open("test_file.txt", "r", encoding="utf-8")
str = f.read(5)
print("the result of reading is: ", str)
position = f.tell()
print("the current position is: ", position)
print("the remaining words are: ", f.read())
f.close()
```

实例 6.4 输出结果为：

```
the result of reading is:    全国大学生
the current position is:    15
the remaining words are:    智能汽车竞赛
Process finished with exit code 0
```

从输出结果可以看到，当前指针位置并不是 5，而是 15。这是因为在 UTF-8 编码模式下，每一个中文字符都由 3 个字节的二进制内容构成，因此此处当前指针位置为 15。

当获得当前指针位置后，可以通过 seek() 方法来移动指针到指定位置。seek() 方法的语法结构为：

$$<f>.seek(<offset>, <whence>)$$

其中，参数 <offset> 表示偏移量，即需要移动偏移的字节数；参数 <whence> 表示从哪个位置开始偏移，可选，默认为 0，代表从文件开头开始，1 表示从当前位置开始，2 代表从文件结尾开始。

需要注意的是，在读取文本文件中的内容时，如果没有使用"b"模式（二进制模式）打开文件，则只允许从文件开头开始计算相对位置，从文件尾或者文件中间位置开始计算就会引发异常报错"io.UnsupportedOperation: can't do nonzero end-relative seeks"或者"io.UnsupportedOperation: can't do nonzero cur-relative seeks"。

seek() 方法的使用代码示例如实例 6.5 所示。

```
#实例 6.5 fileseek.py seek 方法使用
f = open("test_file.txt", "r", encoding="utf-8")
str = f.read(5)
print("the result of reading is: ", str)
position = f.tell()
```

```
print("the current position is: ", position)
position = f.seek(0, 0)
print("the position is back to: ", position)
print("the remaining words are: ", f.read())
f.close()
```

　　实例 6.5 输出结果为：

```
>>>
the result of reading is:   全国大学生
the current position is:  15
the position is back to:  0
the remaining words are:   全国大学生智能汽车竞赛
```

2. readline() 方法

　　readline() 方法用于读取文件中的一行内容，包括 "\n" 字符。该方法的语法格式为
$$<f>.readline(<size>)$$
其中，参数 <size> 表示从文件中读取的字符数，默认为 −1，如果指定参数 <size> 为一个非负数，则返回指定参数大小字符数的内容，包括 "\n" 字符。

　　readline() 方法的使用代码示例如实例 6.6 所示。

```
# 实例 6.6 readline.py readline() 方法使用
f = open("test_file.txt", "r", encoding="utf-8")
str = f.readline()
print("the whole line is: ", str)
position = f.seek(0, 0)
print("the position is back to: ", position)
print("the first five words are: ", f.readline(5))
f.close()
```

　　实例 6.6 输出结果为：

```
>>>
the whole line is:   全国大学生智能汽车竞赛
the position is back to:  0
the first five words are:   全国大学生
```

3. readlines() 方法

　　readlines() 方法用于读取文件中所有行内容，直到结束符 EOF，返回一个列表。列表中的元素为读取到的文件中的一行字符串，该列表可以利用 for 循环进行遍历处理。该方法的语法格式为：
$$<f>.readlines(<hint>)$$
其中，参数 <hint> 表示读取文件的前 <hint> 行，默认值为 −1，读取文件所有行，读取结果

为列表数据，文件中的每行是列表中的一个元素，数据类型为字符串。

readlines() 方法的使用代码示例如实例 6.7 所示。

```
# 实例 6.7 readlines.py readlines() 方法使用
f = open("test_file2.txt", "r", encoding="utf-8")
ls = f.readlines()
print("the result of readlines is: ", ls)
f.seek(0, 0)
for line in f.readlines():
    print("the line is: ", line.replace("\n", ""))
f.close()
```

实例 6.7 输出结果为：

```
>>>
the result of readlines is:  [' 全国大学生 \n', ' 智能汽车竞赛 \n', ' 百度智慧交通
创意赛 \n']
the line is:    全国大学生
the line is:    智能汽车竞赛
the line is:    百度智慧交通创意赛
```

在读取文件中的内容时，相当于把写在硬盘中的内容读取到内存之中。无论是使用 read() 方法还是 readlines() 方法，都是一次性读取所有内容至内存中。如果文件较大，将会占用很大的内存。因此，在读取文件中内容时，更倾向于使用一种方式使得既能读取到文件中的内容又不会占用较大内存，即"分行读入，逐行处理"的方式，代码示例如实例 6.8 所示。

```
# 实例 6.8 filelineread.py 分行读入，逐行处理读取方式
f = open("test_file2.txt", "r", encoding="utf-8")
for line in f:
    print(line.replace("\n", ""))
f.close()
```

实例 6.8 输出结果为：

```
全国大学生
智能汽车竞赛
百度智慧交通创意赛
```

在这种处理方式中，使用 for 循环迭代对象 f 中的元素。每循环一次，读取一行内容到内存中，并记住本次读取的指针位置；当进行下一次迭代时，内存中上一次读取到的内容就会被销毁，内存中保留的是本次读取到的内容，以此类推，直到最后一次循环，读取最后一行内容，内存中保留的也只是最后一行内容。以此达到既能读取文件中的所有内容，又能节省内存的目的。

6.1.4　文件的写入

对文件内容的操作，除了读取之外还有写入。Python 文件对象提供了两种方法向文件

中写入内容，见表 6.3。

表 6.3　文件写入方法

方法	写入内容	返回内容
write()	字符串	写入的字符长度
writelines()	列表形式系列字符串	None

1. write() 方法

write() 方法用于向文件中写入字符串，在文件关闭或者缓冲区刷新前，字符串内容存储在缓冲区中，此时在文件中是看不到写入的内容的。write() 方法的语法格式为：

<f>.write(<str>)

其中，参数 <str> 为需要写入文件的字符串，该方法返回值为写入的字符串长度，如果需要换行则需要写入换行符 "\n"。

需要注意的是，如果打开文件模式为 "b"，即以二进制模式打开文件，此时写入文件内容时，字符串 <str> 需要使用 encode() 方法将其转化为 bytes 形式再写入，否则将会报错 "TypeError: a bytes-like object is required, not 'str'"。write() 方法的使用代码示例如实例 6.9 所示。

```
#实例 6.9 writefile.py write() 方法使用
f = open("test_file.txt", "w+", encoding="utf-8")
print(f.write(" 全国大学生 \n智能汽车竞赛 "))
f.close()
```

实例 6.9 输出结果为：

```
>>>
12
```

用 write() 方法在 txt 文件中写入内容，打开文本文件如图 6.2 所示。

图 6.2　用 write() 方法写入文本结果

2. writelines() 方法

writelines() 方法用于向文件中写入一系列字符串，这一系列字符串可以是由迭代对象产生的一个字符串列表，需要换行时则需要指定换行符 "\n"。writelines() 方法的语法格式为：

<f>.writelines([str])

[str] 为元素全为字符串的列表。在使用该方法时需要注意以下几点：

1）该方法只接受字符串列表作为参数传入。若需要写入单个字符串，则可以使用 write() 方法写入，也可以传入列表中仅有一个字符串的元素。

2）该方法不会在字符串之间自动添加换行符。若有换行需要，则需要手动添加换行符 "\n" 到字符串中去。

3）该方法不会在列表最后元素后添加空行，如果需要在最后一行添加空行，则需要在列表元素末尾手动添加一个包含换行符 "\n" 的空字符串。

4）使用该方法时，需要保证传入的参数为一个元素全为字符串的列表。如果参数为一个生成器或者迭代器对象，则需要将其先转换为列表再传入。

writelines() 方法的使用代码示例如实例 6.10 所示。

```
# 实例 6.10 writelines.py writelines() 方法使用
f = open("test_file.txt", "w+", encoding="utf-8")
ls = [" 全国大学生 \n", " 智能汽车 \n", " 竞赛 "]
f.writelines(ls)
f.close()
```

txt 文件中被写入内容如图 6.3 所示。

图 6.3　方法 writelines() 代码输出示例

6.1.5　实例：赛车道自动绘制

在实例 3.16 中，用 turtle 库绘制了直线道和弯道相结合的封闭赛道，本节我们设计一个程序，能够读取赛道数据文件绘制赛道。设计好程序后，在不修改程序语句时，可以通过修改数据文件，得到不同形式的赛道。

分析需求：

1）编写 Python 脚本，利用 turtle 库绘制赛道图形。

2）根据提供的 csv 文件数据进行绘制，文件中单行数据样式为：

80,0,50,90,0.5,0.5,0.5

将该行数据放入列表中，ls = [80, 0, 50, 90, 0.5, 0.5, 0.5]，每一行数据为一组画图动作循环。ls[0] = 80 表示 turtle 小海龟前进距离；ls[1] = 0 表示画弧线方向，值为 1 表示顺时针画弧线，值为 0 表示逆时针画弧线；ls[2] = 50 表示绘制弧线的半径；ls[3] = 90 表示绘制弧线的角度，该参数缺失则绘制整圆；ls[-3: -1] 表示画笔颜色 RGB 值，为 0 ~ 1 之间的浮点数。

3）不改变代码，仅通过改变 csv 文件数据来绘制不同图形。

实现：

1）定义数据文件格式（接口）。

2）编写程序，根据数据文件接口解析参数绘制赛车车道图形。

3）编制数据文件，绘制不同车道图形。

具体实现代码如下：

```
# 实例 6.11 lineauodraw.py 读取数据文件绘制智能车竞赛赛道
import turtle as t
# 设置turtle画笔大小起始位置等初始信息
t.title(' 赛车道自动绘制 ')
t.setup(1200, 900, 0, 0)
t.pensize(40)
t.penup()
t.goto(-100, -250)
t.pendown()
f_in = open('chedaoxian1.csv', 'r')
# 读取文件中数据并写入列表
ls = []
for line in f_in:
    line = line.replace("\n", "")
    ls.append(list(map(eval, line.split(","))))
print(ls)
f_in.close()
# 利用读取到的数据绘制赛车车道
for i in range(len(ls)):
    t.pencolor(ls[i][-3], ls[i][-2], ls[i][-1])
    t.fd(ls[i][0])
    if ls[i][1]:
        t.circle(-ls[i][2], ls[i][3])
    else:
        t.circle(ls[i][2], ls[i][3])
t.hideturtle()
```

上述代码中，首先引入 turtle 库，并设置画笔大小、起始位置等初始信息；然后利用文件读取方法从提供的 csv 文件中读取数据并将读取到的数据存入列表中；最后利用读取到的数据绘制出赛车车道图形，如图 6.4 所示。读入不同的数据文件，可以生成不同的图形，图 6.4a 为读取 chedaoxian1.csv 文件生成的图形，图 6.4b 为读取 chedaoxian3.csv 文件生成的图形。本书提供了 4 个数据文件下载，读者可以读取其他两个文件试试，有兴趣的读者也可以尝试修改数据文件绘制你喜欢的赛道。

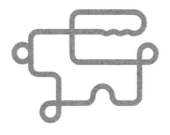

a) chedaoxian1.csv

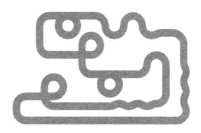

b）chedaoxian3.csv

图 6.4　自动绘制赛车车道示例

在实例 6.11 代码中使用了 Python 内置函数 map()，该函数会根据提供的函数对指定的序列做映射。map() 函数的语法格式为：

$$map(function, iterable, ...)$$

其中，第一个参数 function 为某一特定的函数；第二个参数 iterable 为一个参数序列；map 函数的作用是对 iterable 参数序列中的每一个参数调用 function 函数，返回一个包含每次 function 函数返回值的列表。

需要注意的是，在 Python2 中，map() 函数直接返回一个列表，但是在 Python3 中，map() 函数返回的是一个迭代器，因此需要额外用 list() 将其转换为列表。

6.1.6　os 库和 zipfile 库

用 Python 做实际项目时，通常需要解压缩给定的数据压缩包，这就需要用到 os 库和 zipfile 库。

1. os 库

顾名思义，os(operating system) 即操作系统。os 库用来和系统进行交互，提供了非常丰富的文件及目录的读写方法，常用的主要有：

1）os.listdir()：用于返回一个由文件名和目录名组成的列表。需要注意的是，它接收的参数需要是一个绝对路径。

2）os.path.isdir()：用于判断对象是否为一个目录。

3）os.path.isfile()：用于判断对象是否为一个文件。

在实例 6.12 中，实现了获取当前工作目录，并在当前目录下创建 "test" 子目录。

```python
# 实例 6.12 ostest.py
import os
# 获取当前工作目录（绝对路径）
print(os.getcwd())
# 显示当前目录下的文件和文件夹
print(os.listdir(os.getcwd()))
# 创建目录
if os.path.lexists('./test'): # 判断 './test' 是否存在
    print("./test 已经存在 ")
else:
    os.mkdir('./test')
```

2. zipfile 库

zipfile 库是 Python 中用来进行 zip 格式编码的压缩和解压缩的，可以用来操作 zip 文件，它提供了创建、打开、读取、写入、添加及列出 zip 文件的工具。常用的 zipfile 方法是 ZipFile()，用来创建和读取 zip 文件，格式如下：

ZipFile(file, mode='r', compression=ZIP_STORED, allowZip64=True)

各参数含义见表 6.4，参数 mode 的取值含义见表 6.5。

表 6.4 ZipFile 参数含义

参数	含义
file	文件路径
mode	操作含义，与文件操作相同，默认为 r
compression	压缩方法，默认为 ZIP_STORED
allowZip64	为 True 时，若文件大于 4G，zipfile 将创建使用 zip64 扩展的 zip 文件；为 False 则引发异常

表 6.5 mode 参数值及含义

模式	含义
w	创建一个新的压缩包文件
r	读取已有的压缩包文件
a	向已有的压缩包文件中压缩文件

实例 6.13 为 os 库和 zipfile 库的使用测试。程序运行一次以后，folder 和 folder2 文件夹生成，如果再运行程序，由于两文件已经存在，会报错，测试时可以删掉这两个文件夹再运行。也可以修改源程序，先判断文件夹是否存在，如存在，则通过设计程序语句先删除这两个文件夹，具体方法读者可以查询 os 删除文件夹方法。

```python
# 实例 6.13 zipfiletest.py
import os
import zipfile
os.mkdir('folder')
with open('file1.txt', 'w') as f1, \
        open('file2.txt', 'w') as f2, \
        open('folder/file3.txt', 'w') as f3:
    f1.write('file1')
    f2.write('file2')
    f3.write('file3')
# 创建 zip 文件
with zipfile.ZipFile('files.zip', 'w') as z:
    # 将多个文件添加到 zip 文件中
    z.write('file1.txt')
    z.write('file2.txt')
    z.write('folder/file3.txt', 'folder/file.txt')
os.mkdir('folder2')
with zipfile.ZipFile('files.zip', 'r') as z:
    z.extractall(path='folder2/')
    z.close()
```

6.1.7 实例：车辆图片数据集处理

解压缩文件是大数据分析、机器学习的第一步。对于图片分类任务，一般文件夹名称或文件名称中会有图片标签值，所以首先需要从文件夹名称或文件名称提取出图片标签值，解压的数据排列大都是很规律的，相同类型的数据基本依次排列，所以需要进行乱序，使得训练出的模型泛化能

扫码看实例讲解：
车辆图片数据集
处理

力更强，最后是按比例切分数据集，一般验证集占总数据的 10%～20%。实例 6.14 是从真实项目数据中摘取了 300 个样本组成的数据集，数据文件为 Vehicle_Data.zip。程序完成了切分数据集的任务，其中函数 unzip_data() 的作用是解压缩文件，函数 get_data_list() 的作用是打乱数据后，切分 10% 的数据为验证集，90% 的数据为训练集。

```python
# 实例 6.14 VehicleZip_DataList.py
import os
import zipfile
import random
# 变量初始化
src_path = "Vehicle_Data.zip"        # 原始数据集路径
target_path ="./work"
train_list_path= "./work/train.txt" #train.txt 路径
eval_list_path="./work/eval.txt"   #eval.txt 路径
# 定义解压缩函数
def unzip_data(src_path,target_path):
    '''
    解压原始数据集，将 src_path 路径下的 zip 包解压至 target_path 目录下
    '''
    #os.path.join() 函数：连接两个或更多的路径名组件
    if(not os.path.isdir(os.path.join(target_path,'Vehicle_Data'))):
        z = zipfile.ZipFile(src_path, 'r')
        z.extractall(path=target_path)
        z.close()
        print(' 数据集解压完成！ ')
    else:
        print(' 文件已存在！ ')
# 定义数据集切分函数，生成训练集和验证集文本文件
def get_data_list(t_path, t_list_path, e_list_path):
    data_dir = t_path+'\Vehicle_Data'
    all_data_list  = []
    # 读取 Vehicle_Data 文件夹中所有文件名，并提取图片路径名称和标签信息，存入列表
    for im in os.listdir(data_dir):
        img_path = os.path.join(data_dir, im)
        img_label = str(int(im.split('_')[0])-1)
        all_data_list.append(img_path + '\t' + img_label + '\n')
     # 对列表进行乱序
    random.shuffle(all_data_list)
    # 划分测试集和训练集，并写入相应的文本文件中
    with open(t_list_path, 'w') as f1:
        with open(e_list_path, 'w') as f2:
            for ind, img_path_label in enumerate(all_data_list):
                if ind % 10 == 0:
```

```
                    f2.write(img_path_label)
                else:
                    f1.write(img_path_label)
    print ('生成数据列表完成！')
# 调用函数
unzip_data(src_path,target_path)
get_data_list(target_path,train_list_path,eval_list_path)
```

6.2　数据的格式化和处理

一组数据在被计算机进行处理之前需要进行一定的组织，以便表明数据之间的基本关系和逻辑，因此有了数据维度的概念。根据数据之间的不同关系，数据总体上可以被分为一维数据、二维数据以及高维数据三种。

无论是何种类型的数据，都有着相同的操作周期，即 "存储—表示—操作" 的周期。存储指的是数据在磁盘中的存储状态，即关系到数据存储所用到的格式；表示指的是程序表达数据的方式，此部分关系到数据的具体类型；操作指的是如果一组数据能够借助程序中的数据类型进行很好的表达，那么就可以利用程序中的数据类型对数据进行具体的各种操作。

6.2.1　一维数据

一维数据由关系对等的有序或者无序数据构成，一般采用线性方式组织，对应列表、数组、集合等概念。一般来讲，一维数据的存储可以大致上分为三种：

1. 空格分隔

使用一个或者多个空格进行分隔处理，不换行。缺点在于数据中不能存在空格，例如：

自动绘制赛车车道中的一行车道信息：80 0 50 90 0.5 0.5 0.5

智慧交通创意赛 "文化交流" 任务城堡：君士坦丁堡 敦煌 阿拉木图

2. 英文半角逗号（","）分隔

使用英文半角逗号来分隔数据，不换行。缺点在于数据中不能存在英文逗号，例如：

自动绘制赛车车道中的一行车道信息：80,0,50,90,0.5,0.5,0.5

智慧交通创意赛 "文化交流" 任务城堡：君士坦丁堡,敦煌,阿拉木图

3. 特殊字符分隔

使用其他符号或者一些符号组合来进行分隔存储，一般采用特殊符号。缺点在于需要根据数据的具体特点来定义，通用性较差，例如：

自动绘制赛车车道中的一行车道信息：80$0$50$90$0.5$0.5$0.5

智慧交通创意赛 " 文化交流 " 任务城堡：君士坦丁堡 & 敦煌 & 阿拉木图

在存储一维数据时，可以使用不同的特殊字符或组合方式来分隔数据元素，但是总体上需要注意以下几点：

1）同一文件或者同组文件一般采用同种分隔符号。

2）用于分隔数据的分隔符号不应出现在数据中。

3）分隔符号一般采用英文符号，不使用中文符号。

一维数据是最简单的数据组织类型，并且是线性结构，因此在 Python 中一维数据的表示主要采用两种方式。倘若数据是有序的，则采用列表类型进行表示，例如，ls = [80,0,50,90,0.5,0.5,0.5] 或者 ls = [" 君士坦丁堡 "," 敦煌 "," 阿拉木图 "]，列表是表达一维数据尤其是有序一维数据最常用的数据结构；倘若数据是无序的，则采用集合类型进行表示，例如，st = {80,0,50,90,0.5,0.5,0.5} 或者 st = {" 君士坦丁堡 "," 敦煌 "," 阿拉木图 "}，集合类型是表达一组无序数据最常用的结构。

一维数据的处理指的是一维数据的数据存储格式和一维数据表示方式之间的一种转换，即数据存储（存储格式）和数据表示（数据类型）之间的转换，等同于将存储的数据读入程序或者将程序表示的数据写入文件的过程。

从英文半角逗号分隔的文件中读取一维数据代码示例，如实例 6.15 所示。

```
# 实例 6.15 readdata1.py 读取一维数据
with open("data1.txt", mode="r", encoding="utf-8") as f:
    ls = f.read().split(",")
    print(ls)
```

实例 6.15 输出结果为：

```
>>>
['80', '0', '50', '90', '0.5', '0.5', '0.5']
```

采用特殊符号分隔方式将一维有序数据写入文件代码示例及输出，如实例 6.16 所示。

```
# 实例 6.16 writedata2.py 写入一维数据
with open("data2.txt", mode="w", encoding="utf-8") as f:
    ls = [" 君士但丁堡 ", " 敦煌 ", " 阿拉木图 "]
    f.write("$".join(ls))
```

在源程序同目录下，会生成 data2.txt。data2.txt 文件中写入内容如图 6.5 所示。

图 6.5　一维数据写入代码示例

6.2.2　二维数据

二维数据由关联关系数据构成，可以视为由多条一维数据组合构成。当二维数据只有一个元素时，该二维数据就是一个一维数据。国际上通用的一维和二维数据存储格式为 .csv。csv 文件以纯文本形式存储表格数据，文件中的每一行对应表格中的一条数据记录，每条数据记录由一个或多个数据字段构成，字段之间采用逗号（英文半角）分隔。csv 格式广泛应用于不同体系结构下网络应用程序之间的表格信息交换，csv 本身并无明确的格式标准，具体的标准可以由数据传输双方共同协商决定。需要注意的是，csv 文件中的逗号为英文半角逗号，逗号与数据之间没有额外空格，如果数据中的某个元素缺失，逗号仍旧需要保留。

　　二维数据一般都是一种表格形式，并且它的每一行都具有相同的格式特点，因此一般采用列表类型中的二维列表来表达二维数据。二维列表本身也是一个列表，列表中的每一个元素也都是一个列表，也就是说二维列表中的每一个元素都可以表示二维数据的一行或者一列。若干行或者若干列个列表组织起来就构成了二维列表。使用二维列表来存储二维数据，既可以按行存也可以按列存，具体由程序需求决定，一般索引按照 ls[row][column] 进行，即先行后列的顺序。根据一般习惯，外层列表中每个元素为一行，即按照行存储较多。

　　使用二维列表来表达二维数据，在处理二维数据时，可以使用两层 for 循环来遍历处理每一个元素，即第一层 for 循环遍历二维列表中的每一个元素，此时每一个元素又都是一个列表，因此需要再用一个 for 循环来遍历其中的每一个元素，也就是每一个数据。

　　图 6.6 所示为 6.1.5 节中绘制赛车车道线数据文件 chedaoxian1.csv 所用到的部分数据，从 csv 文件中读取二维数据代码示例及输出如实例 6.17 所示。

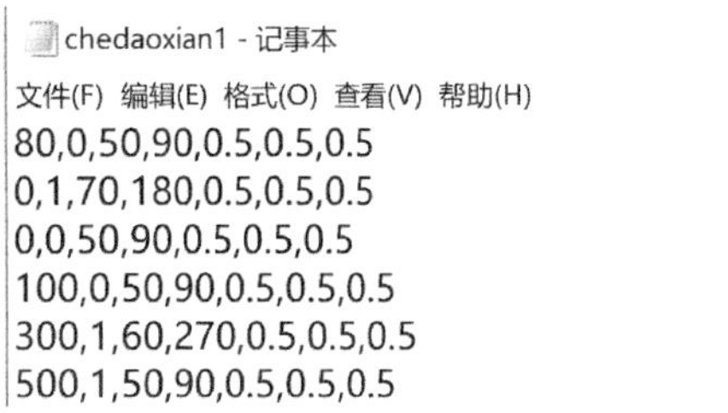

```
chedaoxian1 - 记事本
文件(F)  编辑(E)  格式(O)  查看(V)  帮助(H)
80,0,50,90,0.5,0.5,0.5
0,1,70,180,0.5,0.5,0.5
0,0,50,90,0.5,0.5,0.5
100,0,50,90,0.5,0.5,0.5
300,1,60,270,0.5,0.5,0.5
500,1,50,90,0.5,0.5,0.5
```

图 6.6　chedaoxian1.csv 文件内容示例

```
# 实例 6.17 readdata2.py 读取二维数据
f = open("chedaoxian1.csv", "r")
ls1 = []
ls2 = []
for line in f:
    ls1.append(line.split(","))
    line = line.replace("\n", "")
    ls2.append(line.split(","))
print(ls1)
print("*"*60)
print(ls2)
f.close()
```

实例 6.17 输出结果为：

```
>>>
[['80', '0', '50', '90', '0.5', '0.5', '0.5\n'], ['0', '1', '70', '180',
'0.5', '0.5', '0.5\n'], ['0', '0', '50', '90', '0.5', '0.5', '0.5\n'],
['100', '0', '50', '90', '0.5', '0.5', '0.5\n'], ['300', '1', '60', '270',
'0.5', '0.5', '0.5\n'], ['500', '1', '50', '90', '0.5', '0.5', '0.5\n'],
['250', '1', '50', '90', '0.5', '0.5', '0.5\n'], ['400', '1', '75', '180',
'0.5', '0.5', '0.5\n'], ['0', '1', '50', '30', '0.5', '0.5', '0.5\n'], ['0',
'0', '50', '60', '0.5', '0.5', '0.5\n'], ['0', '1', '50', '60', '0.5',
'0.5', '0.5\n'], ['0', '0', '50', '60', '0.5', '0.5', '0.5\n'], ['0', '1',
```

```
'50', '60', '0.5', '0.5', '0.5\n'], ['0', '0', '50', '30', '0.5', '0.5',
'0.5\n'], ['450', '0', '50', '90', '0.5', '0.5', '0.5\n'], ['100', '1',
'60', '360', '0.5', '0.5', '0.5\n'], ['100', '0', '50', '90', '0.5', '0.5',
'0.5\n'], ['100', '1', '50', '90', '0.5', '0.5', '0.5\n'], ['213', '1',
'60', '270', '0.5', '0.5', '0.5\n'], ['175', '0', '0', '0', '0.5', '0.5',
'0.5\n']]

*********************************************************

[['80', '0', '50', '90', '0.5', '0.5', '0.5'], ['0', '1', '70', '180',
'0.5', '0.5', '0.5'], ['0', '0', '50', '90', '0.5', '0.5', '0.5'], ['100',
'0', '50', '90', '0.5', '0.5', '0.5'], ['300', '1', '60', '270', '0.5',
'0.5', '0.5'], ['500', '1', '50', '90', '0.5', '0.5', '0.5'], ['250', '1',
'50', '90', '0.5', '0.5', '0.5'], ['400', '1', '75', '180', '0.5', '0.5',
'0.5'], ['0', '1', '50', '30', '0.5', '0.5', '0.5'], ['0', '0', '50', '60',
'0.5', '0.5', '0.5'], ['0', '1', '50', '60', '0.5', '0.5', '0.5'], ['0',
'0', '50', '60', '0.5', '0.5', '0.5'], ['0', '1', '50', '60', '0.5', '0.5',
'0.5'], ['0', '0', '50', '30', '0.5', '0.5', '0.5'], ['450', '0', '50',
'90', '0.5', '0.5', '0.5'], ['100', '1', '60', '360', '0.5', '0.5', '0.5'],
['100', '0', '50', '90', '0.5', '0.5', '0.5'], ['100', '1', '50', '90',
'0.5', '0.5', '0.5'], ['213', '1', '60', '270', '0.5', '0.5', '0.5'], ['175',
'0', '0', '0', '0.5', '0.5', '0.5']]
```

上述代码利用字符串 str 提供的 split() 方法将读取到的每一行内容以逗号分隔开再存入列表中。可以注意到，输出的第一个列表中，每一行数据末尾都带有一个换行符 "\n"，这个换行符是不需要的，因此，需要使用字符串 str 提供的 replace() 方法将换行符替换掉，替换之后再将每个元素写入列表中，此时二维列表中的外维元素即为 csv 文件中的每一行内容，二维列表中的内维元素即为每一行中的每个元素。

通过上述代码将文件中的所有内容都读取存入列表中，再对其进行处理，即打印展示。这种处理方式在文件内容比较多的时候会非常占内存。因此，在处理此类文件处理任务时，通常使用 6.1.3 节提到的"分行读入，逐行处理"的方法。例如，分行读取 "chedaoxian1.csv" 文件中的内容，并输出每一行数据中每个数据的含义，代码示例如实例 6.18 所示。

```python
# 实例 6.18 readdata2-2.py "分行读入,逐行处理" 读取二维数据方式
ls = []
with open("chedaoxian1.csv", "r") as f:
    for line in f:
        line = line.replace("\n", "")
        ls = line.split(",")
        print("直行距离:{}".format(ls[0]), end="\t")
        if eval(ls[1]):
                print("顺时针画 {} 度半径为 {} 的圆弧".format(ls[3], ls[2]),
end="\t")
        else:
                print("逆时针画 {} 度半径为 {} 的圆弧".format(ls[3], ls[2]),
end="\t")
        print("车道线 BGR 值分别为:{}、{}、{}".format(ls[-3], ls[-2], ls[-1]))
```

实例 6.18 输出结果为：

```
>>>
直行距离：80　逆时针画 90 度半径为 50 的圆弧　车道线 BGR 值分别为：0.5、0.5、0.5
直行距离：0　顺时针画 180 度半径为 70 的圆弧　车道线 BGR 值分别为：0.5、0.5、0.5
直行距离：0　逆时针画 90 度半径为 50 的圆弧　车道线 BGR 值分别为：0.5、0.5、0.5
直行距离：100　逆时针画 90 度半径为 50 的圆弧　车道线 BGR 值分别为：0.5、0.5、0.5
直行距离：300　顺时针画 270 度半径为 60 的圆弧　车道线 BGR 值分别为：0.5、0.5、0.5
直行距离：500　顺时针画 90 度半径为 50 的圆弧　车道线 BGR 值分别为：0.5、0.5、0.5
直行距离：250　顺时针画 90 度半径为 50 的圆弧　车道线 BGR 值分别为：0.5、0.5、0.5
直行距离：400　顺时针画 180 度半径为 75 的圆弧　车道线 BGR 值分别为：0.5、0.5、0.5
直行距离：0　顺时针画 30 度半径为 50 的圆弧　车道线 BGR 值分别为：0.5、0.5、0.5
直行距离：0　逆时针画 60 度半径为 50 的圆弧　车道线 BGR 值分别为：0.5、0.5、0.5
直行距离：0　顺时针画 60 度半径为 50 的圆弧　车道线 BGR 值分别为：0.5、0.5、0.5
直行距离：0　逆时针画 60 度半径为 50 的圆弧　车道线 BGR 值分别为：0.5、0.5、0.5
直行距离：0　顺时针画 60 度半径为 50 的圆弧　车道线 BGR 值分别为：0.5、0.5、0.5
直行距离：0　逆时针画 30 度半径为 50 的圆弧　车道线 BGR 值分别为：0.5、0.5、0.5
直行距离：450　逆时针画 90 度半径为 50 的圆弧　车道线 BGR 值分别为：0.5、0.5、0.5
直行距离：100　顺时针画 360 度半径为 60 的圆弧　车道线 BGR 值分别为：0.5、0.5、0.5
直行距离：100　逆时针画 90 度半径为 50 的圆弧　车道线 BGR 值分别为：0.5、0.5、0.5
直行距离：100　顺时针画 90 度半径为 50 的圆弧　车道线 BGR 值分别为：0.5、0.5、0.5
直行距离：213　顺时针画 270 度半径为 60 的圆弧　车道线 BGR 值分别为：0.5、0.5、0.5
直行距离：175　逆时针画 0 度半径为 0 的圆弧　车道线 BGR 值分别为：0.5、0.5、0.5
```

这种处理方式不需要将读取到的内容全部放入二维数组中，每次循环仅读取一行数据，随后就对这行数据进行处理，因此每次循环中列表内只需要存储一行一维数据即可，避免了同时用列表存入大量数据导致内存占用过大的情况。

将二维列表中的数据写入 csv 文件中代码示例如实例 6.19 所示。

```
#实例 6.19 data2tocsv.py 写入二维数据
ls = [['500', '0', '50', '90', '0.5', '0.5', '0.5'],
      ['0', '0', '50', '30', '0.5', '0.5', '0.5'],
      ['0', '1', '50', '60', '0.5', '0.5', '0.5']]
with open("chedaoxian5.csv", "w") as f:
    for item in ls:
        f.write(",".join(item) + "\n")
```

以 Excel 表格形式打开该 csv 文件，如图 6.7 所示。

	A	B	C	D	E	F	G	H
1	500	0	50	90	0.5	0.5	0.5	
2	0	0	50	30	0.5	0.5	0.5	
3	0	1	50	60	0.5	0.5	0.5	

图 6.7　二维列表数据写入 csv 文件示例

6.2.3　高维数据 json 库使用

　　二维数据是一维数据的集合，三维数据是二维数据的集合，以此类推，可以较为形象地理解多维数据。但是，使用这种层层嵌套的方式来组织数据，将会使得多维数据变得非常复杂，不仅阅读不便，使用起来也更加困难。为了更加直观地表示多维数据，以及更加方便地组织和操作多维数据，一般对三维及以上的多维数据都统一采用键 - 值对的形式进行表示。

　　目前使用较多的高维数据格式是 JSON，JSON（JavaScript Object Notation）是一种轻量级的数据交换格式，采用完全独立于编程语言的文本格式来存储和表示数据。它易于阅读和编写，可以在多种语言之间进行数据交换，同时也易于机器解析和生成，经常用于接口数据传输、序列化、配置文件等，简洁和清晰的层次结构使得 JSON 成为理想的数据交换语言。json 的常用形式有 2 种：键 - 值对形式、数组形式。大多数编程语言都支持 JSON，有些是语言本身就支持，有些是可以通过第三方库得到支持，Python 可以利用第三方库 json 库来使用 JSON 数据格式。

　　JSON 数据由键 - 值对组成，类似于 Python 中的字典。它支持以下数据类型：

　　1）字符串（String）：表示文本数据，使用双引号括起来。

　　2）数字（Number）：表示整数或浮点数。

　　3）布尔值（Boolean）：表示真或假。

　　4）数组（Array）：表示有序的值列表，使用方括号括起来，值之间用逗号分隔。

　　5）对象（Object）：表示键 - 值对集合，使用花括号括起来，键和值之间用冒号分隔，键 - 值对之间用逗号分隔。

　　Python 与 JSON 数据类型的映射关系见表 6.6。

　　json 库提供了四种方法用于创建和解析 JSON 数据：json.dumps() 和 json.dump() 用于创建 JSON 数据，将 Python 对象转换为 JSON 数据格式，其中 json.dump() 方法用于将内容输出至文件中；json.loads() 和 json.load() 用于将 JSON 数据解析为 Python 对象，其中 json.load() 方法用于读取文件中的 JSON 数据。

表 6.6　Python 与 JSON 数据类型的映射关系

Python	JSON
dict	object
list, tuple	array
str, unicode	string
int, long, float	number
True	true
False	false
None	null

方法	说明
dumps()	将 Python 对象编码成 JSON 字符串
loads()	解码 JSON 数据，返回 Python 对象
dump()	将 Python 对象编码成 JSON 数据并写入 JSON 文件中
load()	从 JSON 文件中读取数据并解码为 Python 对象

　　使用 json.dumps() 方法将 Python 对象字典数据转换为 JSON 数据格式代码示例如实例 6.20 所示。

```
# 实例 6.20 dicttojson.py 字典数据转换为 JSON 数据
import json
```

```
dict = {"61": 0.0, "62": 0.0, "63": 0.77321695608386487,
        "64": 0.90722373119296851, "65": 0.87630848109378334,
        "66": 0.0, "67": 0.0, "68": 0.0, "69": 0.0, "70": 0.0}
json_data = json.dumps(dict, indent=4, ensure_ascii=False)
print(json_data)
```

实例 6.20 输出结果为：

```
>>>
{
    "61": 0.0,
    "62": 0.0,
    "63": 0.7732169560838649,
    "64": 0.9072237311929685,
    "65": 0.8763084810937833,
    "66": 0.0,
    "67": 0.0,
    "68": 0.0,
    "69": 0.0,
    "70": 0.0
}
```

程序中 json.dumps() 的 indent 参数是将数据缩进显示，让数据读起来更加清晰，ensure_ascii 参数默认值为 True，即输出 ASCII 码，若设置为 False，则可以输出中文。

上述代码中，Python 字典内容为全国大学生智能汽车竞赛百度智慧交通创意组赛项中自动巡航模块数据集部分内容，其中键为图片编号，对应值为图片对应智能车转向角度。

使用 json.loads() 方法将 JSON 格式数据转换为 Python 对象的代码及输出示例如实例 6.21 所示。其中 result.json 文件中存储的是百度智慧交通创意赛中自动巡航模块采集的数据。

```
# 实例 6.21 jsontodict.py JSON 数据转为字典数据
import json
with open("result.json", "r") as fpr:
    dic = json.load(fpr)
print(dic)
```

实例 6.21 输出结果如下：

```
>>>
{'0': 0, '1': 0, '2': 1.0, '3': 0.0, '4': 0.0, '5': 0.0, '6':
0.19586779381695, '7': 0.0, '8': 0.0, '9': 0.6598101748710593, '10':
0.0, '11': 0.0, '12': 0.0, '13': 0.0, '14': 0.0, '15': 0.0, '16':
0.0, '17': 0.8350474562822352, '18': 0.0, '19': 0.0, '20': 0.0, '21':
0.7216711935789056, '22': 0.9587694936979277, '23': 1.0, '24': 1.0, '25':
0.0, '26': 0.0, '27': 1.0, '28': 1.0, '29': 0.0, '30': 0.0, '31': 0.0,
```

'32': 0.0, '33': 0.0, '34': 0.0, '35': 0.0, '36': 1.0, '37': 0.0, '38': 0.0,
'39': 0.0, '40': 1.0, '41': 0.0, '42': 0.0}

6.2.4　实例：车辆图片 json 文件处理

扫码看实例讲解：
车辆图片 json 文
件处理

问题描述：Vehicle_data.json 是包含车辆图片和类别标签值信息的 json 文件，文件数据如图 6.8 所示。要求设计一个类，能够将 JSON 文件转换成 txt 文本文件，每行包含文件名和标签值信息，文件名和标签值之间以空格分隔。

图 6.8　车辆图片和标签值 JSON 文件

设计的程序如实例 6.22 所示。

```
# 实例 6.22 jsontotext.py 车辆图片 JSON 文件处理
import json
# 将字典信息（如 {"1_100.png": "0"}）转换为文本格式（如 d1/1_100.png  0）
class Converter:
    # file_name 为存放图片名称及对应速度和转角字典信息的 JSON 文件名
    def __init__(self, json_file_name,txt_file_name,img_dir):
        self.file_name = json_file_name
        self.new_file = txt_file_name   # 新文本文件名
        self.dir = img_dir   # 图片存放路径，此处为图片文件名前缀
        self.idx = 0
        self.data_dict = {}   # 用于存放字典信息
        self.length = 0
    def convert(self):
        with open(self.new_file, 'w') as new:   # 写模式创建并打开文件
            with open(self.file_name, 'r') as file:   # 只读模式打开文件
                self.label_dict = json.load(file)   # 读取文件内字典
                self.length = len(self.label_dict)   # 字典长度
                idx = self.idx
                for name, label in self.label_dict.items():   # 遍历字典键、值
```

```
                    name = self.dir + name + '.jpg'
                    new.write(name)
                    new.write('\t')
                    new.write(str(label))
                    if idx != self.length - 1:   # 如果不是最后一个数据则换行
                        new.write('\n')
                    idx += 1
json_file_name = 'Vehicle_data.json'  # json 格式文件名
txt_file_name = 'd1.txt'  # 新生成的文本文件名
img_dir = './work/Vehicle_Data/'  # 图片存放路径，此处为图片文件名前缀
lr1 = Converter(json_file_name,txt_file_name,img_dir)  # 文件名，自行修改，此处
文件与程序在同一文件夹下，否则需要加上文件路径
lr1.convert()
```

6.3 PIL 库

图像的处理包括图像的存储、表示、信息提取、操作、增强、恢复和解释。Python 有大量的图像处理第三方库。本书主要介绍常用的 PIL 库和 OpenCV 库。

6.3.1　PIL 库简介

PIL 库是 Python 中最常用的图像处理库，支持图像存储、显示和处理，能够处理几乎所有图片格式，可以完成对图像的缩放、裁剪、叠加以及为图像添加线条、图像、文字等操作。PIL 库支持广泛的图像格式，例如 jpeg、png、bmp、gif、ppm、tiff 等，同时，它也支持各种图像格式之间的转换。总而言之，PIL 几乎能够处理任何格式的图像。

PIL 库使用之前需要安装，安装命令为"pip install pillow"或者"pip3 install pillow"。如果使用 Anaconda 的话，其中就包含了 PIL 库，不需要再安装。

安装完成后可以进入 Python 开发环境输入"from PIL import Image"测试 PIL 库是否安装成功，并且使用"print Image.__version__"查看相对应的版本号，输出结果如图 6.9 所示。

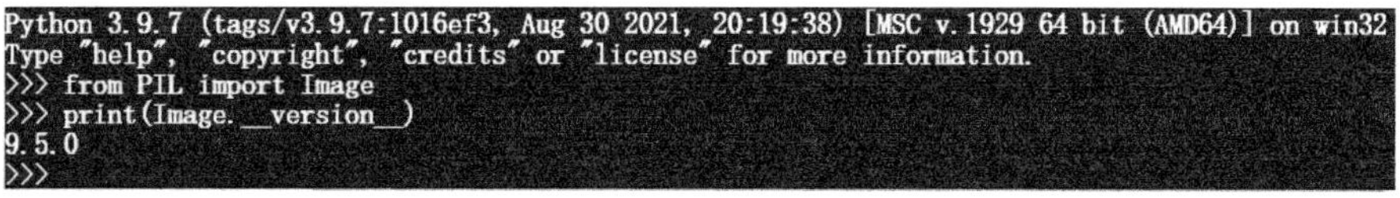

```
Python 3.9.7 (tags/v3.9.7:1016ef3, Aug 30 2021, 20:19:38) [MSC v.1929 64 bit (AMD64)] on win32
Type "help", "copyright", "credits" or "license" for more information.
>>> from PIL import Image
>>> print(Image.__version__)
9.5.0
>>>
```

图 6.9　PIL 库安装结果测试

6.3.2　Image 对象

PIL 库中总共包含 20 多个与图像相关的类，这些类可以看成 PIL 库的子库或者子模块，其中 Image 类是最常用、最重要的模块，任何一张图片都可以用 Image 对象来表示。可以

使用"from PIL import Image"来引入 Image 类，使用 Image 类可以实例化一个 Image 对象，通过调用 Image 对象的一系列属性和方法来对图像进行处理。PIL 库提供了两种创建 Image 对象的方法，见表 6.7。

表 6.7　创建 Image 对象的两种方法

方法	作用	参数
Image.open(filename, mode=" r")	加载已有图像	filename：文件名，包含文件路径，若与程序同一路径可省略路径 mode：可选参数。若出现该参数，必须为"r"，否则会引发 ValueError 异常
Image.new(mode, size, color)	创建新的图像	mode：图像模式，字符串参数，如 RGB（真彩图像）、L（灰度图像）、CMYK（色彩图打印模式）等 size：图像大小，元组参数（width, height）代表图像的像素大小 color：图片颜色，默认值为 0 表示黑色，参数值支持（R, G, B）三元组数字格式、颜色的十六进制值以及颜色英文单词

使用 open() 方法打开已有图片创建 Image 对象。代码示例及图像相关属性输出如实例 6.23 所示，图 6.10 所示为全国大学生智能汽车竞赛百度智慧交通创意赛中巡航任务使用前置摄像头采集到的车辆前方道路图像。

图 6.10　智能小车前置摄像头采集图像

```
# 实例 6.23 pil1.py 读取图像
from PIL import Image
# 打开图像文件
img = Image.open("test.jpg")
# 调用 show() 方法显示图片
img.show()
# 查看图片属性
print(img.format)
print(img.size)
print(img.mode)
print(img.palette)
```

实例 6.23 输出结果为：

```
>>>
JPEG
(640, 480)
RGB
None
```

从上述代码可以看到，先是使用 open() 方法打开已有命名为 "pic1.jpg" 的图像。由于该图像文件与 Python 程序文件所在目录相同，因此只含图像名而没有文件路径；然后使用 show() 方法将打开的图像显示出来，如图 6.13 所示；最后调用 Image 对象的属性，将该图片的格式、大小等信息打印出来。

Image 对象包含的属性见表 6.8。

表 6.8　Image 属性

属性	意义
Image.format	查看图像格式或来源，若图像不是从文件中读取，则返回 None
Image.mode	查看图像格式，如 "L"（灰度图）、"RGB"（真彩色三色通道）、"CMYK"（适用于打印图片的四色通道）
Image.size	查看图像尺寸，返回宽度和高度的元组数据，也可使用 Image.width 和 Image.height 分别输出
Image.palette	查看调色板属性，返回 ImagePalette 类型
Image.readonly	查看图像是否为只读模式，0 和 1 分别对应是和否
Image.info	查看图像相关信息，返回字典格式

6.3.3　图像格式转换

PIL 库支持几乎所有格式的图像，可以直接使用 open() 方法读取图像创建 Image 对象，并且通过 Image 对象的属性查看图像信息。与此同时，PIL 库也提供了方法对图像的格式进行转换。PIL 库中有两种方法可以对图像进行格式之间的转换：第一种是直接使用 save() 方法；第二种是使用 convert()+save() 方法的组合。save() 方法与 convert() 方法的语法格式见表 6.9。

表 6.9　图像格式转换方法

方法	作用	参数
Image.save(filename, format)	将图像另存为文件名为 filename，图片格式为 format	filename：图片名称，可包含图片存储路径 format：图片存储格式
Image.convert(mode)	使用不同参数转换图片格式	mode：需要转换成的图像格式

需要注意的是，并非所有的图片格式转换都可以用 save() 方法完成。例如将 png 格式图片另存为 jpg 格式，如果直接使用 save() 方法会报系统错误：OSError：cannot write mode RGBA as JPEG。引发该错误的原因在于 png 格式图片与 jpg 格式图片模式不一致，png 格式图片是四通道 RGBA 模式，也就是红色、绿色、蓝色、alpha 透明色，而 jpg 格式图片模式为三通道 RGB 模式，因此无法直接将 png 格式图片另存为 jpg 格式，想要实现这两种图片格式之间的转换，需要将 png 图片先转换为三通道 RGB 模式。Image 对象提供的 convert 方法可以用于实现图像模式之间的转换。

实例 6.24 给出了分别使用两种方法进行图片格式转换的代码示例。①利用 open() 方法打开已有图片，创建 Image 对象赋值给 img；②通过 Image.mode 属性可知该图片为三通道 RGB 模式；③通过 save() 方法将其转换另存为 bmp 图片，此时该 bmp 图片尽管存储格式已经改变，但是仍旧为三通道 RGB 模式；④通过 convert() 方法将 test.jpg 图片由三通道 RGB 模式转换为 RGBA 模式，并将其保存为 png 格式。

```python
# 实例 6.24 pil2.py 图片格式转换
from PIL import Image
# 打开图片文件
img = Image.open("pic1.jpg")
# 查看 test.jpg 图片格式
print(img.mode)
# 通过 save() 方法将其转换为 bmp 格式
img.save("jpg2bmp.bmp")
# 将 RGB 三通道图片通过 convert() 方法转换为 RGBA 四通道 png 图片
im = img.convert("RGBA")
print(im.mode)
im.save("jpg2png.png")
```

6.3.4　图像缩放

除了对图像格式的转换操作之外，在图像处理中，对图像大小的操作也是比较常见的，Image 对象提供了 resize() 方法来缩小或放大图像。resize() 方法的语法格式及各参数的意义见表 6.10。

表 6.10　resize() 语法格式

方法	参数	备注
resize(size, resample= image.BICUBIC, box=None, reducing_gap=None)	size	元组类型参数，(width, height)，表示图片缩放后的尺寸
	resample	可选参数，表示图像重采样滤波器，例如 Image.BICUBIC（双立方插值法）、Image.NEAREST（最近邻插值法）、Image.BILINEAR（双线性插值法）、Image.LANCZOS（下采样过滤插值法），默认为 Image.BICUBIC
	box	对指定区域图片进行缩放操作，box 参数值表示长度为 4 的像素坐标元组类型数据（左，上，右，下），被指定的区域必须在原图的范围内，如果超出范围就会报错。当不传该参数时，默认对整个原图进行缩放
	reducing_gap	可选参数，浮点类型，用于优化图片的缩放效果

通过 resize() 方法对图片进行局部放大操作示例代码如实例 6.25 所示。①通过 open() 方法打开原图片，创建 Image 对象 img，原图片大小为 640×480；②使用 resize() 方法将图片放大为 1280×960，重采样方式为 Image.LANCZOS，放大区域为以原图左上角为原点、宽为 320、高为 480 的区域，即原图的左上角区域。原图及部分区域放大后的图片对比如图 6.11 所示。

```python
# 实例 6.25 pil3.py 图片局部放大
from PIL import Image
```

```
img = Image.open("pic1.jpg")
print("原图像大小为:{}".format(img.size))
try:
    im = img.resize((1280, 960), resample=Image.LANCZOS, box=(0, 0, 320,
480))
    im.show()
    im.save("test_resize.jpg")
    print("放大后图像大小为:{}".format(im.size))
except IOError:
    print("Resize Default!!!")
```

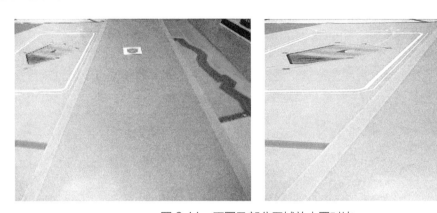

图 6.11　原图及部分区域放大图对比

Image 对象还提供了 thumbnail() 方法来创建缩略图，该方法的语法格式及各参数的意义见表 6.11。

表 6.11　thumbnail() 语法格式

方法	参数	备注
thumbnail(size, resample)	size	元组类型参数，指定缩小后的图像大小
	resample	可选参数，表示图像重采样滤波器

使用 thumbnail() 方法创建缩略图代码示例如实例 6.26 所示。①通过 open() 方法读入 jpg 图片并创建 Image 对象 img，原图片大小为 640×480；②通过 thumbnail() 方法将其缩小为 150×100 的图像；③将创建好的缩略图打印出来。此时不难发现缩略图大小为 (133, 100)，并不等于给定的大小 (150, 100)，这是因为 PIL 会对原图像的长、宽进行等比例缩小，如果指定的尺寸不符合图像的尺寸规格，缩略图还会创建失败。如果指定的尺寸超出了原图像的尺寸规格，就会创建失败返回错误。

```
# 实例 6.26 pil4.py 创建缩略图
from PIL import Image
img = Image.open("picl.jpg")
try:
    img.thumbnail((150, 100))
```

```
    img.show()
    img.save("test_thubm.jpg")
    print(img.size)
except IOError:
    print("Resize Default!!!")
```

6.3.5 图像分离与融合

本质上讲，图像都是由许多像素点组成的，像素是组成图像的基本单位，每一个像素点可以使用不同的颜色，从而可以组成多种多样的图像。前面讲到不同的图片可能对应着不同的模式，例如 RGB、RGBA、CYMK 等，这些模式实际上是图片呈现颜色需要遵循的规则。Image 类提供了 split() 和 merge() 方法进行图像颜色上的分离和合并。

（1）split() 方法

split() 方法主要用于分离颜色通道，例如用该方法来处理上述智能小车前置摄像头采集的图片，代码示例如实例 6.27 所示，处理结果如图 6.12 所示。

```
# 实例 6.27 pil5.py 分离颜色通道
from PIL import Image
img = Image.open("pic1.jpg")
# 利用 split() 方法分离颜色通道，产生 3 个 Image 对象
r, g, b = img.split()
r.save("r.jpg")
g.save("g.jpg")
b.save("b.jpg")
```

图 6.12   颜色通道分离结果

（2）merge() 方法

merge() 方法可以用于实现图像的合并操作。图像的合并，可以是单个图像合并，也可以是两个以上的多图像合并。merge() 方法的语法格式及各参数意义见表 6.12。

表 6.12   merge() 语法格式

方法	参数	备注
Image.merge(mode, bands)	mode	指定输出图片的模式
	bands	元组或列表类型参数，其中元素值为组成图像的颜色通道，例如 RGB 模式，该参数可以输入为 (r, g, b)

merge() 方法也会返回一个新的 Image 对象。单个图像合并一般指的是将单个图像的颜

色通道按照不同的顺序进行重新组合，以便得到不同效果的图片，使用代码示例如实例 6.28 所示，输出效果如图 6.13 所示。

```python
# 实例 6.28 pil6.py merge 方法使用
from PIL import Image
img = Image.open("pic1.jpg")
# 利用 split() 方法分离颜色通道，产生 3 个 Image 对象
r, g, b = img.split()
# 使用 merge() 方法重新组合三颜色通道 (b,g,r)
img_merge = Image.merge("RGB", [b, g, r])
img_merge.save("img_merge.jpg")
```

多张图片的融合与单张图片的融合类似，下面以两张图片融合为例介绍多图片融合的用法，用到的图片除了上述智能小车前置摄像头采集的图片外，还有第十七届智能汽车竞赛百度智慧交通创意赛比赛地图，如图 6.14 所示。需要注意的是，进行多张图片融合时，需要保证所有图片的模式、大小必须一致，否则无法进行合并，因此对于模式、大小不一致的图片需要进行预处理。使用 merge() 方法将两张图片融合的示例代码如实例 6.29 所示，两张图片的融合效果如图 6.15 所示。

图 6.13 bgr 输出效果

```python
# 实例 6.29 pil7.py 图片融合
from PIL import Image
img1 = Image.open("pic1.jpg")
img2 = Image.open("map.jpg")
# 利用 resize() 方法使 img2 大小与 img1 一致
img = img2.resize(img1.size)
# 分别对两张图片进行颜色通道分离
r1, g1, b1 = img1.split()
r2, g2, b2 = img.split()
# 使用 merge() 方法重新组合
img_merge = Image.merge("RGB", (r1, g2, b1))
img_merge.save("merge.jpg")
```

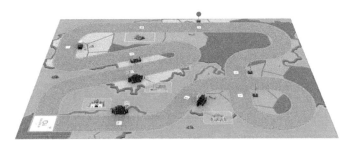

图 6.14 智慧交通创意赛地图

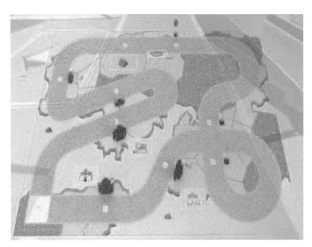

图 6.15　融合输出效果

除了使用 merge() 方法融合图片外，Image 类还提供了 blend() 方法来融合 RGBA 模式的图片，也就是 png 格式图片。blend() 方法语法格式及各参数意义见表 6.13。

表 6.13　blend() 语法格式

方法	参数	备注
Image.blend(image1, image2, alpha)	image1 image2	表示两个不同的 Image 对象
	alpha	表示透明度，取值范围为 0 ~ 1。取值为 0 时，输出图像为 image1；取值为 1 时，输出图像为 image2；取值为 0.5 时，为两个图像的融合，该值的大小决定了两个图像融合的程度

6.3.6　图像几何变换

图像几何变换又称空间变换，可以在一定程度上消除图像由于角度、透视关系、拍摄等问题造成的几何失真。对于图像来讲，几何变换就是将一张图像上的坐标位置重新映射到另一坐标位置形成一张新的图像。几何变换不改变图像像素的值，仅改变像素的空间排布位置。

PIL 库提供的图像几何变换方法主要包括图像翻转、图像旋转和图像变换，对应 Image 类的 transpose()、rotate()、transform() 方法。这三种方法的语法格式见表 6.14。

表 6.14　图像几何变换方法

方法	作用	参数	参数意义
Image.transpose(method)	实现图像的垂直、水平翻转等	Image.FLIP_LEFT_RIGHT	左右水平翻转
		Image.FLIP_TOP_BOTTOM	上下垂直翻转
		Image.ROTATE_90	图像旋转 90°
		Image.TRANSPOSE	图像转置
		Image.TRANSVERSE	图像横向翻转

（续）

方法	作用	参数	参数意义
Image.rotate(angle, resample= PIL.Image.NEAREST, expand=None, center=None, translate=None, fillcolor=None)	把图像旋转任意角度	angle	旋转的角度
		resample	重采样滤波器，默认为 PIL.Image. NEAREST 最近邻插值方法
		expand	是否对图像进行扩展，如果参数值为 True 则扩大输出图像，如果为 False 或者省略，则表示按原图像大小输出
		center	指定旋转中心，参数值是长度为 2 的元组，默认以图像中心进行旋转
		translate	参数值为二元组，表示对旋转后的图像进行平移，以左上角为原点
		fillcolor	填充颜色，图像旋转后，对图像之外的区域进行填充
Image.transform(size, method, data=None, resample=0)	对图像进行变换操作，通过指定的变换方式，产生一张规定大小的新图像	size	指定新图片的大小
		method	指定图片的变化方式，如 Image. EXTENT 表示矩形变换
		data	给变换方式提供所需数据
		resample	图像重采样滤波器，默认参数值为 PIL. Image.NEAREST

分别使用以上 3 种几何变换方法对智能车前置摄像头采集的图片进行处理，代码示例如实例 6.30 所示。首先对图像进行上下垂直翻转操作，然后对图像进行旋转 45° 操作，且图像之外区域使用蓝色填充，最后对图像进行截取操作，设置输出图片大小为 640×480，从左上角原点开始截取 1/2 宽和 1/2 高的部分图像。输出结果如图 6.16 所示，从左到右、从上到下依次为原图、翻转操作、旋转操作、截取图片。

```
# 实例 6.30 pil8.py 图像几何变换
from PIL import Image
img = Image.open("pic1.jpg")
# 对图像进行上下垂直翻转
img_transpose = img.transpose(Image.Transpose.FLIP_TOP_BOTTOM)
img_transpose.save("img_transpose.jpg")
# 对图像进行旋转操作
img_rotate = img.rotate(45, fillcolor="blue")
img_rotate.save("img_rotate.jpg")
# 设置图片大小，根据 data 信息截取图像区域
img_transform = img.transform((640, 480), Image.Transform.EXTENT,
                              data=[0, 0, img.width//2, img.height//2])
img_transform.save("img_transform.jpg")
```

6.3.7 其他图像处理类

PIL 库除了使用最广泛的 Image 类，还提供了其他较为常用的类来进行图像处理，例如 ImageFilter 类提供了图像过滤的方法，见表 6.15；ImageEnhance 类提供了图像增强的方法，见表 6.16。

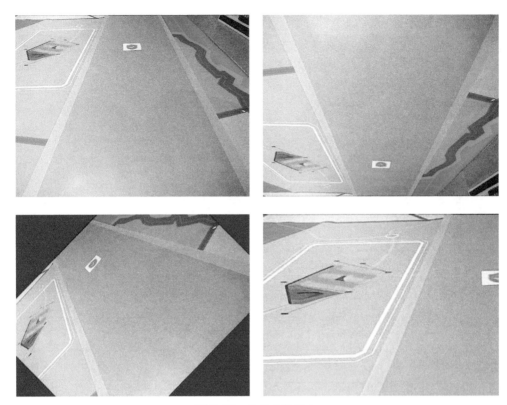

图 6.16　几何变换输出

表 6.15　图像过滤方法

方法	作用
ImageFilter.BLUR	模糊
ImageFilter.CONTOUR	轮廓
ImageFilter.DETAIL	细节
ImageFilter.EDGE_ENHANCE	边界加强
ImageFilter.EDGE_ENHANCE_MODE	阈值边界加强
ImageFilter.EMBOSS	浮雕边界
ImageFilter.FIND_EDGES	边界
ImageFilter.SMOOTH	平滑
ImageFilter.SMOOTH_MORE	阈值平滑
ImageFilter.SHARPEN	锐化

表 6.16　图像增强方法

方法	作用
ImageEnhance.enhance(factor)	对所选属性数值增强 factor 倍
ImageEnhance.Color(img)	调整颜色平衡
ImageEnhance.Contrast(img)	调整对比度
ImageEnhance.Brightness(img)	调整亮度
ImageEnhance.Sharpness(img)	调整锐化

　　灵活应用上述各种方法可以对图像进行不同类型的处理，以达到期望的效果。例如，使用 convert() 方法可以对图片进行二值化处理提取图中车道线，使用 ImageFilter.CONTOUR 方法可以获得图像的轮廓信息，使用 ImageEnhance.Contrast() 方法可以增加图像的对比度，使特征对比更明显。代码示例如实例 6.31 所示，输出处理结果如图 6.17 所示，从左到右、从上到下依次为原图、二值化提取车道线效果、轮廓提取结果以及对比度调整结果。

```python
# 实例 6.31 pil9.py 图像处理
from PIL import Image
from PIL import ImageFilter
from PIL import ImageEnhance

img = Image.open("test.jpg")
# 对图像进行二值化处理提取部分车道线
thresh = 200
func = lambda x: 255 if x > thresh else 0
img_b = img.convert("L").point(func, mode="1")
img_b.save("img_b.jpg")
# 获取图像轮廓
img_contour = img.filter(ImageFilter.CONTOUR)
img_contour.save("img_contour.jpg")
# 调整图像对比度
img_contrast = ImageEnhance.Contrast(img)
img_contrast.enhance(3).save("img_contrast.jpg")
```

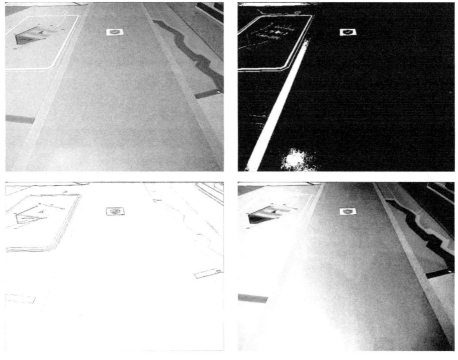

图 6.17　图像颜色处理结果

6.4 OpenCV 库

OpenCV（Open Source Computer Vision Library）是一个基于开源发行的跨平台计算机视觉库，实现了图像处理和计算机视觉方面的大量通用算法，可以说是计算机视觉研究领域最强大有力的工具。OpenCV 库已经被应用于各种场景，例如图像检测、图像识别、对运动图像进行分类、图像物体跟踪等。OpenCV 库的官方网站为 https://opencv.org/。

6.4.1 OpenCV 库简介

在 Python 环境下安装 OpenCV 库与 PIL 库的安装类似。需要注意的是，第一，在 Python 环境下安装 OpenCV 库的名称是 opencv-python，而在导入库的时候需要 import cv2；第二，OpenCV 库的使用需要用到其他很多依赖库，例如 numpy 库等，因此在使用 OpenCV 库之前需要安装其他依赖库。

安装完成后可以进入 Python 环境使用命令"import cv2"检查是否安装成功。

6.4.2 OpenCV 常用库函数

常见的图片都是模拟图像，是不能直接使用计算机进行处理的。因此需要先将图像进行数字化处理，将其转换为数字图像。转换的过程就是将图像分割成一个个像素，每个像素都使用一个灰度值来表示，这样一张图像就可以转换为一个二维数组，数组中的每一个元素都是一个 0 ~ 255 的灰度值。一般来讲，灰度图由一个二维数组就可以表示，而彩色图可以分解为 R、G、B 三个通道，从而拆分成 3 个同样像素大小的灰度图来表示，将这 3 个灰度图信息按照 BGR 的顺序组合起来就是一张彩色图。数字图像的处理实质上就是对每一个像素的灰度数据进行处理，根据图像处理的不同要求，对每一个像素上的灰度值进行更改处理就达到了处理图像的目的。

OpenCV 库常用类包括图片的加载、显示和保存，图片常用属性的获取，生成指定大小的矩形框，图片颜色通道的分离与合并，图片对比度、亮度的更改等。具体用法见表 6.17。

表 6.17 OpenCV 库常用类

方法	作用	参数
cv2.imread(filepath, flags)	读入图像	filepath: 图像存储路径 flags: 读入图像的标志，如 cv2.IMREAD_GRAYSCALE 表示读入灰度图
cv2.imshow(wname, image)	显示图像	wname: 显示图像的窗口名称 image: 要显示的图像，窗口大小自动调整为图片大小
cv2.imwrite(file, image, num)	保存图像	file: 要保存的文件名 image: 要保存的图像 num: 压缩级别，默认为 3
cv2.resize(image, image2, size)	缩放图像	image: 输入原图 image2: 输出图像 size: 输出图像大小

（续）

方法	作用	参数
cv2.flip(image, flipcode)	翻转图像	image: 输入图像 flipcode:=0，沿 x 轴翻转；>0，沿 y 轴翻转；<0，沿 x、y 轴同时翻转
cv2.warpAffine(image, M, size)	图像仿射变换	image: 输入图像 变换矩阵: M 平移、M_crop 裁剪、M_shear 剪切、M_rotate 旋转 size: 元组类型数据，表示输出图像大小
cv2.putText(image,text, local, cv2.FONT_HERSHEY_PLAIN, 1, (255, 0, 0), 1)	添加文字至图像	（图像，添加的文字，相较左上角坐标，字体，字体大小，颜色，字体粗细）
cv2.rectangle(image, (x,y), (x+w,y+h), (0,255,0), 2)	画矩形框至图像	（图像，矩形框左上角坐标，矩形框右下角坐标，矩形框颜色，矩形框粗细）
cv2.boundingRect(image)	返回图像四值属性	image: 输入图像 返回 x、y、w、h，分别为图像左上角坐标和图像宽、高

利用上述部分方法对智能车前置摄像头采集的图片进行处理，代码示例如实例 6.32 所示。

1）利用 imread() 方法读入图片。需要注意的是，在 6.3 节中介绍的 Image.open() 方法也可以打开图片，但是该方法打开的是图片格式，且图像是 RGB 色彩空间，图像通道顺序是 R、G、B；而使用 cv2.imread() 方法打开的图片是像素格式，图像通道顺序是 B、G、R。可以使用 cv2.cvtColor(np.array(img),cv2.COLOR_RGB2BGR) 将 Image.open() 打开的图像转换为 cv2 中的像素格式，同时也可以使用 Image.fromarray(cv2.cvtColor(img,cv2.COLOR_BGR2RGB)) 将 cv2.imread() 打开的图片转换为 Image 中的图像格式。

2）对图片的处理分为三个部分。①使用 flip() 将图片沿 x、y 轴翻转；②使用 warpAffine() 方法将图片沿着 x、y 方向分别缩小为原来的 0.5，并使图像沿 x、y 方向分别平移 10 像素距离；③先用 rectangle() 方法画出矩形框将图片中地标框出，然后使用 putText() 方法在矩形框旁标注出 "camp"。整段代码如实例 6.32 所示，输出图片如图 6.18 所示，从左到右、从上往下分别为原图、翻转图、缩放平移图、矩形框标注图。

```
# 实例 6.32 opencv1.py OpenCV 图像处理
import cv2
import numpy as np
img = cv2.imread("pic1.jpg")
# 沿 x、y 轴翻转图片
img_flip = cv2.flip(img, flipCode=-1)
cv2.imwrite("img_flip.jpg", img_flip)
# 缩放、平移图片，沿 x、y 方向缩小至 0.5 倍，沿 x、y 方向平移 10 像素
M = np.float32([[0.5, 0, 10], [0, 0.5, 10]])
img_warp = cv2.warpAffine(img, M, (640, 480))
cv2.imwrite("img_warp.jpg", img_warp)
# 画矩形框框出地标
cv2.rectangle(img, (290, 70), (350, 100), (0, 255, 0), 2)
```

```
# 在矩形框旁标注 "camp"
cv2.putText(img, "camp", (250, 70), cv2.FONT_HERSHEY_PLAIN, 1, (255, 0,
0), 1)
cv2.imwrite("img_rec.jpg", img)
```

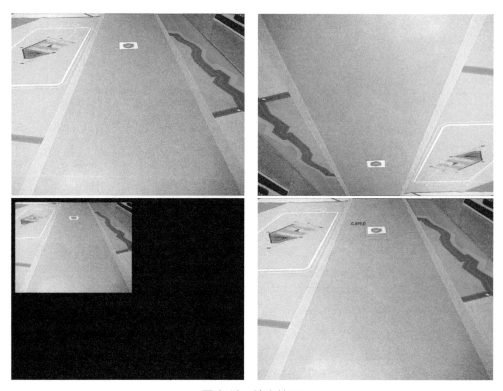

图6.18   输出结果

6.4.3   色彩空间转换

色彩空间类型转换指将图像从一个色彩空间转换到另一个色彩空间，而每个色彩空间都有其擅长处理的领域。色彩空间是为了描述不同频率的光而建立的色彩模型，不同色彩空间其颜色通道的表示方式也有所不同。OpenCV 库除了其默认的 BGR 色彩空间之外，常用的还有 HSV 色彩空间和 GRAY 色彩空间。其中，BGR 色彩空间和 HSV 色彩空间都可以表示彩色色彩空间，都是使用三维数组来表示的，而 GRAY 色彩空间只能用于表示灰度图像。

1. GRAY 色彩空间

GRAY 色彩空间即灰度图色彩空间，通常指 8 位灰度图，有 $2^8 = 256$ 个灰度级，其像素组中可以是从 0～255 的任意数字，每个数字表示由黑至白的颜色深浅程度，0 表示纯黑色，255 表示纯白色。

2. BGR 色彩空间

BGR 色彩空间是 OpenCV 库默认的色彩空间，其本质上也是 RGB 色彩空间，但是顺序是 BGR。RGB 色彩空间以 R（Red 红）、G（Green 绿）、B（Blue 蓝）三种基本色为基础，进行不同程度的叠加，从而产生丰富多彩的颜色。RGB 色彩空间中三个参数的取值范围都是 0 ~ 255，三个参数值也称为三色系数或者基色系数，可以除以 256 归一化至 0 ~ 1 之间，但是有限多个离散值。每种基色都有 256 个灰度级，因此红、绿、蓝三种基色分量组合起来就有 $256^3 = 16777216$ 种不同的颜色，远高于人眼所能分辨的颜色数量，因此使用 RGB 色彩空间来表示自然界中的颜色完全够用。

3. HSV 色彩空间

HSV（Hue、Saturation、Value）是根据颜色的直观特性由 A.R.Smith 在 1978 年创建的一种颜色空间。比较而言，RGB 颜色空间是从硬件的角度提出的，因此在与人眼匹配的过程中难免会存在一定的差异，而 HSV 颜色空间是面向视觉感知模型提出的，从心理学和生理学视觉角度出发，指出人眼的色彩感觉主要包含三要素：色调（Hue）指光的颜色，饱和度（Saturation）指色彩的深浅程度，亮度（Value）指人眼感受到的光的明暗程度。

除了上述三种基础的色彩空间之外，常用的色彩空间还有 XYZ 色彩空间、YCrCb 色彩空间、HLS 色彩空间等。不同的色彩空间都有其独特的擅长领域，如 XYZ 色彩空间就是一种非常便于计算的色彩空间。不同的色彩空间之间是可以相互转换的。可以使用 OpenCV 库提供的 cv2.cvtcolor() 方法来实现色彩空间转换，该方法的语法格式见表 6.18。

表 6.18　cv2.cvtcolor() 语法格式

方法	参数
img = cv2.cvtcolor (src, code, [, distCn])	src：输入图像
	code：色彩空间转换值，部分值见表 6.19
	distCn：目标图像通道数，默认为 0，表示通道数由输入图像和 code 决定

表 6.19　部分色彩空间转换值

值	作用
cv2.COLOR_BGR2BGRA	为 BGR 或 RGB 图像添加 alpha 通道
cv2.COLOR_RGB2RGBA	
cv2.COLOR_BGR2GRAY	在 RGB/BGR 图像与灰度图之间转换
cv2.COLOR_RGB2GRAY	
cv2.COLOR_GRAY2BGR	
cv2.COLOR_GRAY2RGB	
cv2.COLOR_BGR2HSV	在 RGB/BGR 图像与 HSV 图像之间转换
cv2.COLOR_RGB2HSV	
cv2.COLOR_HSV2BGR	
cv2.COLOR_HSV2RGB	

利用 cv2.cvtcolor() 方法进行不同色彩空间之间的图像转换如实例 6.33 所示，代码分为三部分：将原 BGR 图转换为灰度图、将灰度图转换为 BGR 图、将原 BGR 图转换为 HSV 图，并在三张图上打印该图的大小及通道数，结果如图 6.19 所示。

```
# 实例 6.33 opencv2.py OpenCV 色彩空间转换
import cv2
```

```
# 读取图片
img = cv2.imread("pic1.jpg")
# 将原图转换为灰度图
bgr2gray = cv2.cvtColor(img, cv2.COLOR_BGR2GRAY)
shape1 = str(bgr2gray.shape)
cv2.putText(bgr2gray, shape1, (200, 200), cv2.FONT_HERSHEY_PLAIN, 1, (255,
0, 0), 1)
cv2.imshow("bgr2gray", bgr2gray)
cv2.waitKey(0)
cv2.imwrite("bgr2gray.jpg", bgr2gray)
# 将灰度图转换为 BGR 图
gray2bgr = cv2.cvtColor(bgr2gray, cv2.COLOR_GRAY2BGR)
shape2 = str(gray2bgr.shape)
cv2.putText(gray2bgr, shape2, (200, 200), cv2.FONT_HERSHEY_PLAIN, 1, (255,
0, 0), 1)
cv2.imshow("gray2bgr", gray2bgr)
cv2.waitKey(0)
cv2.imwrite("gray2bgr.jpg", gray2bgr)
# 将原图转换为 HSV 图
bgr2hsv = cv2.cvtColor(img, cv2.COLOR_BGR2HSV)
shape3 = str(bgr2hsv.shape)
cv2.putText(bgr2hsv, shape3, (200, 200), cv2.FONT_HERSHEY_PLAIN, 1, (255,
0, 0), 1)
cv2.imshow("bgr2hsv", bgr2hsv)
cv2.waitKey(0)
cv2.imwrite("bgr2hsv.jpg", bgr2hsv)
```

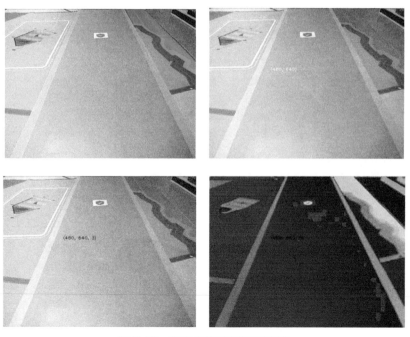

图 6.19　颜色空间转换图像示例

习　题

一、选择题

1. 关于 Python 文件的 '+' 打开模式，（　　）的描述是正确的。

A. 只读模式

B. 覆盖写模式

C. 与 r/w/a/x 一同使用，在原功能基础上增加同时读写功能

D. 追加写模式

2. 给定列表 ls = [1, 2, 3, "1", "2", "3"]，其元素包含 2 种数据类型，（　　）是列表 ls 的数据组织维度。

 A. 一维数据　　　　　　　　　　　B. 二维数据

 C. 高维数据　　　　　　　　　　　D. 多维数据

3. （　　）不是 Python 文件打开的合法模式组合。

 A. "t+"　　　　　　B. "r+"　　　　　　C. "a+"　　　　　　D. "w+"

4. （　　）不是 Python 文件二进制打开模式的合法组合。

 A. "ba"　　　　　　B. "bx"　　　　　　C. "bw"　　　　　　D. "x+"

5. 对于二维列表 ls=[[1,2,3], [4,5,6],[7,8,9]]，（　　）能获取其中元素 5。

 A. ls[1][1]　　　　B. ls[4]　　　　　C. ls[−1][−1]　　　D. ls[−2][−1]

6. （　　）不是 Python 语言直接提供的数据类型。

 A. 复数类型　　　　B. 元组类型　　　　C. 列表类型　　　　D. 数值类型

7. （　　）对文本文件的描述是错误的。

A. 文本文件可以由多种编码的字符组成

B. 文本文件由单一特定编码的字符组成

C. 文本文件容易阅读和展示

D. 文本文件是存储在磁盘上的长字符序列

8. Python 对文件操作采用的统一步骤是（　　）。

 A. 打开—读取—写入—关闭　　　　　B. 打开—读写—写入

 C. 打开—操作—关闭　　　　　　　　D. 操作—读取—写入

9. 对于 Python 文件，以下描述正确的是（　　）。

A. 同一个文件可以既采用文本方式打开，也可以采用二进制方式打开

B. 当文件以文本方式打开时，读取按照字节流方式

C. 根据不同类型的文件，打开方式只能是文本或者二进制中的一种

D. 当文件以二进制文件方式打开时，读取按照字符串方式

二、判断题

1. Python 中的文件对象可以同时读和写。　　　　　　　　　　（　　）

2. Python 中的文件对象可以被多次打开。　　　　　　　　　　（　　）

3. Python 中的文件对象可以被移动到任意位置。　　　　　　　（　　）

4. Python 中的格式化字符串可以使用格式说明符。　　　　　　（　　）

5. Python 中的格式化字符串可以使用对齐方式。　　　　　　　（　　）

6. Python 中的格式化字符串可以使用小数位数。　　　　　　　　（　　　）

7. Python 中的 PIL 库可以处理图像。　　　　　　　　　　　　（　　　）

8. Python 中的 OpenCV 库可以处理视频。　　　　　　　　　　（　　　）

三、实训题

1. 针对 6.1.5 小节"赛车道自动绘制"程序，修改数据文件 chedaoxian1.csv，绘制出不同的赛车车道线。要求不得修改源程序代码，体会 Python 脚本文件的特点。

2. 使用 PIL 库或者 OpenCV 库处理以下图片，将其转换为黑白二值化图片，以便提取出图像中的赛道。

题图 6.1　赛道图像

3. 智能车车载板卡一般算力都有限，因此在处理图像时应尽可能地减小图像的大小，这样可以有效节省算力资源。请利用 PIL 库或者 OpenCV 库将题图 6.1 图像压缩至 10KB 以内。

4. 练习用 python 实现文件打开、关闭和读写操作，练习使用 os 库和 zipfile 库，完成如下工作：

（1）在源程序同目录下生成一个 CarRacing1.txt，并向其中写入一行字符串"全国大学生智能汽车竞赛排名："。

（2）在源程序同目录下生成一个"华北赛区"子目录，在该子目录下生成一个"竞赛排序 1.txt"文件，用文件读取方法读取 CarRacing1.txt 文件中的字符串，把读取到的字符串写入"竞赛排序 1.txt"第一行，然后在"竞赛排序 1.txt"文件下面增加五行字符串，分别为五所大学的名称（可以自由输入五所大学名称）。

（3）把 CarRacing1.txt 和"华北赛区"子目录打包压缩成一个文件"CarRacing.zip"。

5. "图像数据集 .zip"文件中有三个目录，目录名称为目录下图片的类别，要求用 zipfile 库解压缩文件，并读取各子目录下文件，生成训练集和测试集文本文件，文件中每行内容为"图片路径 + 图片文件名 +\t+ 图片类别"，训练集样本数为总图片的 90%，测试集样本数为总图片的 10%。

第 7 章　Python 计算生态及机器学习概述

Python 语言从诞生之初就致力于开源开放，建立了全球最大的编程计算生态。近 20 年的开源运动使其产生了深植于各信息技术领域的大量可重用资源，直接且有力地支撑了信息技术超越其他技术领域的发展速度，形成了强大的计算生态，有力地支撑了计算思维的实现。在大数据分析和机器学习领域，Python 的数据分析库使数据的准备、分析和可视化变得非常方便。本章将重点介绍数据分析三大库，对机器学习方法进行概述，并对机器学习线性回归方法进行介绍。

7.1　计算思维的概念

计算思维（Computational Thinking）这一重要概念，由时任卡内基梅隆大学计算机系主任周以真教授于 2006 年在论文 *Computational Thinking* 中提出，第一次从思维层面阐述了运用计算机科学的基础概念求解问题。周教授在论文中指出，计算思维能够将一个问题清晰、抽象地描述出来，并将问题的解决方案表示为一个信息处理的流程。它是一种解决问题切入的角度，现实中针对某一问题有很多解决问题的角度，计算思维也是一种解决问题的思维角度。

计算思维是人类科学思维活动的重要组成部分，人类在认识世界、改造世界的过程中表现出三种基本思维模式，见表 7.1。

表 7.1　基本思维模式

思维模式	特征	代表
实证思维	实验、验证	物理学科
逻辑思维	推理、演绎	数学学科
计算思维	设计、构造	计算机学科

对于计算思维，首先需要明确的就是，它是人类的思维方式，而不是计算机的思维方式，它是人类求解问题的一种途径，绝不是要求人类像计算机一样思考。计算思维的执行既可以是人类，也可以是计算机。其次，计算思维是一种概念化的思考方式，而不是一种程序化的行为，因此，计算思维并非简单地等于编程，尽管在编程中会经常用到计算思维，但是计算思维却远远不只是编程。最后，计算思维也不仅仅是所谓的信息素养，信息素养所重视的是培养人类对信息进行有效利用的方式方法，重点在于如何利用信息工具、如何

利用信息，而计算思维本质上来讲可以当作是探讨问题中哪些可以计算以及如何进行计算。

计算思维不是一门孤立的学问，也不是单一的一门学科知识，它主要源于计算机科学，同时又是数学思维与工程思维的互补与融合。计算思维源于计算机科学，而计算机科学又是建立在数学思维和工程思维之上的。类似所有科学，计算机科学的形式化解析是建立在数学基础之上的，而计算设备的限制也迫使计算机科学家必须工程性地思考，不能仅是数学性地、理想化地思考。因此，计算思维并不孤立，它是数学思维与工程思维的互补与融合。

计算思维的两大核心特征就是抽象（Abstraction）和自动化（Automation）。基于这两大核心特征，计算思维求解问题可以概括为几大步骤：

1）把实际问题抽象为数学问题，并建立描述问题的数学模型。

2）映射，将数学模型中的变量和运算规则用特定符号代替。

3）通过编程将解决问题的逻辑分析过程，即解题思路写成算法。

4）利用计算机执行算法，进行求解。

在整个过程中，抽象是方法和手段，贯穿了整个过程；而自动化是最终的目标，让计算机去做重复性的计算工作，将人脑解放出来。

理解计算思维的关键在于理解计算，因为计算思维的本质还是研究能否计算以及如何计算。计算不仅仅是日常所用到的算数运算，还包括集合运算、逻辑运算、条件运算等。抛开这些实际的运算方法，如果将计算的对象用特定的符号串来表示，计算的实质在于使用特定的符号串，将其按照预定的规则，经过有限步的步骤，得到一个满足预定条件的符号串。当跳出运算方法的局限理解计算的本质后，很多看似不可计算的问题也将变得可以计算。因此，计算思维具有很强的普适性，经过一定抽象，绝大多数问题都可以用特定的数学语言来描述，再使用这些特定的数学语言来描述问题、解决问题，这就是计算思维的应用。现实生活中，无论是出行路线规划、理财投资选择，还是科学研究分析等，都可以利用计算思维来解决。

7.2 Python 计算生态

7.2.1 Python 计算生态简介

广泛利用可重复应用资源快速构建应用已经成为主流的产品开发模式。一个新生态开源计算项目有没有生存力，生态支持非常重要。以 Python 开源项目为代表的大量第三方库经过长时间的用户选择，变得越来越强大，库与库之间还可以关联使用、相互依存、相互成就，使得 Python 开源项目更有生命力。也正是 Python 自身的开放包容，成就了它越来越强大的计算生态和持续的生命力。总的来讲，计算生态大多具备如下几个特点：

1）竞争发展：开源运动源于工程师兴趣的自发推动，没有顶层设计和全局意识，因此，同类功能一般都会存在多个开源项目。项目之间存在着明显的野蛮生长和自然选择，完全符合赢者通吃、强者恒强的法则。

2）相互依存：开源项目往往以推动者的兴趣和能力为核心，以功能模块为主要形式，项目与项目之间存在着开发上的依存关系、应用上的组合关系以及推动上的集成关系，因此开源项目往往都是在相互依存中协同发展。

3）迅速更迭：由于开源项目往往都是由竞争和兴趣推动的，因此，相比于传统商业软件常见的 3～6 个月的更新周期，开源项目的更新迭代非常迅速。一般来讲，活跃的项目更新周期往往都少于一个月，并且新功能增长迅速，能够快速反映技术发展方向和应用需求的变化。

计算生态是加速原始创新和科技创新应用的关键因素和重要保障，也是构建技术产品商业模式的渠道。相比于传统封闭的软件开发和组织体系，计算生态已经并且将进一步对信息技术的发展和行业应用模式起到非常重要的作用。

Python 作为一门典型的开源语言，从其诞生之初，就致力于开源开放，并且由于 Python 有非常灵活简单的编程方式，导致很多采用 C、C++ 等语言开发的专业库都可以通过简单的接口封装以供 Python 使用。这种黏性使得 Python 逐渐成为各类编程语言之间的接口语言，也因此，Python 被称为"胶水语言"。鉴于其胶水特性，Python 语言迅速地建立起了全球最大的编程语言开发社区，至今已经建立了十几万个第三方库，构建起了强大的计算生态。

细化来讲，Python 第三方库分为模块、包与库三大类：

1）模块（Module）：一个完整的 Python 文件就是一个模块，通常是指逻辑上的组织方式。在 Python 中经常使用 import module 方式将现成模块中的函数、类等重用至其他代码中。

2）包（Package）：一个有层次的文件目录结构，定义了一个由模块和子包组成的 Python 应用程序执行环境。

3）库（Library）：具有相关功能的包和模块的集合。

尽管 Python 第三方库有多种命名方式并且它们之间的概念也有细微差别，但是一般不做详细区分，将这些可复用的代码统称为"库"。Python 官方网站（http://pypi.python.org/pypi）提供了第三方库索引功能，其中列出了 Python 语言中第三方库的基本信息，这些库函数几乎覆盖了信息领域技术的所有方向。

7.2.2　常用库简介

并非所有的库都需要通过额外安装来使用，有一部分 Python 计算生态随 Python 安装包一起发布，用户可以随时使用，这部分库被称为 Python 标准库。受限于 Python 安装包大小，标准库的数量一般不会太多，有 270 个左右，Python 标准库一般会安装在 Python 环境的 lib 目录下。

除了 Python 标准库，更广泛的 Python 计算生态采用额外安装的方式来服务用户，这些被称为 Python 第三方库。这些第三方库都是由全球各行各业专家、工程师和爱好者开发的，没有顶层设计，都由开发者采用"尽力而为"的方式维护。Python 第三方库都需要安装之后才能使用，依照安装方式的灵活性和难易程度可以分为 3 种。

1. pip 工具安装

pip 是一个以 Python 语言写成的软件包管理系统，可以安装和管理软件包，许多 Python 的发行版中都已经预装了 pip。pip 工具提供了对 Python 包的查找、下载、安装、卸载等功能。pip 常用子命令见表 7.2。

表 7.2　pip 常用子命令

命令	作　用
install	安装包
download	下载包
uninstall	卸载包
inspect	查看 python 环境
list	列出已安装的包
show	显示已安装包的信息
search	搜索包
help	显示帮助信息

2. 自定义安装

自定义安装指按照第三方库官方网站提供的步骤和方式进行安装。每个第三方库都有其对应主页用于维护该库的代码和文档。以科学计算常用第三方库 numpy 库为例，其开发者维护的官方主页为 http://www.numpy.org/，可以进入该网站主页浏览有关 numpy 库的信息，其中包含如何安装 numpy 库的详细步骤，例如可以在其中找到下载链接 http://www.scipy.org/scipylib/download.html，根据指示步骤安装即可。

3. 文件安装

文件安装指自己下载第三方库的 whl 文件至本地进行离线安装，对比来讲，尽管不如 pip 安装方式快捷方便，但是胜在受网络波动影响较小。美国加州大学尔湾分校提供了一个网站，专门用于帮助 Python 用户获取 Windows 系统可直接安装的第三方库文件，链接为 http://www.cgohlke.com/。以 numpy 库为例，在该网站中找到 numpy 库对应文件列表，其中有适用于不同系统、不同版本 numpy 库对应的 whl 文件，可以自行选择与自己系统对应的版本文件下载安装。

Python 计算生态范围广泛，包括网络爬虫、数据分析、文本处理、数据可视化、机器学习、网络应用（Web）开发、游戏开发等，具体如下所示。

1）网络爬虫是一种按照一定规则自动从网络上抓取信息的程序或者脚本，Python 计算生态通过 requests、python-goose、scrapy、beautiful soup 等库或框架为爬虫操作提供支持。

2）数据分析指用适当的统计分析方法对大量数据进行汇总与分析，以最大化发挥数据的作用。Python 计算生态通过 numpy、pandas、scipy 库为数据分析提供支持。

3）文本处理即对文本内容进行的处理，包括文本内容的分类、文本特征的提取、文本内容的转换等。Python 计算生态通过 jieba、pyPDF2、python-docx、NLTK 等库为文本处理领域提供支持。

4）数据可视化是一门关于数据视觉表现形式的科学技术研究，既要有效传达数据信息，又要兼顾信息传达的美学形式，二者缺一不可。Python 计算生态通过 matplotlib、seaborn、mayavi 等库为数据可视化领域提供支持。

5）Web 开发指基于浏览器而非桌面进行的程序开发。Python 计算生态通过 Django、tornado、flask、twisted 等库为 Web 开发领域提供支持。

6）机器学习是一门涉及概率论、统计学、逼近论、凸分析、算法复杂度理论等多门学科的多领域交叉学科，Python 计算生态主要通过 Scikit-learn、TensorFlow、MXNet 等库为机器学习领域提供支持。

7）游戏开发可以分为 2D 游戏开发和 3D 游戏开发，Python 计算生态通过 pygame 和 panda3D 库为游戏开发领域提供支持。

7.3　Python 数据分析库

数据分析的一个重要目的是让数据产生价值，也就是通过数据的筛选、汇总等操作从而分析或预测出事件的变化规律。Python 在数据分析领域是一个非常强大的工具，其中主要使用三个第三方库来进行数据分析，分别是 numpy、pandas、matplotlib。其中，numpy 库主要用于提供强大的科学计算，pandas 库主要用于提炼数据，matplotlib 库主要用于进行数据可视化。这三个第三方库并称为 Python 数据分析的三大剑客，每个库都集成了大量的方法接口，配合使用功能强大。

7.3.1　numpy 库

numpy 是 Python 中科学计算的基础库，全称为 numerical python，它提供了底层基于 C 语言实现的数值计算库。numpy 提供多维数组对象、各种派生对象以及用于数组快速操作的各种 API，包括数学、逻辑、形状操作、排序、选择、输入输出、离散傅里叶变换、基本线性代数、基本统计运算和随机模拟等。

numpy 提供了两种基本对象：ndarray（N-dimensional Array Object）和 ufunc（Universal Function Object）。ndarray 是存储单一数据类型的多维数组，ufunc 是能够对数组进行处理的函数。ndarray 是 numpy 最核心的对象，numpy 中所有的函数都是围绕 ndarray 展开进行的。

下面介绍 numpy 库对数组的常用操作。

1. 数组创建

numpy 库中最常用的三种创建数组的方式见表 7.3。

表 7.3　创建数组方式

创建方式	函数	作　　用
从普通数据结构创建	array	从已知数据创建数组
从特定 array 结构创建	arange	类似 range 函数，可以指定任意起止和步长，不限于整数
	linspace	线性均匀分布，类似 arange，第三个参数为个数
	logspace	对数均匀分布
	ones	全 1 数组
	zeros	全 0 数组
	empty	空数组
	full	指定数值数组
	identity	生成单位矩阵
	eye	对角线为 1
	diag	接受一个数组，返回对角线上元素
从特定库函数创建	random	随机数系列

通过其中部分方式创建数组示例如实例 7.1 所示。

```python
# 实例 7.1 numpyArraycreat numpy 基本使用
import numpy as np
# 利用已知数据创建二维数组
a = np.array([[10, 20, 30], [40, 50, 60]], dtype = np.float64)
print(" 数组 a 为:", a)
print("a 的维度为:", a.ndim, "\na 的形状为:", a.shape, "\na 的大小为:", a.size,
"\na 的元素类型为:", a.dtype)
# 利用已知数据创建数组并指定维数
b = np.array([10, 20, 30, 40], ndmin = 2)
print(" 数组 b 为:", b)
print("b 的维度为:", b.ndim, "\nb 的形状为:", b.shape)
# 利用 arange 创建数组
c = np.arange(0, 8, 2)
print(" 数组 c 为:", c)
# 生成全 1 数组并指定形状为 2×3
d = np.ones((3, 4))
print(" 数组 d 为:", d)
# 生成 2 行 3 列元素为 [0, 1) 之间随机数的数组
e = np.random.rand(3, 4)
print(" 数组 e 为:", e)
```

实例 7.1 输出结果为:

```
>>>
数组 a 为: [[10. 20. 30.]
 [40. 50. 60.]]
a 的维度为: 2
a 的形状为: (2, 3)
a 的大小为: 6
a 的元素类型为: float64
数组 b 为: [[10 20 30 40]]
b 的维度为: 2
b 的形状为: (1, 4)
数组 c 为: [0 2 4 6]
数组 d 为: [[1. 1. 1. 1.]
 [1. 1. 1. 1.]
 [1. 1. 1. 1.]]
数组 e 为: [[0.15988656 0.38103667 0.3879011  0.72714212]
 [0.80411497 0.17990857 0.85420732 0.30723192]
 [0.0656783  0.1810409  0.81103567 0.79076414]]
```

2. 数组增删

numpy 也提供了与列表类似的增删操作，见表 7.4。

表 7.4　数组增删

操作	函数	作　　用
数组增删	append	在某一维度之后追加一个或多个切片
	insert	在某一维度的指定位置插入一个或多个切片
	delete	删除某一维度的一个或多个切片

这三种方法都需要接收一个 axis 参数，如果未指定，则会先对数组展平至一维数组后再进行相应操作。

append() 方法具体使用示例如实例 7.2 所示。

```
# 实例 7.2 npappend.py
import numpy as np
# 创建数组 a 和 b
a = np.arange(2, 8).reshape(2, 3)
b = np.arange(8, 11).reshape(1, 3)
print(" 数组 a 为: \n", a)
print(" 数组 b 为: \n", b)
# 将数组 b 追加到数组 a 后
# 不指定 axis 时将 a、b 都展平后追加
c = np.append(arr = a, values = b)
print(" 不指定 axis 追加结果: \n", c)
# 指定轴向追加，形状必须匹配
# 按行追加
d = np.append(a, b, axis = 0)
print(" 行追加结果: \n", d)
# 按列追加，行数不同，形状不匹配，抛出 ValueError 错误
# e = np.append(a, b, axis = 1)
```

实例 7.2 输出结果为:

```
>>>
数组 a 为:
 [[2 3 4]
 [5 6 7]]
数组 b 为:
 [[ 8  9 10]]
不指定 axis 追加结果:
 [ 2  3  4  5  6  7  8  9 10]
行追加结果:
 [[ 2  3  4]
```

```
 [ 5  6  7]
 [ 8  9 10]]
```

insert() 方法具体使用示例如实例 7.3 所示。

```
# 实例 7.3 npinsert.py
import numpy as np
a = np.arange(2, 8).reshape(2, 3)
b = np.ones(shape = (2, 1))
print("数组 a 为：\n", a)
print("数组 b 为：\n", b)
# 向数组 a 行方向索引为 1 的行插入数组 b，列会自动补全
c = np.insert(a, 1, b, axis = 0)
print("行方向插入 b 结果为：\n", c)
# 向数组 a 列方向索引为 2 的列插入数组 b
d = np.insert(a, 2, b, axis = 1)
print("列方向插入 b 结果为：\n", d)
```

实例 7.3 输出结果为：

```
数组 a 为：
 [[2 3 4]
 [5 6 7]]
数组 b 为：
 [[1.]
 [1.]]
行方向插入 b 结果为：
 [[2 3 4]
 [1 1 1]
 [1 1 1]
 [5 6 7]]
列方向插入 b 结果为：
 [[2 3 1 1 4]
 [5 6 1 1 7]]
```

delete() 方法具体使用示例如实例 7.4 所示。

```
# 实例 7.4 npdelete.py
import numpy as np
a = np.arange(2, 8).reshape(2, 3)
print("数组 a 为：\n", a)
# 轴向为列，删除索引为 1 的列
b = np.delete(a, 1, axis = 1)
print("删除索引为 1 的列后结果为：\n", b)
```

实例 7.4 输出结果为：

```
>>>
数组 a 为：
 [[2 3 4]
 [5 6 7]]
删除索引为 1 的列后结果为：
 [[2 4]
 [5 7]]
```

3. 数组变形

数组变形是对给定数组重新整合各维度大小的过程，numpy 封装了 4 类基本的变形操作：转置、展平、尺寸重整和复制，其主要方法接口见表 7.5。

表 7.5　数组变形

操作	方法	作用
数组变形	reshape	返回数组重塑形状后的新数组，且元素个数一致，可以通过指定 shape 形状来进行变形
	resize	x.resize()，对数组 x 进行变形操作，根据情况进行截断或填充
		np.resize(x)，返回重塑后的新数组，原数组不变，元素不足时以原数组填充
	ravel	将多维数组展平为一维数组，为引用操作
	flatten	将多维数组展平为一维数组，为复制操作
	transpose	返回数组的转置形式
	tile	对数组进行复制，按数组复制
	repeat	对数组进行复制，按元素复制

表 7.5 中 resize 与 reshape 功能类似，但是也有如下区别：

1）x.resize() 无返回值（返回值为 None），会改变原数组，而 np.resize() 方法不会改变原数组；reshape 有返回值，返回值是被 reshape 后的数组，不会改变原数组。

2）np.resize() 变形后的数组大小可以不和原数组一致，会自动根据新尺寸情况进行截断或拼接；x.resize() 和 reshape() 方法要求 reshape 前后元素个数相同，否则会报错，无法运行。

3）resize 要求接收确切的尺寸参数，不允许出现 −1 这样的"非法"数值；而 reshape 中常用 −1 的技巧实现某一维度的自动计算。

4）数组变形操作示例如实例 7.5 所示。

```
# 实例 7.5 npreshaperesize.py 数组变形
import numpy as np
a = np.arange(2, 8)
print(" 数组 a 为：\n", a)
b = a.reshape((2, 3))  #reshape 方法要求 reshape 前后元素个数相同，否则会报错，无法
运行。
print("reshape 后数组 b 为：\n", b)
```

```
b1 = a.reshape((2, -1))   #用 -1 的技巧实现某一维度的自动计算
print("reshape 后数组 b1 为: \n", b1)
print("reshape 后数组 a 为: \n", a)#reshape 后原数组 a 未被改变
c3 = a.resize((2, 3))#resize 变形后的数组大小比原数组大，自动拼接
print("resize 后数组 c3 为: \n", c3)   #resize 无返回值（返回值为 None），会改变原数组
print("resize 后数组 a 为: \n", a)#resize 后原数组 a 被改变
a = np.arange(2, 8)   #重置 a 的值
c = np.resize(a, (3, 2))
print("resize 后数组 c 为: \n", c)
print("np.resize() 后数组 a 为: \n", a)#np.resize() 不改变原数组
c1 = np.resize(a, (2, 2))   #resize 变形后的数组大小比原数组小，自动截断
print("resize 后数组 c1 为: \n", c1)
c2 = np.resize(a, (3, 3))#resize 变形后的数组大小比原数组大，自动拼接
print("resize 后数组 c2 为: \n", c2)
```

实例 7.5 输出结果为:

```
>>>
数组 a 为:
 [2 3 4 5 6 7]
reshape 后数组 b 为:
 [[2 3 4]
 [5 6 7]]
reshape 后数组 b1 为:
 [[2 3 4]
 [5 6 7]]
reshape 后数组 a 为:
 [2 3 4 5 6 7]
resize 后数组 c3 为:
 None
resize 后数组 a 为:
 [[2 3 4]
 [5 6 7]]
resize 后数组 c 为:
 [[2 3]
 [4 5]
 [6 7]]
np.resize() 后数组 a 为:
 [2 3 4 5 6 7]
resize 后数组 c1 为:
 [[2 3]
 [4 5]]
resize 后数组 c2 为:
 [[2 3 4]
```

```
 [5 6 7]
 [2 3 4]]
```

ravel() 与 flatten() 功能类似，都是返回对数组进行展平后得到的一维数组。区别在于，ravel() 是引用操作，展平数组后，修改展平后的数组会影响原数据；flatten() 是复制操作，展平数组后，修改展平后的数组不会影响原数组。其使用方法如实例 7.6 所示。

```
# 实例 7.6 npravelflatten.py 数组展平
import numpy as np
a = np.arange(18).reshape(6,3)
b = a.ravel()
print("b 为经过 a.ravel 展平：\n", b)
c = np.ravel(a)
print("c 为数组 a 经过 np.ravel() 展平：\n", c)
d = a.flatten()
print("d 为数组 b 经过 flatten 展平：\n", d)
b[2] = 300     # 修改 b 数组元素
print(" 修改 b 数组元素后 a 为：\n", a)   # 原数组 a 被修改
c[3] = 500     # 修改 c 数组元素
print(" 修改 c 数组元素后 a 为：\n", a)# 原数组 a 被修改
d[4] = 700     # 修改 d 数组元素
print(" 修改 d 数组元素后 a 为：\n", a)# 原数组 a 未被修改
```

实例 7.6 输出结果为：

```
>>>
b 为经过 a.ravel 展平：
 [ 0  1  2  3  4  5  6  7  8  9 10 11 12 13 14 15 16 17]
c 为数组 a 经过 np.ravel() 展平：
 [ 0  1  2  3  4  5  6  7  8  9 10 11 12 13 14 15 16 17]
d 为数组 b 经过 flatten 展平：
 [ 0  1  2  3  4  5  6  7  8  9 10 11 12 13 14 15 16 17]
修改 b 数组元素后 a 为：
 [[  0   1 300]
 [  3   4   5]
 [  6   7   8]
 [  9  10  11]
 [ 12  13  14]
 [ 15  16  17]]
修改 c 数组元素后 a 为：
 [[  0   1 300]
 [500   4   5]
 [  6   7   8]
 [  9  10  11]
```

```
[ 12  13  14]
[ 15  16  17]]
```
修改 d 数组元素后 a 为：
```
[[  0   1 300]
[500   4   5]
[  6   7   8]
[  9  10  11]
[ 12  13  14]
[ 15  16  17]]
```

np.repeat() 和 np.tile() 执行的均是复制操作。不同的是，np.repeat() 复制的是多维数组的每一个元素，可以用 axis 来控制复制行或列；np.tile() 复制的是多维数组本身，不需要 axis 关键字参数，通过第二个参数可指定在各个轴上的复制倍数。其使用方法如实例 7.7 所示。

```python
# 实例 7.7 nptilerep.py 数组变形
import numpy as np
a = np.arange(6).reshape(2,3)
print("a 数组为：\n", a)
b = np.transpose(a)   # a 的转置，也可以使用 a.T 转置
print("b 为数组 a 经过 transpose 转置：\n", b)
#repeat() 不指定 axis，降维为一维数组后所有元素都复制 2 次
print(" 不指定 axis 值复制：\n", np.repeat(a, 2))
print("指定 axis = 0 复制:\n", np.repeat(a, [1,2], axis = 0))  #指定 axis = 0,
按行复制
print("指定 axis = 1 复制:\n", np.repeat(a, [1,2,2], axis = 1)) #指定 axis = 1,
按列复制
# tile 以数组为单位进行复制，第二个参数两个值分别代表横向和纵向复制次数
c = np.tile(a, (1, 2))
print("c 为数组 a 经过纵向复制 2 次：\n", c)
d = np.tile(a, (2, 3))
print("d 为数组 a 经过横向复制 2 次、纵向复制 3 次：\n", d)
```

实例 7.7 输出结果为：

```
>>>
a 数组为：
[[0 1 2]
[3 4 5]]
b 为数组 a 经过 transpose 转置：
[[0 3]
[1 4]
[2 5]]
不指定 axis 值复制：
```

```
[0 0 1 1 2 2 3 3 4 4 5 5]
```
指定 axis = 0 复制：
```
[[0 1 2]
 [3 4 5]
 [3 4 5]]
```
指定 axis = 1 复制：
```
[[0 1 1 2 2]
 [3 4 4 5 5]]
```
c 为数组 a 经过纵向复制 2 次：
```
[[0 1 2 0 1 2]
 [3 4 5 3 4 5]]
```
d 为数组 a 经过横向复制 2 次、纵向复制 3 次：
```
[[0 1 2 0 1 2 0 1 2]
 [3 4 5 3 4 5 3 4 5]
 [0 1 2 0 1 2 0 1 2]
 [3 4 5 3 4 5 3 4 5]]
```

4. 数组拼接

数组拼接也是数组的常用操作之一。numpy 主要提供了 3 种拼接方式，见表 7.6。

表 7.6　数组拼接

类别	方法	作用
Concatenate	concatenate	对多个数组沿某一轴向进行拼接，要求拼接轴必须存在（不能升维），axis 默认为 0，行拼接，当 axis = None 时，先展平为向量后执行拼接
Stack 系列	hstack	对多个数组进行水平堆叠
	column_stack	与 hstack 相似，但是处理两个一维数组时按列向量堆叠
	vstack	对多个数组垂直堆叠
	row_stack	与 vstack 一致，在处理一维数组时会先将其升维至二维处理
	dstack	对多个数组进行纵深堆叠
	stack	进行升维堆叠，接收一个 axis 插入新的维度
魔法方法	R_	按行堆叠
	C_	按列堆叠

部分数组拼接方法使用示例如实例 7.8 所示。

```python
# 实例 7.8 npstack.py 数组拼接
import numpy as np
a = np.array([10, 20, 30]).reshape(1, 3)
b = np.array([40, 50, 60]).reshape(1, 3)
c = np.concatenate([a, b])
print("a 和 b 经过 concatenate 二维拼接结果为：\n", c)
d = np.concatenate([a, b], axis = 1)
print("a 和 b 经过 concatenate 按列拼接结果为：\n", d)
e = np.vstack((a, b))
```

```
print("a 和 b 经过 vstack 垂直堆叠结果为：\n", e)
f = np.hstack((a, b))
print("a 和 b 经过 hstack 水平堆叠结果为：\n", f)
```

实例 7.8 输出结果为：

```
>>>
a 和 b 经过 concatenate 二维拼接结果为：
 [[1 2 3]
 [4 5 6]]
a 和 b 经过 concatenate 按列拼接结果为：
 [[1 2 3 4 5 6]]
a 和 b 经过 vstack 垂直堆叠结果为：
 [[1 2 3]
 [4 5 6]]
a 和 b 经过 hstack 水平堆叠结果为：
 [[1 2 3 4 5 6]]
```

5. 数组切分

数组切分可以看作是数组拼接的逆操作，numpy 提供了 5 种方法用于数组切分，见表 7.7。

表 7.7   数组切分

操作	方法	作用
数组切分	hsplit	hstack 的逆操作，水平切分
	vsplit	vstack 的逆操作，垂直切分
	dsplit	dstack 的逆操作，纵深切分
	split	通用切分，接收一个 axis 参数
	array_split	非等分切分

6. 基本统计量

numpy 可以非常方便地实现基本统计量的计算，包括极值、均值、方差、排序等，并且每种方法都包括对象方法和类方法。表 7.8 为 numpy 中用于计算基本统计量的几种方法。

表 7.8   基本统计量方法

操作	方法	作用
基本统计量	max, argmax	最大值及其索引
	min, argmin	最小值及其索引
	mean, std	均值，标准差
	var, cov	方差，协方差
	sort, argsort	排序及其索引

numpy 基本统计量方法的应用示例如实例 7.9 所示。

```
# 实例 7.9 npstatics.py numpy 基本统计量
import numpy as np
a = np.array([[10, 20], [30, 40], [50, 60]])
print(" 对所有元素求平均:", a.mean())
print(" 对每一行求平均:", a.mean(axis = 1))
print(" 对每一列求平均:", a.mean(axis = 0))
print(" 对所有元素求和:", a.sum())
print(" 对每一行求和:", a.sum(axis = 1))
print(" 对所有元素求最大值:", a.max())
print(" 对每一列求最大值:", a.max(axis = 0))
print(" 求元素方差:", a.var())
print(" 对所有元素排序:\n", np.sort(a))
```

实例 7.9 输出结果为:

```
>>>
对所有元素求平均: 35.0
对每一行求平均: [15. 35. 55.]
对每一列求平均: [30. 40.]
对所有元素求和: 210
对每一行求和: [ 30  70 110]
对所有元素求最大值: 60
对每一列求最大值: [50 60]
求元素方差: 291.6666666666667
对所有元素排序:
 [[10 20]
 [30 40]
 [50 60]]
```

7. 特殊常量

numpy 提供了一些特殊的常量,见表 7.9。值得注意的是,np.newaxis 可以用作对数组进行升维操作,效果与设置为 None 一致。

表 7.9　特殊常量

操作	方法	作用
特殊常量	inf/Inf/Infinity/PINF	正无穷
	NINF	负无穷
	pi	π
	e	自然常数
	newaxis	用于数组升维
	NAN/NaN/nan	非数字

8. 随机数包

numpy 下也有一个 random 子包，见表 7.10。其内置了大量的随机数方法接口，包括绝大部分概率分布接口，其中最常用的是均匀分布和正态分布。需要注意的是 seed，计算机中的随机数严格讲都是伪随机数，需要依赖一个随机数种子来不断生成新的随机数，seed 可以固定这个随机数种子，后续的随机都将得到固化。部分随机数包方法应用示例如实例 7.10 所示。

表 7.10 随机数包

操作	方法	作用
随机数包	random	返回指定个数的 0~1 间均匀分布随机数
	rand	接收参数作为维度，返回 0~1 间均匀分布随机数
	uniform	接收上下界参数，返回指定大小的均匀分布随机数
	randn	返回标准正态分布的一个随机数
	normal	接收期望和方差，返回指定大小的正态分布随机数
	randint	返回上下界之间均匀分布的一个随机整数
	permutation	返回输入序列的随机排列结果
	shuffle	对数组进行 inplace 随机排列
	choice	随机从输入序列选择一个元素
	seed	生成随机数种子，固化后续随机结果

```
# 实例 7.10 nprandom.py numpy 随机数
import numpy as np
print("生成 10 个 0 到 10 范围内均匀分布随机整数：", np.random.randint(0, 10, 10))
print("生成 10 个 0 到 1 范围内的均匀分布随机小数：", np.random.rand(10))
print("生成标准正态分布：", np.random.randn(10))
print("生成指定正态分布（均值为 1，标准差为 2）：", np.random.normal(1, 2, 10))
print("生成 0 到 10 范围内均匀分布：", np.random.uniform(0, 10, 10))
# 生成 [0 1 2 3 4 5 6 7 8 9] 数组并随机打乱
a = np.arange(0, 10)
np.random.shuffle(a)
print("随机打乱数组排列：", a)
```

实例 7.10 输出结果为：

```
>>>
生成 10 个 0 到 10 范围内均匀分布随机整数： [1 1 2 9 6 7 5 0 8 2]
生成 10 个 0 到 1 范围内的均匀分布随机小数： [0.6620087 0.32519396 0.60945869
0.29647174 0.3189544 0.15822008 0.85263534 0.56866398 0.88040442
0.42029962]
生成标准正态分布： [-1.79891806 0.45525612 2.13048101 0.17371678 -1.2068487
-0.20805769 -0.04257841 -0.2802633 -0.44010815 1.93344982]
生成指定正态分布（均值为 1，标准差为 2）： [-0.19231965 -0.2152247 2.79382745
-2.67300129 2.95285781 -0.49383594 0.25499208 -2.67108695 0.36197863
-0.59817951]
```

生成 0 到 10 范围内均匀分布：[5.30119423 6.44402013 0.24827931 9.26328023
2.84036281 7.56924212 2.05787427 2.66584595 8.31981295 5.27626714]
随机打乱数组排列：[7 0 5 4 6 9 2 8 3 1]

9. 线性代数包

numpy 中常用的包除了随机数包之外，另一个就是线性代数包了，常见的各种矩阵计算操作都在这个包里有对应方法。线性代数包常用方法见表 7.11，其中点积 dot() 和向量点积 vdot() 使用较为频繁，全局可用。

表 7.11　线性代数包

操作	方法	作　用
线性代数包	dot	全局可用，矩阵点积
	vdot	无论输入维度是多少，均按一维进行点积
	linalg.qr	QR 分解
	linalg.svd	SVD 分解
	linalg.eig	求解特征值和特征向量
	linalg.norm	求解范数
	linalg.det	求解行列式
	linalg.solve	求解 $Ax = b$
	linalg.inv	求矩阵逆

线性代数包部分方法应用示例如实例 7.11 所示。

```python
# 实例 7.11 nplinear.py 线性代数包使用示例
import numpy as np
a = np.array([[1, 3], [3, 8]])
b = np.array([[2, 5], [6, 9]])
# 矩阵乘法运算
print("矩阵 a 乘以矩阵 b 结果为：\n", np.dot(a, b))
# 求矩阵 QR 分解
Q, R = np.linalg.qr(a)
print("对矩阵 a 求 QR 分解结果为：\nQ = \n", Q, "\nR = \n", R)
# 求矩阵特征值及特征向量
x, y = np.linalg.eig(a)
print("矩阵 a 特征值为：\n", x, "\n 特征向量为：\n", y)
# 求矩阵行列式
print("矩阵 a 的行列式为：\n", np.linalg.det(a))
# 求矩阵逆
print("矩阵 a 的逆为：\n", np.linalg.inv(a))
```

实例 7.11 输出结果为：

```
>>>
矩阵 a 乘以矩阵 b 结果为：
 [[20 32]
```

```
  [54 87]]
```
对矩阵 a 求 QR 分解结果为：
```
Q =
 [[-0.31622777 -0.9486833 ]
 [-0.9486833   0.31622777]]
R =
 [[-3.16227766 -8.53814968]
 [ 0.         -0.31622777]]
```
矩阵 a 特征值为：
```
 [-0.10977223  9.10977223]
```
特征向量为：
```
 [[-0.93788501 -0.34694625]
 [ 0.34694625 -0.93788501]]
```
矩阵 a 的行列式为：
```
 -1.0000000000000004
```
矩阵 a 的逆为：
```
 [[-8.  3.]
 [ 3. -1.]]
```

7.3.2　pandas 库

1. pandas 简介

在 Python 自带的科学计算库中，pandas（python + data + analysis）库可以说是最适于数据科学相关操作的工具。它与 Scikit-learn 两个模块几乎提供了数据科学家所需的全部工具。pandas 是一种开源的、易于使用的 Python 数据分析工具。根据大多数一线从事机器学习应用的研发人员的经验，"数据预处理"可以说是机器学习中最耗费时间的环节。事实上，多数研发团队不会投入太多精力从事全新机器学习模型的研究，而是针对具体的项目和特定的数据，使用现有的经典模型进行分析。这样一来，时间大多数都被花费在处理数据，甚至是数据清洗的工作上，特别是在数据还相对原始的情况下。此时，pandas 便应运而生，它是一款针对数据处理和分析的 Python 工具包，实现了大量便于数据读写、清洗、填充以及分析的功能。pandas 库帮助研发人员节省了大量用于数据预处理的代码，使得他们有更多的精力专注于具体的机器学习任务。

pandas 虽然是在 numpy 的基础上实现的，其核心数据结构与 numpy 的 ndarray 十分相似，但是二者的关系并非简单的替代，而是互补。pandas 与 numpy 的主要区别在于：

1）从数据结构上看，numpy 的核心数据结构是 ndarray，支持任意维数的数组，但要求单个数组内所有数据是同质的，即数据类型必须相同；而 pandas 的核心数据结构是 series 和 dataframe，仅支持一维和二维数据，但数据内部可以是异构数据，仅要求同列数据类型一致即可；其次，numpy 的数据结构仅支持数字索引，而 pandas 数据结构则既支持数字索引又支持标签索引。

2）从功能定位上看，numpy 虽然也支持字符串等其他数据类型，但主要是用于数值计算，尤其是其内部集成了大量矩阵计算模块，例如基本的矩阵运算、线性代数、生成随机数等，支持灵活的广播机制；而 pandas 主要用于数据处理与分析，支持数据读写、数值计算、数据处理、数据分析和数据可视化等全套流程操作。

2. pandas 数据结构

pandas 的核心数据结构有两种，包括一维的 series 和二维的 dataframe，二者可以分别看作是在 numpy 一维数组和二维数组的基础上增加了相应的标签信息，有点类似字典类型。但是又与字典结构不同，series 中的标签允许重复，dataframe 中的列名和标签名都允许重复，而字典是绝对不允许的。可以分别从以下两个角度来理解 series 和 dataframe。

1）series 和 dataframe 分别是一维和二维数组，因为是数组，所以 numpy 中关于数组的用法基本可以直接应用到这两个数据结构，包括数据创建、切片访问等。

2）series 是带标签的一维数组，因此还可以看作字典结构：标签是 key，取值是 value；而 dataframe 则可以看作嵌套字典结构，其中列名是 key，每一列的 series 是 value。因此从这个角度讲，pandas 数据创建的一种灵活方式就是通过字典或者嵌套字典，这样自然衍生出了适用于 series 和 dataframe 的类似字典访问的接口，即可以通过 loc 进行索引访问。

使用 pandas 库创建 series 数据示例如实例 7.12 所示。

```python
# 实例 7.12 series.py
import pandas as pd
# 创建一个 series 对象，索引为默认值
s1 = pd.Series([6, -8, 5, 2])
print("series 对象 s1 为：\n", s1)
# 通过 values 和 index 属性查看 s1 数组表示形式和索引对象
print("s1 的值为：\n", s1.values, "\ns1 的索引为：\n", s1.index)
# 创建 series 对象并自定义索引值
s2 = pd.Series([6.5, 7.0, -8.8, 9.4], index = ['a', 'b', 'c', 'd'])
print("series 对象 s2 为：\n", s2)
# 可以根据索引进行取值
print(" 索引 a、c 对应取值为：\n", s2[['a', 'c']])
# series 可以看作一个定长的有序字典
dic = {'car': 8, 'motor': 7, 'bus': 12}
s3 = pd.Series(dic)
print(" 通过字典创建 series 对象 s3 为：\n", s3)
```

实例 7.12 输出结果为：

```
>>>
series 对象 s1 为：
0    6
1   -8
2    5
3    2
dtype: int64
```

```
s1 的值为：
[ 6 -8  5  2]
s1 的索引为：
RangeIndex(start = 0, stop = 4, step = 1)
series 对象 s2 为：
a    6.5
b    7.0
c   -8.8
d    9.4
dtype: float64
索引 a、c 对应取值为：
a    6.5
c   -8.8
dtype: float64
通过字典创建 series 对象 s3 为：
car      8
motor    7
bus     12
dtype: int64
```

通过 pandas 库创建 dataframe 数据示例如实例 7.13 所示。

```python
# 实例 7.13 dataframe.py
import pandas as pd
# 通过字典数据创建 dataframe 对象
data = {'name': ["trunk", "car", "bus", "motor"],
        'maxspeed': [80, 120, 100, 50],
        'capacity': [3, 5, 45, 1]}
df1 = pd.DataFrame(data)
print("dataframe 数据 df1 为：\n", df1)
# 查看 dataframe 的行索引以及列索引
print("df1 的行索引为：\n", df1.index)
print("df1 的列索引为：\n", df1.columns)
# 查看 dataframe 的值
print("df1 的值为：\n", df1.values)
```

实例 7.13 输出结果为：

```
>>>
dataframe 数据 df1 为：
    name  maxspeed  capacity
0  trunk        80         3
1    car       120         5
2    bus       100        45
3  motor        50         1
df1 的行索引为：
 RangeIndex(start = 0, stop = 4, step = 1)
```

```
df1 的列索引为：
 Index(['name', 'maxspeed', 'capacity'], dtype = 'object')
df1 的值为：
 [['trunk' 80 3]
 ['car' 120 5]
 ['bus' 100 45]
 ['motor' 50 1]]
```

3. 数据读写

pandas 支持大部分文件类型的数据读写功能，常用的文件格式及其在 pandas 中的接口如下：

1）文本文件类型。文本文件主要有 csv 和 txt 两种格式，相应接口为 read_csv() 和 to_csv()，分别对应读取数据和写入数据。读取 txt 文件数据时，可以通过在 read_csv() 方法中设置分隔符 sep 参数实现不同分隔符的数据读取。

2）Excel 文件类型。Excel 文件包括 xls 和 xlsx 两种格式，其底层原理为调用 xlwt 和 xlrd 进行 Excel 文件的相应操作，对应接口为 read_excel() 和 to-excel()，分别对应读取数据和写入数据。

3）SQL 文件类型。pandas 支持大部分主流的关系型数据库，例如 MySQL。读写相关文件也需要相应的数据库模块支持，相应的接口为 read_sql() 和 to_sql()。

除了上述 3 种常见的文件类型之外，pandas 也支持 html、json 等文件的读写操作。

4. 数据访问

pandas 的数据结构 series 和 dataframe 同时具有 numpy 数组和字典的部分结构特点，因此 pandas 的数据访问手段都类似于这两种访问方式，具体访问方式见表 7.12。

表 7.12　pandas 数据访问方式

操作	访问方式	解　释
数据访问	[ ]	需注意 dataframe 无法访问单个元素，只能返回一列、多列或多行
	loc/iloc	loc 按标签值访问，iloc 按数字索引访问，支持单值或切片访问
	at/iat	loc/iloc 的特殊形式，不支持切片访问
	isin/notin	条件范围查询，根据特定列值是否存在于指定列表返回相应结果
	where()	条件查询，返回全部结果，不满足条件结果赋值为 NaN 或指定值
	query()	按列对 dataframe 执行条件查询
	get()	类似字典，获取数据结构中是否包含特定标签值
	lookup()	loc 的特殊形式，分别传入一组行标签和列标签，解析成一组行列坐标

5. 数据处理

pandas 最强大的功能就是其数据处理与分析功能，它可以独立完成数据分析前的绝大部分数据预处理工作。表 7.13 给出了 pandas 数据处理的几大方向及其部分方法。

表 7.13　数据处理

方向	方法	功　　能
数据清洗	isna/isnull/notna/notnull	判断空值
	fillna	填充空值
	dropna	删除空值
	duplicates	检测重复值
	drop_duplicates	删除重复值
	drop	删除
	replace	替换
数值计算	通函数	与 numpy 特性一致，可以像操作标量一样对 series 和 dataframe 所有元素进行同一操作
	广播	自动按标签匹配进行广播
	字符串向量化	对字符串类型数据执行向量化的字符串操作，本质上是调用 series.str 属性接口
	时间类型向量化	调用时间 dt 属性相应接口
数据转换	map	适用于 series，对给定序列中每个值执行相同映射操作，映射方式既可以是函数，也可以是字典
	apply	适用于 series 和 dataframe，对 series 逐元素执行函数操作，对 dataframe 逐行（列）执行函数操作，仅接收函数作为参数
	applymap	适用于 dataframe，对每个元素执行函数操作
	pipe	流水线函数处理
合并与拼接	concat	类似 numpy 中 concatenate，可通过 axis 参数设置拼接方式，要求非拼接轴向标签唯一
	merge	类似 SQL 中 join 语法，仅支持横向拼接
	join	语法、功能与 merge 一致，仅适用于 dataframe 对象接口
	append	concat 执行 axis = 0 的简化接口

6. 数据分析

pandas 通过丰富的接口可以实现大量的统计计算需求，包括常用的 Excel 和 SQL 中的绝大部分分析过程，在 pandas 中都可以实现。表 7.14 给出了 pandas 中常用于数据分析的部分方法介绍。

表 7.14　数据分析

方向	方法	作　　用
基本统计量	info/head/tail/describe	基本信息、从头（尾）抽样、展示数据基本统计指标，包括计数、均值、方差、四分位数等
	min/idxmin/max/idxmax	极值及其位置
	sum/median/mean/quantile	求和、中位数、平均数、分位数
	std/cov/corr	标准差、协方差、相关系数
	count/value_counts	计数
	unique/nunique	统计唯一值信息
	sort	排序，还包括 sort_index、sort_values
分组聚合	groupby	按某列或多列执行分组，一般级联其他聚合函数共同使用
	pivot	按行列重整
	pivot_table	透视表，可以对数据进行动态排布并分类汇总

7. 数据可视化

pandas 也集成了 matplotlib 中常用的可视化图形接口，可以通过 series 和 dataframe 两种数据结构面向对象的接口方式简单调用。两种数据结构作图，区别在于 series 是绘制单个图形，而 dataframe 则是绘制一组图形，并且在 dataframe 绘图中会以列名为标签自动添加 legend。两种数据结构作图都支持以下两种形式的绘图接口：

1）plot 属性 + 相应绘图接口，例如 plot.bar() 用于绘制条形图。

2）plot() 方法通过传入 kind 参数选择相应的绘图类型，例如 plot(kind = "bar")。

上述两种绘图方式都包括 line、bar、scatter、pie、hist 等绘图类型。

7.3.3　matplotlib 库

1. matplotlib 简介

matplotlib（matrix + plot + library）是 Python 的一个绘图库，是很多高级可视化库的基础。matplotlib 库不是 Python 内置库，调用之前需要先安装，且依赖于 numpy 库。

调用 matplotlib 库绘图一般是调用 pyplot 子模块，pyplot 集成了绝大部分常用方法接口。查看 pyplot 源码文件可以发现，它内部调用了 matplotlib 路径下的大部分子模块（不是全部），共同完成了各种丰富的绘图功能。其中有两个需要重点指出：figure 和 axes，其中前者为所有绘图操作定义了顶层类对象 Figure，相当于是提供了画板；而后者则定义了画板中的每一个绘图对象 Axes，相当于画板内的各个子图。换句话讲，figure 是 axes 的父容器，axes 是 figure 的内部元素，而我们常用的各种图表、图例、坐标轴等则又是 axes 的内部元素。

2. matplotlib 绘图接口

matplotlib 绘图主要使用 pyplot 和 axes 两种绘图接口。一般来讲，如果只是简单的单图标绘制，或者是交互性的实验环境，pyplot 足以满足需求，并且操作上来讲简单易用。但如果涉及多图表的绘制，就需要相对复杂的图例配置等操作，此时面向对象的绘图接口 axes 就会成为更优选择。

需要注意的是，axes 从形式上讲是坐标轴 axis 一词的复数形式，但意义上却远非 2 个或多个坐标轴那么简单：如果将 figure 比作是画板的话，那么 axes 就是画板中的各个子图，这个子图提供了真正用于绘图的空间，除了包含纯粹的两个坐标轴（axes）外，自然还包括图形、图例等。所以准确地讲，如果说 axes 和坐标轴有何关联的话，那么 axes 应该算是广义的坐标轴，或简单称之为子图即可。

3. matplotlib 绘图步骤

使用 matplotlib 绘图一般可以分为 3 大步，即创建画板、绘制图表、配置图例。绘图步骤中常用的方法见表 7.15。

面向当前图的 pyplot 和面向对象的 axes，这两种接口中多数方法接口名是一致的，也有部分不一致接口。但是总体来说，二者接口虽有部分不同，但也有相同规律。此外，面向对象绘制图表配置图例时可以使用更为方便的接口 axes.set()，可以一次性接收多个参数完成所有配置，这也是面向对象绘图的强大功能之一。

表 7.15 绘图步骤

步骤	方法	作用
创建画板	figure	接收元组作为参数设置图形大小，返回 figure 对象用于提供画板
	axes	接收一个 figure 或在当前画板添加子图，返回 axes 对象并将其作为当前图
	subplot	接收 3 个数字或 1 个 3 位数（自动解析为 3 个数字）作为子图行数、列数及当前子图索引
	subplots	接收一个行数 nrows 和列数 ncols 作为参数（不含第三个数字），创建一个 figure 对象和相应数量的 axes 对象，同时返回该 figure 对象和 axes 对象嵌套列表，并默认选择最后一个子图作为"当前"图
绘制图表	plot	折线图或点图
	scatter	散点图
	bar/barh	条形图或柱状图
	hist	直方图
	pie	饼图
	imshow	显示图像
配置图例	title	图表标题
	axis/xlim/ylim	坐标轴范围
	grid	添加网格线
	legend	添加图例显示
	xlabel/ylabel	设置 x、y 轴标题
	xticks/yticks	自定义坐标轴刻度显示
	text/arrow/annotation	在指定位置添加文字、箭头、标记

7.3.4 实例：loss 和 acc 曲线绘制

扫码看实例
讲解：loss 和
acc 曲线绘制

深度学习方法中，loss 和 accuracy 是两个重要的指标，分别用于衡量模型的性能和准确度。loss 是指模型预测结果与真实结果之间的差距，通常情况下，模型的 loss 越小越好。accuracy 是指模型的准确率，即模型预测值与真实值的匹配度，通常情况下，accuracy 越高越好。

给定的文件"lossandacc.csv"中有三列数据，第一列是模型训练参数更新次数，第二列是对应的 loss 值，第三列是对应的准确率值。利用 matplotlib 库，根据 lossandacc.csv 文件绘制 loss 曲线和 acc 曲线，如图 7.1a、b 所示，要求 title、xlabel、ylabel、legend 都要与图 7.1 一致。程序代码如实例 7.14 所示。

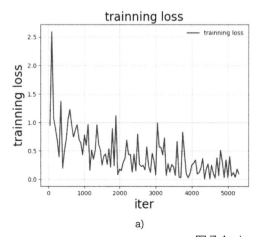

a)

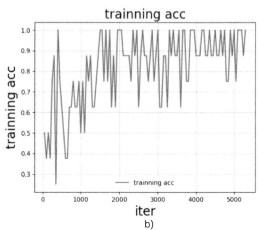

b)

图 7.1 loss 和 acc 曲线

```
#实例7.14 loss_and_acc.py,loss and acc 曲线绘制
import numpy as np
import matplotlib.pyplot as plt
data = np.genfromtxt('lossandacc.csv',delimiter = ",")
#print(data)
iter = data[1:,0]
Loss = data[1:,1]
Accuracy = data[1:,2]
l1, = plt.plot(iter,Loss,color = 'red')
plt.xlabel('iter',size = 20)
plt.ylabel('trainning loss',size = 20)
plt.title('trainning loss',size = 20)
plt.legend(handles = [l1],labels = ['trainning loss'],loc = 0)
plt.grid()
plt.show()
l2, = plt.plot(iter,Accuracy,color = 'green')
plt.xlabel('iter',size = 20)
plt.ylabel('trainning acc',size = 20)
plt.title('trainning acc',size = 20)
plt.legend(handles = [l2],labels = ['trainning acc'],loc = 8)
plt.grid()
plt.show()
```

7.4　机器学习方法概述

7.4.1　机器学习简介

　　机器学习是指计算机通过对数据、事实或自身经验的自动分析和综合获取知识的过程。机器学习算法基于样本数据，也就是训练集，建立数学模型，用于在没有特定算法的情况下进行预测或者决策。

　　要理解机器学习，首先需要理解人类的学习过程。人类的学习是一个有特定目的的知识获取和能力增长的过程，学习的内在行为是获得知识、积累经验、发现规律，而学习的外在表现则是改进性能、适应环境、实现自我完善等。与之对应，机器学习是一门从数据中研究算法的学科，专门研究计算机怎样模拟或者实现人类的学习行为，以获取新的知识或技能，重新组织已有的知识结构使之不断改善自己的性能。换句话讲，机器学习就是根据已有的数据进行算法选择，并基于现有算法和数据构建模型，最终达到对未知进行预测的目的。

　　具体来讲，机器学习可以看作是寻求一个函数，函数的输入是样本数据，输出是期望结果，但是这个函数过于复杂以至于基本无法形象化表达。机器学习的目标是使得学到的函数能够很好地适用于新样本，而非仅仅只是在训练样本上面表现良好，这种适应新样本

的能力也被称作泛化能力。一般机器学习的主要步骤包括：

1）选择一个合适的模型。模型就是一组函数的集合，而如何选择模型需要依据实际问题而定，针对不同的问题和任务需要选取恰当的模型。

2）判断一个函数的好坏。如何判定机器学习得到的函数的好坏，这需要确定一个衡量标准，也就是我们通常说的损失函数（Loss Function）。损失函数的确定也需要依据具体问题而定，如回归问题一般采用欧式距离，分类问题一般采用交叉熵损失函数。

3）找出"最好"的函数。如何从众多函数中最快地找出"最好"的那一个，是最重要也是最困难的，需要保证这个过程又快又准，常用的方法有梯度下降算法、牛顿法等。

7.4.2　机器学习分类

根据不同的分类方式和不同的分类标准，机器学习可以分成不同的类型。

1. 按照学习任务分类

表 7.16 给出了机器学习按照学习任务分类的几种常见类型及其子类，其中回归、分类、聚类是机器学习最常见的三大学习任务。

表 7.16　机器学习任务

学习任务	子　类
回归	线性回归，Linear Regression
	多项式回归，Polynomial Regression
	岭回归，Ridge Regression
	拉索回归，Lasso Regression
	弹性网回归，ElasticNet Regression（lasso 和 ridge 回归的结合）
	XGBoost 回归
	泊松回归，Poisson Regression
分类	朴素贝叶斯，Naïve Bayes
	逻辑回归，Logistic Regression
	感知机，Perception
	距离判别法
聚类	K- 均值，K-Means
	层次聚类，Hierarchical Cluster Analysis
	密度聚类，DBSCAN
	Affinity Propagation 聚类
	模糊聚类，Fuzzy Clustering
	最大期望算法，Expectation Maxmization
降维	主成分分析，Principal Component Analysis
	线性判别分析，Linear Discriminant Analysis
	等距特性分析，Isometric Feature Mapping
	多维尺度分析，Multi-dimensional Scaling
密度估计	增强式密度估计，Boosting Density Estimation
	核密度估计，Kernel Density Estimation
	谱线密度分析，Spectral Density Estimation
排序	网页排序，PageRank
	BayesRank
	RankBoost
	RankSVM

回归是一种数学模型，利用数据统计的原理，对大量的统计数据进行数学处理，由此确定因变量与自变量之间的相关关系，从而建立二者之间强相关性的回归方程，如图 7.2 所示。分类是从数据中学习到一个分类决策函数或分类模型，再用这个函数或模型对新的数据进行预测分类，如图 7.3 所示。聚类是对未知样本进行划分，将其按照一定的规则划分成若干个类簇，把相似的样本聚在同一个类簇中，如图 7.4 所示。

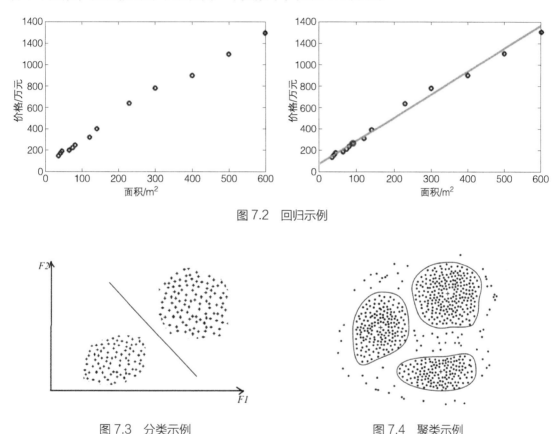

图 7.2　回归示例

图 7.3　分类示例　　　　　　　　　　　　图 7.4　聚类示例

降维指采用某种映射方法，将原高维空间中的数据点映射到低维度的空间中，用一个相对低维的向量来表示原始高维度的特征。密度估计是概率统计学的基本问题之一，就是由给定样本集合求解随机变量的分布密度函数问题。统计学中常用的直方图就是一种密度估计方法。排序学习是信息检索和搜索引擎研究的核心问题之一，通过机器学习方法学习一个分值函数对待排序的候选进行打分，再根据分值的高低确定顺序关系。

2. 按照学习方式分类

机器学习常用的学习方式为有监督学习和无监督学习，还有介于二者之间的半监督学习，见表 7.17。

有监督学习（supervised learning）指的是已知数据集正确输出的一类机器学习方式。这类机器学习中，其数据集输入和输出已知，这就意味着二者之间存在着一个关系，有监督学习的任务就是发现并总结出这种关系，再用这种关系测试新的数据。之前提到的回归、分类和排序都属于有监督学习。

表 7.17 机器学习方式

学习方式	子类
有监督学习	回归
	分类
	排序
无监督学习	聚类
	降维
	密度估计
	模型生成
半监督学习	

无监督学习（unsupervised learning）指的是针对无标签数据集的一类机器学习算法。由于数据集中没有标签信息，意味着需要机器学习从数据集中去自行发现和总结出一种特定的模式或者结构。常见的无监督学习包括聚类、降维、密度估计以及模型生成等。

在现实任务中，很多数据集往往是缺乏标签或者说标签获取代价太高，因此，在有监督学习和无监督学习之间还包含一种半监督学习（semi-supervised learning）。半监督学习中训练数据一部分是有标签的，另一部分是没有标签的，并且普遍来讲，没有标签的数据量会大于有标签的数据量。半监督学习是基于数据的一个基本规律：数据的分布必然不会是完全随机的，通过一些有标签数据的局部特征，结合更多没有标签数据的整体分布，找寻出隐藏的规律，从而得到可以接受甚至是良好的结果。

7.5 一元线性回归理论及实践

7.5.1 一元线性回归

本章以一元线性回归来展示机器学习的基本步骤。7.4 节中提到的回归问题主要用于预测连续问题的数值。线性回归实际上是将两个变量通过一个线性方程联系起来，其中一个变量作为方程中的自变量，也被称为预测变量，另一个变量作为方程中的因变量，也被称为响应变量。具体哪个变量作为自变量哪个变量作为因变量，需要根据经验或者理论知识确定。

一元线性回归的方程为

$$y = h_\theta(x) = \theta_0 + \theta_1 x \tag{7.1}$$

式中，x 为自变量；y 为因变量；θ_1 是斜率；θ_0 是截距。通过一元线性回归模型，即式（7.1）可以确定一条合适的直线，可以最大程度地拟合自变量 x 与因变量 y 之间的关系，这条线被称为回归线。通过回归线，可以根据 x 的值找到最可能的 y 值。学习一元线性模型的过程就是通过训练集数据找到合适的 θ_0 和 θ_1 的过程。

7.5.2 损失函数

一元线性回归就是根据已有的样本点，求解出一元线性回归模型中的两个参数值，从而得到回归线。但是现实研究并不会像理论数学研究一样能够刚好找到一个一次方程使得其对应直线刚好能够通过所有数据点，只能尽可能使更多的数据点靠近回归线。那么，如何确定得到的回归线与数据是否匹配？如何找到一条不完美但是全局最优的回归线？这就涉及损失函数的设计。

如图 7.5 所示，不同的回归曲线与数据的距离不尽相同。优化回归线的目标是通过这条回归线得到的预测值与真实值之间的差距最小。距离越小，代表回归模型的效果越好。

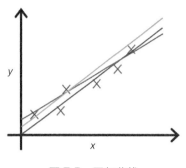

图 7.5　回归曲线

如何评价预测值与真实值之间的差距，最简单的办法就是直接计算预测值 $h_\theta(x)$ 与真实值 y 之差，然后再将所有的值进行累加，最后为了减少样本对结果的影响再除以样本数取平均值，即

$$J(\theta_0,\theta_1) = \frac{1}{n} \sum_{i=1}^{n} (y_i - h_\theta(x_i)) \tag{7.2}$$

但是，这个直接计算差值平均值的公式还存在一定问题，那就是预测值有可能大于真实值，也有可能小于真实值，这就导致误差效果被削弱，最终误差会由于正负抵消导致累加误差变小甚至趋近于 0。对此，一个很简单的改进方法就是对每个点的误差取绝对值，之后再进行累加求平均，即

$$J(\theta_0,\theta_1) = \frac{1}{n} \sum_{i=1}^{n} |y_i - h_\theta(x_i)| \tag{7.3}$$

对每个点的误差取绝对值尽管解决了由于正负抵消导致的误差削弱的问题，但是也存在新的问题：后续误差计算及求导困难。对于绝对值函数 $y = |x|$，尽管该函数在 $x = 0$ 处是连续的，但是其导数在 x 左边为 -1，在 x 右边为 1，二者并不相等，也就是说绝对值函数导数并不光滑，即绝对值函数在 $x = 0$ 处不可导。因此需要对这种损失函数进一步优化，对每个点计算所得误差进行平方再取平均，得到

$$J(\theta_0,\theta_1) = \frac{1}{n} \sum_{i=1}^{n} (y_i - h_\theta(x_i))^2 \tag{7.4}$$

将式（7.1）代入可得

$$J(\theta_0,\theta_1) = \frac{1}{n} \sum_{i=1}^{n} (y_i - \theta_0 - \theta_1 x_i)^2 \tag{7.5}$$

也就是说，损失函数 $J(\theta_0, \theta_1)$ 是一个关于参数 θ_0、θ_1 的函数，一元线性回归学习的过程就是如何选取适当的 θ_0、θ_1 的值，使得损失函数 $J(\theta_0, \theta_1)$ 最小。

如图 7.6 所示，设回归线截距为 0，即参数 θ_0 等于 0，此时损失函数由 $J(\theta_0, \theta_1)$ 变成了关于参数 θ_1 的函数，取不同的 θ_1 可以得到不同的回归线，再利用损失函数计算公式得到此时的损失值，即可做出损失函数曲线，通过损失函数曲线可以找到损失函数最小处的参数 θ_1 的值，从而可以得到最优的回归曲线。

上述损失函数就是最经典的平方损失函数，又叫最小二乘法。总的来讲，损失函数是

用来估量模型的预测值与真实值不一致程度的，是一个非负实值函数。损失函数越小，意味着所得到的模型鲁棒性就越好。除了上述的平方损失函数之外，还有其他很多常用的损失函数，如 log 对数损失函数、指数损失函数、hinge 损失函数等。不同的损失函数有不同的优缺点，也有其不一样的适用范围，使用时需要根据实际模型需求来进行选择。

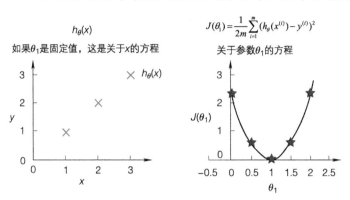

图 7.6　损失函数曲线

7.5.3　梯度下降法

通过上述分析可以得出，一元线性回归模型的求解过程就是找到合适的参数 θ_0、θ_1，使得损失函数的值最小，这个过程也是一种优化过程，其中所使用的方法被称为优化方法。在求解机器学习算法的模型参数，即无约束优化问题时，梯度下降法（Gradient Descent）是最常用的优化方法之一。梯度下降法是一种基于搜索的最优化方法，作用是最小化一个损失函数，它是迭代法的一种，可以用于求解最小二乘问题。

梯度下降法可以形象地理解为下山的过程，用梯度下降法求解损失函数最小的过程就类似于在山上想要到山下的过程，但是在这个过程中是不知道山下在哪的，那么就需要判断山下的方向。一个比较容易实现的方法就是沿着山高度下降的方向走，为了更快地到达山底就需要沿着高度下降最快的方向下山。山高度下降的方向有很多，很明显越陡峭的方向高度下降越快。但是在下山的过程中不难发现，最开始选定的一个方向并不一直是高度下降最快的方向，因此在每行进一段距离后就需要重新选择当前位置的高度下降最快的方向，这样每次行进的方向都是高度下降最快的方向，从而可以又快又准确地到达山下。梯度下降法用的就是这个思想，在学习的过程中不断找到参数 θ 的值使得损失函数下降速度最快，就可以迅速地获得损失函数最小的参数 θ。

如图 7.7 所示，导数 $\dfrac{\mathrm{d}J(\theta)}{\mathrm{d}\theta}$ 代表的是曲线某点处切线的斜率。损失函数的导数代表着参数 θ 变化时，损失函数 J 值相应的变化。在图 7.7 中，该点损失函数的导数为负值，因此随着参数 θ 的增大，损失函数 J 减小。导数也代表着一个方向，导数为正就对应着损失函数增大的方向，

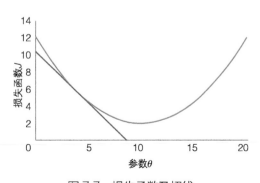

图 7.7　损失函数及切线

导数为负就对应着损失函数减小的方向。

显然损失函数最小化的方向就是对导数取负再乘以一个系数作为参数 θ 的增量，对于一元线性回归的损失函数，取参数 θ_j 为

$$\theta_j = \theta_j - \alpha \frac{\partial}{\partial \theta_j} J(\theta_0, \theta_1) \tag{7.6}$$

由于一元线性回归中损失函数有两个参数 θ_0、θ_1，因此 j 取 0 和 1。α 为学习率（Learning Rate, Lr），也叫步长，是梯度下降法中一个非常重要的超参数，α 取值大小直接影响最优解求解的速度，取值不合适时甚至有可能得不到最优解。学习率 α 取值较小，则意味着参数 θ_j 更新的幅度较小，损失函数达到最小的速度也就相应较慢；α 取值较大，则意味着参数 θ_j 更新的幅度较大，同时损失函数达到最小的速度也会较快。

学习率并非越小越好，学习率太小会导致迭代速度过慢，为了使得损失函数最小，将会导致迭代次数较大，所需要的迭代时间就会非常长。学习率也不能取得过大，容易导致参数 θ 在损失函数最小的区域附近反复振荡，最终导致模型收敛的结果并不是损失函数最小的点，如图 7.8 所示。

这和我们每个人的学习成长是类似的。简单的事情重复做，就会成为专家；重复的事情用心做，就会成为

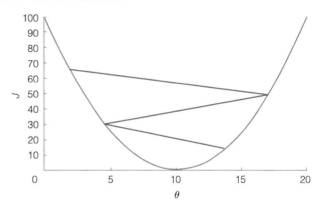

图 7.8　学习率变化示意

赢家。我们都需要不断迭代更新自己的知识和能力，要逐步、持续地更新迭代自己，日积月累就能得到很大的提升。

在一元线性回归中，回归曲线方程为式（7.1），设其损失函数为

$$J(\theta_0, \theta_1) = \frac{1}{2n} \sum_{i=1}^{n} (h_\theta(x_i) - y_i)^2 \tag{7.7}$$

为了便于后续二次函数求导计算，故在求平均时分母上乘以 2。将式（7.1）与式（7.7）代入式（7.6）可得

$$\begin{cases} \theta_0 = \theta_0 - \alpha \frac{1}{n} \sum_{i=1}^{n} (h_\theta(x_i) - y_i) \\ \theta_1 = \theta_1 - \alpha \frac{1}{n} \sum_{i=1}^{n} (h_\theta(x_i) - y_i) x_i \end{cases} \tag{7.8}$$

利用梯度下降法求解一元线性回归曲线方程的过程实际上就是利用式（7.8）不断地迭代更新参数 θ_0、θ_1，直至损失函数值达到最小。此处需要注意的是，参数值 θ_0、θ_1 二者需要同步更新，因为在两个参数的更新公式中都同时含有 θ_0、θ_1。因此，倘若二者没有同时更新，则其中一个参数会影响另一个参数更新的结果。

7.5.4　实例：智能车路径拟合

在智能车竞赛中，利用摄像头采集到车道图片，经过计算处理后能够获得若干个路径中心点，需要利用这些路径点拟合出一条车道线以供后续智能小车进行路径跟踪时使用。Data_middlepoint.csv 文件中存有一组在直线路段采集到的路径点信息，共有 42 个样本，每个样本包含 x、y 坐标值。现在需要利用这些点回归一条直线。

本实例基于 Scikit-learn 库的线性回归方法完成。Scikit-learn 库又称 sklearn 库，是一个开源的基于 Python 语言的机器学习工具包，基于 numpy、scipy、matplotlib 等 Python 数值分析库实现高效的算法应用，涵盖了几乎所有主流的机器学习算法。sklearn 库官网为：https://scikit-learn.org/stable/index.html，里面详细讲解了基于 sklearn 的所有算法的实现和简单应用，如图 7.9 所示。sklearn 中常用模块包括：

1）分类方法：SVM（支持向量机）、nearest neighbors（最近邻）、random forest（随机森林）。

2）回归方法：linear regression（线性回归）、ridge regression（岭回归）、Lasso（拉索回归）。

3）聚类方法：k-Means、spectral clustering、mean-shift。

4）降维方法：PCA（主成分分析）、feature selection（特征选择）、non-negative matrix factorization（非负矩阵分解）。

5）模型选择：比较，验证，选择参数和模型，常用的模块有 grid search（网格搜索）、cross validation（交叉验证）、metrics（度量），目标是通过参数调整提高精度。

6）预处理：特征提取和归一化，常用的模块有 preprocessing、feature extraction。

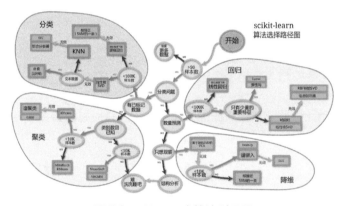

图 7.9　sklearn 库算法引导图

智能车路径拟合 sklearn 实现如实例 7.15 所示。

```
# 实例 7.15 智能车路径一元线性回归
from sklearn.linear_model import LinearRegression
import numpy as np
import matplotlib.pyplot as plt
# 载入数据并绘制散点图
data = np.genfromtxt("data_middlepoint.csv", delimiter = ",")
x_data = data[:,0]
y_data = data[:,1]
plt.scatter(x_data,y_data)
```

```
plt.show()
# 创建并拟合模型
x_data = data[:,0,np.newaxis]
y_data = data[:,1,np.newaxis]
model = LinearRegression()
model.fit(x_data, y_data)
# 绘制拟合出的回归曲线
plt.plot(x_data, y_data, 'b.')
plt.plot(x_data, model.predict(x_data), 'r')
```

上述代码运行拟合出回归曲线如图 7.10 所示。

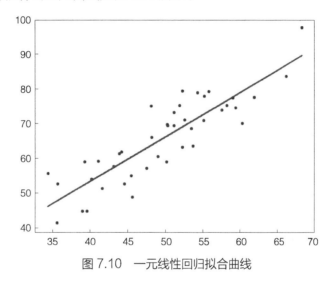

图 7.10　一元线性回归拟合曲线

习　题

一、选择题

1. 计算思维是（　　）。

A. 使用计算机解决问题的能力　　　　　　B. 使用计算机编程的能力

C. 使用计算机存储和处理数据的能力　　　D. 以上所有

2. Matplotlib 库用于（　　）。

A. 数据可视化　　　　B. 图形绘制　　　　C. 图像处理　　　　D. 以上所有

3. pandas 库中的 DataFrame 是（　　）数据结构。

A. 列表　　　　　　　B. 字典　　　　　　C. 数组　　　　　　D. 表格

4. 机器学习中的监督学习是（　　）。

A. 模型自动学习　　　　　　　　　　　　B. 有标签数据的学习

C. 无监督的学习　　　　　　　　　　　　D. 人工干预的学习

5. 一元线性回归模型的表达式为（　　）。

A. y = mx + b　　　　B. y = mx^2 + b　　　C. y = mx^3 + b　　　D. 以上都不正确

6. 一元线性回归模型的目标可以是（　　　）。

A. 找到一条直线，使所有数据点到直线的距离之和最小

B. 找到一条直线，使所有数据点到直线的距离之和最大

C. 找到一条曲线，使所有数据点到直线的距离之和等于 0

D. 以上都不正确

7. 请选择如下代码正确的输出值（　　　）。

```
import numpy as np
x = np.array([[0,1,2],[3,4,5],[6,7,8],[9,10,11]])
z = x[1:4,1:3]
print(z)
```

A. [[4 5] [7 8] [10 11]]　　　　　　　B. [4 5 7 8 10 11]

C. [[4,5] [7,8] [10,11]]　　　　　　　D. [[4 5],[7 8],[10,11]]

8. 下述程序输出结果是（　　　）。

```
import pandas as pd
df=pd.DataFrame('a':[1,2,3])
print(df.shape)
```

A. (3,)　　　　　　B. (3,1)　　　　　　C. (,3)　　　　　　D. −3

9. 若要指定当前图形 x 轴范围，以下代码中（　　　）正确。

A. plt.xlim()　　　　　B. plt.ylim()　　　　　C. plt.xlabel()　　　　　D. plt.ylabel()

二、判断题

1. NumPy 库、Pandas 库、Matplotlib 库是 Python 标准库的一部分。　　　　（　　　）

2. 机器学习是人工智能的一个分支。　　　　　　　　　　　　　　　　　　（　　　）

3. 机器学习中的无监督学习是指从有标签数据中学习。　　　　　　　　　　（　　　）

4. 监督学习是机器学习的一种类型。　　　　　　　　　　　　　　　　　　（　　　）

5. 强化学习是机器学习的一种类型。　　　　　　　　　　　　　　　　　　（　　　）

6. 一元线性回归模型是一种监督学习模型。　　　　　　　　　　　　　　　（　　　）

7. 一元线性回归用于解决分类问题。　　　　　　　　　　　　　　　　　　（　　　）

8. 在 Python 中，Scikit-learn 库提供了丰富的机器学习算法和工具。　　　　（　　　）

三、实训题

1. 利用 numpy 创建一个 6×3 随机矩阵和一个 3×4 随机矩阵，求矩阵积，以及矩阵积的转置。

2. 针对实例 7.15，尝试不调用 sklearn 库，自己编写代码实现智能车路径的一元线性回归。

3. 给定的数据文件 EVMiles-200.csv 是某电动汽车实际行驶采集的数据，是为了研究分析电动汽车续驶里程的影响参数，数据文件中共有 200 个样本，第一列为标签值，表示电动汽车的续驶里程（driving range），其他 4 列为 4 个特征值，请分别建立通过 4 个特征与标签值 drivingrange 的一元线性回归模型，输出模型的参数值，要求通过图形显示出散点图和回归线，绘制的图形要求有 xlabel 和 ylabel。

## 第 3 部分

深度学习基础理论与实践

第 8 章 深度学习基础及车辆识别项目实践

随着计算机计算性能、大数据科学的不断发展，深度学习首次在 2012 年的 ImageNet 图像识别比赛中表现出强大的自学习能力。大数据提供了丰富的样本空间，极大地提升了深度学习的准确率，而计算机性能的提升则极大地加快了深度学习模型的训练过程，因此整个人工智能领域的发展也在深度学习的推动下得到了空前的进步。深度学习的发展是基于神经网络基础理论发展而来的，本章将对神经网络和深度学习的基本概念、基础理论和实践方法展开讲解。

8.1 神经网络简介

8.1.1 神经网络基本概念

现如今我们所见到的绝大多数人工智能算法都离不开深度学习的支持，那么深度学习与机器学习、神经网络之间又有什么关系呢？事实上，在深度学习算法成熟之前，机器学习作为人工智能的一种核心工具就用到了神经网络。在深度学习空前发展的影响下，机器学习中最受欢迎的算法才从传统的 SVM 算法逐渐转变为现如今的神经网络算法，准确来讲应该是深层神经网络，也就是深度学习。

如图 8.1 所示，机器学习是实现人工智能的一种基本途径，神经网络是隶属于机器学习的一种具体的算法方向，而深度学习，也就是深层神经网络，是神经网络算法的一种。因此可以简单地理解为：深度学习 ∈ 神经网络 ∈ 机器学习 ∈ 人工智能。由此可见，神经网络是深度学习会用到的一个基础算法。

人工神经网络（Artificial Neural Networks，ANN）简称为神经网络（NN）或连接模型（Connection Model），是一种模仿生物神经网络行为特征进行分布式并行信息处理的算法模型。神经网络依靠复杂的系统模型，通过调整内部大量节点之间的相互连接关系达到处理信息的目的。总的来讲，神经网络是一种由具有适应性的简单

图 8.1 人工智能、机器学习、神经网络、深度学习隶属关系

单元组成的广泛并行连接单元，它的组织结构能够模拟生物神经系统对真实世界物体所做出的交互反应。因此神经网络中的基本单元——人工神经元与生物神经元之间具有非常相似的结构与作用。

8.1.2 单层感知机

图 8.2 所示为生物神经元的基本结构示意图。人工神经网络借鉴了生物神经元的结构与功能特征，模仿其信息传递功能进行设计。表 8.1 为生物神经元与人工神经元的结构功能对照表。

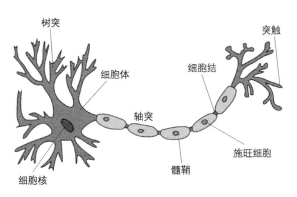

图 8.2 生物神经元结构

表 8.1 生物、人工神经元结构功能对照表

生物神经元	人工神经元	作用
树突	输入层	接收输入信号（数据）
细胞体	加权和	加工处理信号（数据）
轴突	激活函数	控制输出
突触	输出层	输出结果

借鉴生物神经元结构设计的人工神经元就是单层感知机（或单层感知器），单层感知机（Single Layer Perceptron）是最简单的神经网络，包含输入层和输出层，且二者是直接连接的。图 8.3 所示为单层感知器结构示意图，其中，x_i 为输入层，可以是图像等特征信息，也可以是来自其他神经元的输入；w_i 表示相应的网络连接权重，b 是偏置，各个输入参数 x_i 乘以相应权重 w_i，然后累加，再加上偏置，经过激活函数 f 计算得到输出 y。其中输入层模拟生物神经元的树突接收输入信号，加权和的计算则是模拟生物神经元的细胞体进行加工和处理接收到的信号，激活函数的作用在于模拟生物神经元的轴突控制信号的输出，输出层则是模拟生物神经元的突触对结果进行输出。

一个单层感知器可以简单理解为一个线性回归模型，由输入数据、权重、偏差（或

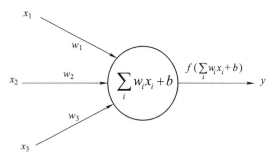

图 8.3 单层感知器

阈值）和输出构成。单层感知器的计算公式为

$$y = f\left(\sum_i w_i x_i\right) \tag{8.1}$$

对于单层感知器来讲，训练的过程就是学习获得它的权重和偏置的过程，如果将偏置也看作是一个特殊的权重的话，那么问题就转化为通过训练数据集来得到权重 w_i 的过程。对于训练数据集（x_i, y_i），假设单层感知机输出为 $\hat{y}_i$，那么在其学习过程中权重参数的调整为

$$w_i = w_i + \Delta w_i \tag{8.2}$$

$$\Delta w_i = \eta\,(y_i - \hat{y}_i) x_i \tag{8.3}$$

式中，η 为学习率，取值范围为（0，1）。这是单层感知机的参数更新方式。

实例 8.1 给出了利用单层感知机解决一个简单的分类问题：假设平面坐标系上有 4 个点：标签为 1 的（5，4）和（4，5），标签为 -1 的（1，2）和（3，2）。构建一个单层感知器将这 4 个数据分为两类。

```python
# 实例 8.1 np perceptron.py 单层感知器
import numpy as np
import matplotlib.pyplot as plt
# 输入数据
X = np.array([[1,5,4],
              [1,4,5],
              [1,1,2],
              [1,3,2]])
# 标签
Y = np.array([[1],
              [1],
              [-1],
              [-1]])
#np.random.random([m, n])：生成 m 行 n 列 0 ~ 1 之间浮点数
# 权值初始化，3 行 1 列（对应输出数量），取值范围 -1 到 1
W = (np.random.random([3,1])-0.5)*2
print(W)
# 学习率设置
lr = 0.11
# 神经网络输出
out = 0
# 定义更新权值函数
def update():
    global X,Y,W,lr
    Y_P = np.sign(np.dot(X,W)) # 预测值，shape:(3,1)
    #4 个值的误差累加，再求平均，先求 x 矩阵的转置（.T），再求与 Y-Y_P 的点积
    W_C = lr*(X.T.dot(Y-Y_P))/int(X.shape[0])
```

```
        W = W + W_C
for i in range(100):
    update()# 更新权值
    print(W)# 打印当前权值
    print(i)# 打印迭代次数
    out = np.sign(np.dot(X,W))# 计算当前输出，矩阵运算，每次得到 4 个数据（预测值）
    if(out == Y).all(): # 如果实际输出等于期望输出，模型收敛，循环结束
        print('Finished')
        print('epoch:',i)
        break
# 绘制图形
# 正样本
x1 = [5,4]
y1 = [4,5]
# 负样本
x2 = [1,3]
y2 = [2,2]
# 计算分界线的斜率以及截距
k = -W[1]/W[2]
d = -W[0]/W[2]
print('k = ',k)
print('d = ',d)
xdata = (-2,6)
plt.figure()
plt.plot(xdata,xdata*k + d,'r')
plt.scatter(x1,y1,c = 'b')
plt.scatter(x2,y2,c = 'y')
plt.show()
```

利用上述代码构建的单层感知器对 4 个点进行分类，分类结果如图 8.4 所示。

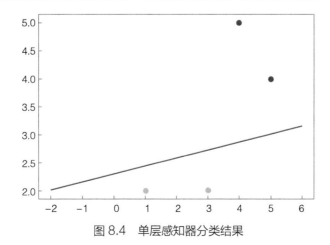

图 8.4　单层感知器分类结果

8.1.3　多层感知机

单层感知机能解决的问题是有限的，把多个单层感知机纵向、横向组合叠加，就形成了多层感知机，或者说全连接神经网络（DNN），此时单层感知机就变成了神经网络的神经元。神经网络层可以分为输入层、隐藏层和输出层。一般来说，第一层是输入层，最后一层是输出层，而中间的都是隐藏层，且层与层之间是全连接的，如图 8.5 所示。

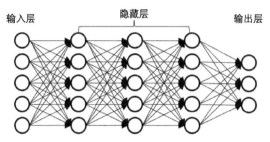

图 8.5　全连接神经网络结构示意图

神经网络的起源就是想将这些基本的简单函数叠加起来、组合起来形成复杂的函数，这个复杂函数能够完成复杂的任务。这样的思想有没有依据呢？其实是有很多这样的例子的，比如傅里叶变换、多项式的泰勒展开等，都可以分解为简单基本函数的叠加，也就是说，用简单的函数组合出复杂的函数是有理论支撑的。这也特别像人体中的生物神经网络，简单的生物神经元通过组合叠加，就能完成复杂的功能。神经元和感知器本质上是一样的，只不过感知器的激活函数是阶跃函数，而神经元的激活函数往往选择为 sigmoid 函数或 ReLU 函数等。

8.2　深度学习理论基础

受限于计算机算力和数学理论的完善程度，最初的神经网络隐藏层的层数比较有限，大多只有 3 ~ 5 个隐藏层，称为浅层神经网络。随着计算机计算能力的提升和数学理论的完善，神经网络隐藏层的层数越来越多，有十几层到上百层，如图 8.6 所示，就发展成了深层神经网络，也称为深度学习。深度学习的"深度"两字有两个含义：一个是网络层数深；另外一个是能够学习到样本更深层次的特征。要搭建一个深度学习模型来求解问题，首先需要选择神经网络类型，比如全连接神经网络、卷积神经网络等，全连接神经网络结构比较固定，卷积神经网络更灵活；然后需要确定神经元激活函数；最后选择

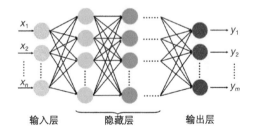

图 8.6　含有多个隐藏层的全连接神经网络

参数学习方法等。本章我们基于全连接神经网络来学习深度学习的一些基本理论，卷积神经网络将在第 9 章进行介绍。

全连接神经网络（Deep-Learning Neural Network，DNN）是一种多层感知机结构。整个全连接神经网络分为输入层、隐藏层和输出层，其中隐藏层可以更好地分离数据的特征，

但是过多的隐藏层会导致过拟合问题。除输入层和输出层之外，每一层的每一个节点都与上下层节点全部连接，这就是"全连接"的由来。反映在由神经网络构造出的数学模型上，就是参数很多，构造的模型很复杂。

全连接神经网络训练分为前向传播、反向传播两个过程。前向传播指的是信号前向传播，数据沿输入到输出，通过计算可得到损失函数值。反向传播指的是误差的反向传播，是一个优化过程，可利用梯度下降法或其他优化方法更新参数，从而减小损失函数值。

8.2.1　信号前向传播

在全连接神经网络、卷积神经网络中，信息仅在一个方向上从输入层向前移动，通过隐藏节点到达输出层，整个网络中没有循环或者回路。

下面以具有一个输入层、两个隐藏层、一个输出层的简单神经网络为例介绍信号前向传播过程。如图 8.7 所示，输入层输入参数有两个，分别为 1 和 −1，整个计算过程均按照 $kx + b$ 的形式，即输入参数乘以权重加上偏置，然后所有结果累加，最终经过激活函数得到输出。图中箭头上方数字为权重，

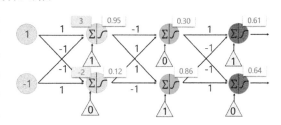

图 8.7　神经网络信号正向传播

三角形框内数字为偏置，使用的激活函数为 sigmoid 函数。如第一层神经网络中第一个神经元的结果是由第一个输入参数 1 乘以权重 1 加上第二个输入 −1 乘以权重 −1，再加上偏置 1 得到 3，最后再将 3 输入激活函数 sigmoid 函数得出最终输出结果 0.95，即

$$\text{sigmoid}(1 \times 1 + (-1) \times (-1) + 1) = \text{sigmoid}(3) = \frac{1}{1 + e^{-3}} = 0.95 \tag{8.4}$$

其他各个神经元的计算方法都与之类似。不难看出，全连接神经网络实际上就是由多个单层感知器按照一定的规则连接起来所形成的，整个神经网络叠加起来可以将其抽象为一个函数，这个函数的输入就是前馈神经网络的输入 1 和 −1，函数计算的结果就是前馈神经网络对应的输出 0.61 和 0.64，即

$$f\left(\begin{bmatrix} 1 \\ -1 \end{bmatrix}\right) = \begin{bmatrix} 0.61 \\ 0.64 \end{bmatrix} \tag{8.5}$$

到此为止，仅仅只是初步确定了这个函数的基本形态、输入以及输出，具体函数内部的各个参数值应该是多少还没有完全确定下来，还需要进行参数学习。参数学习需要做的事情就是去不断学习调整权重和偏置，快速找到一组参数能够获得最理想的输出结果。

8.2.2　激活函数

在神经网络和深度学习中，需要通过激活函数使得模型能够解决非线性问题。激活函数的作用是为神经元引入非线性映射关系，将神经元的加权信息输入进行非线性转换，增强网络的表达能力。如果在网络模型中不使用激活函数，那么每层节点的输入都是上层节点输出的线性函数。此时，无论网络有多少层，最终输出都是输入的线性组合，整个网络

的逼近能力将极其有限。如果引入非线性函数作为激励函数，深层神经网络表达能力就更加强大，不再是输入的线性组合，而是几乎可以逼近任意函数。

　　常用的激活函数见表 8.2，其中 sigmoid 函数、tanh 函数有一个问题，那就是具有饱和性，在误差反向传播的过程中，当输入非常大或者非常小时，其导数会趋近于零，由此会导致向下一层传递时梯度非常小，从而引起梯度消失的问题。ReLU 函数（Rectified linear unit，ReLU）是现代神经网络中最常用的激活函数，是大多数前馈神经网络默认使用的激活函数。ReLU 函数在 $x > 0$ 时可以保证梯度不变，从而非常有效地解决了梯度消失的问题，但 $x < 0$ 时，梯度为 0。这个神经元及之后的神经元梯度永远为 0，不再对任何数据有所响应，导致相应参数永远不会被更新，因此就有了改进的 Leaky-ReLU 和 ELU 激活函数。

表 8.2　常用激活函数

函数名称	函数表达式	函数图像
sigmoid	$\sigma(x) = \dfrac{1}{1 + e^{-x}}$	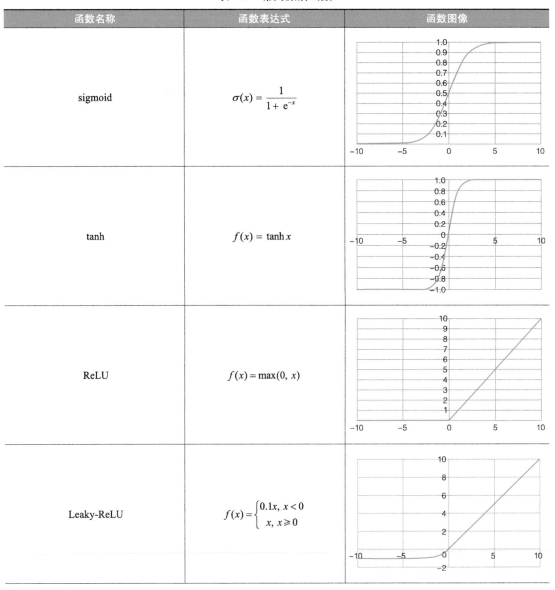
tanh	$f(x) = \tanh x$	
ReLU	$f(x) = \max(0,\ x)$	
Leaky-ReLU	$f(x) = \begin{cases} 0.1x,\ x < 0 \\ x,\ x \geqslant 0 \end{cases}$	

（续）

函数名称	函数表达式	函数图像
ELU	$f(x)=\begin{cases}\alpha(e^x-1),\ x<0\\ x,\ x\geqslant0\end{cases}$	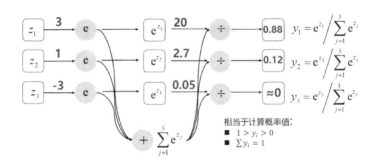
Softmax	$\mathrm{Softmax}(z_i)=\dfrac{\exp(z_i)}{\sum_j\exp(z_j)}$	

Softmax 也是一种激活函数，它可以将一个数值向量归一化为一个概率分布向量，且各个概率之和为 1，如图 8.8 所示。Softmax 可以用来作为神经网络的最后一层，用于多分类问题的输出。Softmax 将上一层的原始数据进行归一化，转化为一个（0，1）之间的数值，这些数值可以被当作概率分布，用来作为多分类的目标预测值。Softmax 层常和交叉熵损失函数一起结合使用。

图 8.8　Softmax() 函数归一化处理

8.2.3　损失函数

损失函数（Loss Function）是用来衡量模型的预测值与真实值之间差异程度的函数，在深度学习模型中，损失函数是必不可少的，其主要作用在于：

1）衡量预测的准确性：损失函数主要用于衡量模型输出与真实标签之间的差异。通过最小化损失函数，模型能够不断修正自身的参数和权重，更准确地预测未知样本的标签。

2）优化模型：深度学习模型可以通过梯度下降等方法不断优化和调整模型参数来最小化损失函数，进而优化模型，使得模型预测值能够与真实值更加接近。

3）计算反向传播信号：大多数神经网络模型都是通过反向传播来不断学习更新网络参数的，而反向传播算法所需要的梯度信息则需要利用损失函数来进行计算。

4）评估模型：可以通过比较模型在训练集、测试集、验证集上的损失函数来衡量整个模型的准确性以及泛化能力等性能。

损失函数的使用主要是在模型的训练阶段，每一个批次的数据送入模型进行训练后，通过前向传播输出模型预测值，再通过损失函数计算得出衡量预测值与真实值之间差异的损失值；得到损失值后，模型通过反向传播更新各个参数以便降低预测值与真实值之间的损失，使得模型的预测值能够与真实值逐渐逼近。从原理上来讲，损失函数可以分为两大类。

第一类是基于距离度量的损失函数。这类损失函数通常是将输入数据映射至基于距离度量的特征空间上，例如欧式空间等，再将映射后的样本看作特征空间上的点，采用合适的损失函数来度量特征空间上真实值与预测值之间的距离。而特征空间上真实值所代表的点与预测值所代表的点之间的距离越小，则模型预测的性能就越好。这类损失函数包括均方误差（Mean Square Error，MSE）损失函数、L2 损失函数（最小平方误差，Least Square Error，LSE）、L1 损失函数（最小绝对误差，Least Absolute Error，LAE）、Smooth 损失函数、Huber 损失函数等。

第二类是基于概率分布的损失函数。这类损失函数是将样本之间的相似性转化为随机事件出现的可能性，即通过度量样本的真实分布与估计分布之间的距离来判断两者之间的相似度，一般用于涉及概率分布或者预测类别出现概率的问题中，尤其是分类问题中较为常用。这类损失函数包括 KL 散度函数（相对熵损失函数）、交叉熵损失函数、Softmax 损失函数、Focal 损失函数。表 8.3 给出了常用损失函数的表达式，其中 $f(X)$ 为预测值，Y 为样本标签值，L 为损失函数值。

表 8.3　常用损失函数

用途	函数名称	函数表达式
Classification	Hinge Loss	$L(Y, f(X)) = \max(0, 1 - Yf(X))$
	Focal Loss	$L(p_x) - \alpha(1 - p_x)^{\gamma} \log(p_x)$
	KL Divergence	$L = \sum q_x \log(q_x / p_x)$
	Log Loss	$L = -\sum q_x \log(p_x)$
Regression	MSE	$L = \dfrac{1}{n} \sum_{i=1}^{n} (Y - f(X))^2$
	MAE	$L = \dfrac{1}{n} \sum_{i=1}^{n} \lvert Y - f(X) \rvert$
	Huber Loss	$L = \dfrac{1}{n} \sum_{i=1}^{n} \begin{cases} \dfrac{1}{2}(Y - f(X))^2, & \lvert Y - f(X) \rvert \leqslant \delta \\ \delta \lvert Y - f(X) \rvert - \dfrac{1}{2}\delta^2, & \lvert Y - f(X) \rvert > \delta \end{cases}$
	Log cosh Loss	$L = \log(Y - f(X))$
	Exponential Loss	$L = \dfrac{1}{n} \sum_{i=1}^{n} e^{-Yf(X)}$
	Quantile Loss	$L = \gamma \max(0, Y - f(X)) + (1 - \gamma)\max(0, f(X) - Y)$

8.2.4　优化方法

深度学习模型学习参数过程中，除了损失函数，还有一个必不可少的部分就是优化方法。深度学习算法的本质都是建立模型，通过优化方法对损失函数进行训练优化，找出最优的参数组合，也就找到了当前问题的最优解模型。下面介绍几种常见的优化方法。

（1）梯度下降法

梯度下降法在 7.5.3 节中已做初步介绍，其优化思想在于用当前位置负梯度方向作为搜索方向，因为负梯度方向是当前位置损失函数的最快下降方向，因此也被称为"最速下降法"。标准梯度下降法参数更新公式为

$$\theta = \theta - \alpha\nabla_\theta J(\theta) \tag{8.6}$$

式中，θ 为需要训练更新的参数；$J(\theta)$ 为损失函数；$\nabla_\theta J(\theta)$ 为损失函数的梯度；α 为学习率。梯度下降法的优点在于，若损失函数为凸函数，则一定能够找到全局最优解；若损失函数为非凸函数，则能够保证至少收敛到局部最优解；但是在接近最优解区域时收敛速度会明显变缓。因此，利用梯度下降法来求解更新参数需要的迭代次数非常多。此外，标准梯度下降法是先计算所有样本汇总误差，然后根据总误差来更新参数，这种更新方式对于大规模样本问题的求解效率是很低的，因此发展出了随机梯度下降法（Stochastic Gradient Descent）：

$$\theta = \theta - \alpha\nabla_\theta J(\theta; x^i, y^i) \tag{8.7}$$

与标准梯度下降法计算所有样本汇总误差不同，随机梯度下降法是随机抽取一个样本来计算误差，然后更新权值。这种参数计算更新方法的优点在于收敛速度快。如果样本数量很大，那么仅需要用到其中少量的样本就可以使得参数迭代至最优。随机梯度下降法是最小化每个样本的损失函数，尽管不是每次迭代得到的损失函数都是朝向全局最优，但是总体方向是朝向全局最优的。并且由于在参数更新的过程中是在随机挑选样本，因此会有更大的概率跳出一个相对较差的局部最优解，再收敛到一个更优的局部最优解甚至全局最优解。总体而言，随机梯度下降法比较容易收敛到局部最优解，并且容易被困在鞍点附近。因此结合标准梯度下降法和随机梯度下降法提出了小批量梯度下降法（mini-batch Gradient Descent）：

$$\theta = \theta - \alpha\nabla_\theta J(\theta; x^{i:i+n}, y^{i:i+n}) \tag{8.8}$$

mini-batch Gradient Descent 每次训练都是从训练集中取一个子集（mini-batch）用于梯度计算，基于计算出的梯度进行参数更新。相较于前两种梯度下降方法，该方法收敛速度更快，并且收敛更为稳定。当然它也有一些缺点，例如对学习率的选择较为敏感、需要使用较为合适的初始化数据和步长等，但是在整体性能上还是优于前两者的。因此，现如今使用梯度下降法往往都是指小批量梯度下降法。

（2）Momentum

Momentum 优化方法借用了物理上动量的概念来模拟真实物体运动的惯性，在更新参数时一定程度上保留了之前参数更新的方向，同时利用当前批量梯度微调最终参数更新的方向。Momentum 的参数更新公式为

$$\begin{cases} v_t = \gamma v_{t-1} + \alpha\nabla_\theta J(\theta) \\ \theta = \theta - v_t \end{cases} \tag{8.9}$$

式中，γ 为动力参数，一般设置为 0.9，表示历史梯度对当前梯度的影响。通过 γ 参数，Momentum 算法会观察历史梯度 v_{t-1} 与当前梯度 v_t，如果二者方向一致，则会增强这个方向上的梯度，加速该方向上参数更新的速度；如果二者方向不一致，则会衰减当前方向上的

梯度，抑制该方向上参数的更新速度。Momentum 的优点是，在梯度下降初期，可以利用上一次参数更新，如果二者下降方向一致，则可以通过乘以 γ 加速下降过程；在梯度下降中后期，倘若在局部最优解附近振荡，则 γ 可以使得参数更新幅度增大，更利于跳出局部最优点。总而言之，相较于梯度下降法，Momentum 能够在梯度下降方向上加速参数更新，从而达到加快收敛的效果。

但是，在 Momentum 中，更新的参数类似于小球下坡，只会盲目地跟随最大下降梯度，这在某些场景下会带来不必要的错误，例如在进入一个坡底时有可能会因为参数更新过快从而导致冲出坡底。因此，需要加入一个抑制项，使得小球能够简单地预测下一个位置的梯度，这就是 Nesterov Momentum 优化方法：

$$
\begin{cases}
v_t = \gamma v_{t-1} + \alpha \nabla_\theta J(\theta - \gamma v_{t-1}) \\
\theta = \theta - v_t
\end{cases}
\tag{8.10}
$$

在 Momentum 方法中，如果只看 γv_{t-1} 项，那么参数 θ 经过当前更新后就会变为 $\theta - \gamma v_{t-1}$，因此 $\theta - \gamma v_{t-1}$ 可以近似看作为下一时刻的参数，利用下一时刻的参数求解梯度再将其作用在当前参数更新上，就可以避免梯度变化太快。此外，由于加入了前瞻项，在梯度进行一个比较大的跳跃时都会根据前瞻项对当前梯度进行修正，这也使得参数更新对于梯度变化更灵敏。

（3）Adam

Adam（Adaptive Moment Estimation）优化器是一种基于梯度下降的优化算法，由 Diederik P. Kingma 和 Jimmy Ba 在 2014 年提出。Adam 优化器采用了多种方法，包括动量优化、学习率衰减和归一化梯度，其优化算法为

$$
\begin{cases}
m_t = \beta_1 m_{t-1} + (1 - \beta_1) g_t \\
v_t = \beta_2 v_{t-1} + (1 - \beta_2) g_t^2 \\
\hat{m}_t = \dfrac{m_t}{1 - \beta_1^t} \\
\hat{v}_t = \dfrac{v_t}{1 - \beta_2^t} \\
\theta_{t+1} = \theta_t - \dfrac{\alpha}{\sqrt{\hat{v}_t} + \varepsilon} \hat{m}_t
\end{cases}
\tag{8.11}
$$

式中，β_1 和 β_2 分别为 2 个移动平均的衰减率，在 Adam 原文中取值为 $\beta_1 = 0.9$，$\beta_2 = 0.999$；α 为步长，在 Adam 原文中取值为 $\alpha = 0.001$；θ 为需要训练更新的参数；m_t 为对梯度的一阶矩估计，可以看作是 $E[g_t]$ 的近似值；v_t 为对梯度的二阶矩估计，可以看作是 $E[g_t^2]$ 的近似值；$\hat{m}_t$、$\hat{v}_t$ 分别为对 m_t、v_t 的校正，可以近似看作对期望的无偏估计 ε 是为了维持数值稳定性而添加的常数；g_t 为时间步为 t 时的梯度。无论数据稀疏与否，Adam 优化器都能取得相对较好的效果，因此在实际应用中，Adam 优化器使用较为广泛。

8.2.5　误差反向传播

在 8.1.2 小节给出了单层感知器的参数更新公式为式（8.2）和式（8.3）。在多层神经网络中，上一层的输出是下一层的输入，要在网络中的每一层计算损失函数的梯度会非常

复杂。为了解决这个问题，以 McClelland 和 Rumelhart 为首的科学家小组提出一种解决方法——误差反向传播算法，即 BP（Back Propagation）算法。BP 算法解决了多层神经网络的学习问题，极大促进了神经网络的发展。BP 神经网络也是整个人工神经网络体系中的精华，广泛应用于分类识别、逼近、回归、压缩等领域。在实际应用中，大约 80% 的神经网络模型都采取了 BP 网络或 BP 网络的变化形式。

BP 算法更新参数过程如下：

1）将训练集数据输入到神经网络的输入层，经过隐藏层，最后到达输出层并输出结果，这就是前向传播过程。

2）由于神经网络的输出结果与实际结果有误差，因此计算估计值与实际值之间的误差（交叉熵损失函数值或最小二乘法值），并将该误差从输出层向隐藏层反向传播，直至传播到输入层。

3）在反向传播的过程中，根据误差调整各种参数的值（相连神经元的权重和偏置），使得总损失函数减小。

4）迭代上述三个步骤（即对数据进行反复训练），直到满足停止准则。

BP 算法实际上是一种在神经网络训练过程中用来计算梯度的方法，它能够计算损失函数对网络中所有模型参数的梯度。这个梯度会反馈给某种学习算法，例如梯度下降法，用来更新权值，最小化损失函数，这里梯度下降法才是学习算法。除了梯度下降法，也可以采用其他的学习算法。另外，BP 算法不仅适用于多层神经网络，原则上它可以计算任何函数的导数。

反向传播是将梯度向反方向传递，传递这个梯度的原理，是基于链式法则（chain rule）的。链式法则是微积分中的一种重要规则，它可以用于求解复合函数的导数。在数学中，复合函数是由多个函数组合而成的函数，例如 $f(g(x))$，其中 $g(x)$ 和 $f(x)$ 都是函数。链式法则描述了如何计算复合函数的导数，它可以帮助更好地理解函数之间的关系，从而解决复杂问题。

具体来说，链式法则可以如下表示。

若 $y = f(u)$，$u = g(x)$，则有

$$\frac{\mathrm{d}y}{\mathrm{d}x} = \frac{\mathrm{d}y}{\mathrm{d}u}\frac{\mathrm{d}u}{\mathrm{d}x} \tag{8.12}$$

这个公式表明，对于复合函数 $y = f(g(x))$，它的导数可以通过先求出 y 对 u 的导数，再求 u 对 x 的导数，最后将两个导数相乘得到。这个过程相当于将复合函数的导数分解成两个简单函数的导数的乘积。在神经网络中，每个节点都可以看作是一个复合函数，它的输出值只与其输入值有关。因此，可以使用链式法则来计算神经网络中每个节点的梯度，从而实现神经网络的训练和优化。

接下来以一个简单的全连接神经网络为例演示 BP 算法更新参数的过程。如图 8.9 所示，该神经网络输入层两个信息为 i_1 和 i_2，有一个

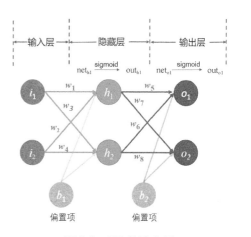

图 8.9　BP 算法实例

隐藏层，该隐藏层有两个神经元 h_1 和 h_2；输出层有两个神经元，分别为 o_1 和 o_2。由于是全连接神经网络，图中有 8 条连接线，所以有 8 个权重参数，另外还有隐藏层的偏置 b_1 和输出层的偏置 b_2 两个参数。

要求根据给出的输入数据训练模型，更新权重和偏置参数，使得输出尽可能与期望输出接近，采用的激活函数为 sigmoid 函数。

本实例中输入信息 $i_1 = 0.02$，$i_2 = 0.7$；输出信息 $o_1 = 0$，$o_2 = 1$。假定初始化权重参数和偏置参数为 $w_1 = 0.1$，$w_2 = 0.2$，$w_3 = 0.3$，$w_4 = 0.4$，$w_5 = 0.2$，$w_6 = 0.3$，$w_7 = 0.1$，$w_8 = 0.2$，$b_1 = 0.3$，$b_2 = 0.2$。参数更新求解过程如图 8.10 所示，下面按照框图中的三大步来讲述误差反向传播参数更新计算过程。

图 8.10　参数更新求解过程框图

Step1：信号前向传播（激活函数为 sigmoid）

（1）输入层→隐藏层

输入层两个信息 i_1 和 i_2，传播到隐藏层 h_1 神经元的净活值为 net_{h1}，如式（8.13）所示。通过激活函数激活得到隐藏层 h_1 神经元的激活值 out_{h1}，如式（8.14）所示。同样的方法可以得到隐藏层 h_2 神经元的激活值 out_{h2}，如式（8.15）所示。

$$\begin{aligned}
\text{net}_{h1} &= w_1 i_1 + w_2 i_2 + b_1 \\
&= 0.1 \times 0.02 + 0.2 \times 0.7 + 0.3 \\
&= 0.442
\end{aligned} \tag{8.13}$$

$$\text{out}_{h1} = \frac{1}{1 + e^{-\text{net}_{h1}}} = \frac{1}{1 + e^{-0.442}} = 0.60874 \tag{8.14}$$

$$\text{out}_{h2} = \frac{1}{1 + e^{-\text{net}_{h2}}} = \frac{1}{1 + e^{-0.586}} = 0.64245 \tag{8.15}$$

（2）隐藏层→输出层

隐藏层两个神经元的输出为 out_{h1} 和 out_{h2}，传播到输出层 o_1 神经元的净活值为 net_{o1}，如式（8.16）所示，通过激活函数激活得到输出层 o_1 神经元的激活值 out_{o1} 如式（8.17）所示。同理可以得到输出层 o_2 神经元的输出激活值 out_{o2} 的值，如式（8.18）所示。

$$\begin{aligned}
\text{net}_{o1} &= w_5 \text{out}_{h1} + w_6 \text{out}_{h2} + b_2 \\
&= 0.2 \times 0.60874 + 0.3 \times 0.64245 + 0.2 \\
&= 0.51448
\end{aligned} \tag{8.16}$$

$$\text{out}_{o1} = \frac{1}{1 + e^{-\text{net}_{o1}}} = \frac{1}{1 + e^{-0.51448}} = 0.62586 \tag{8.17}$$

$$\text{out}_{o2} = \frac{1}{1 + e^{-\text{net}_{o2}}} = \frac{1}{1 + e^{-0.389364}} = 0.59613 \tag{8.18}$$

经过神经网络第一轮正向传播完成后，输出值为 [0.62586, 0.59613]，与实际值 [0, 1]

相差较大。第二步将通过误差反向传播来更新参数。

Step2：误差反向传播

（1）计算总误差

采用平方误差作为衡量标准，总误差 E_{total} 为输出层第一个神经元的平方误差 E_{o1} 与第二个神经元的平方误差 E_{o2} 之和。计算 E_{o1} 如式（8.19）所示，计算 E_{o2} 如式（8.20）所示，计算总误差 E_{total} 如式（8.21）所示。

$$E_{o1} = \frac{1}{2}(target_{o1} - out_{o1})^2 = \frac{1}{2} \times (0 - 0.62586)^2 = 0.19585 \qquad （8.19）$$

$$E_{o2} = \frac{1}{2}(target_{o2} - out_{o2})^2 = \frac{1}{2} \times (1 - 0.0.59613)^2 = 0.08156 \qquad （8.20）$$

$$\boldsymbol{E}_{total} = E_{o1} + E_{o2} = 0.19585 + 0.08156 = 0.27741 \qquad （8.21）$$

（2）隐藏层→输出层的权值更新

误差 E_{total} 与所有权重参数之间是有函数关系的，以权重参数 w_5 为例，如图 8.11 所示，E_{total} 与 E_{o1} 存在函数关系，E_{o1} 与 out_{o1} 存在函数关系，out_{o1} 与 net_{o1} 存在函数关系，而 net_{o1} 和 w_5 存在函数关系，因此，E_{total} 和 w_5 存在函数关系。通过梯度下降法更新权重参数 w_5，需要求出总误差 E_{total} 对于 w_5 的偏导，E_{total} 对于 w_5 的偏导求解如式（8.22）所示。

$$\frac{\partial E_{total}}{\partial w_5} = \frac{\partial E_{total}}{\partial out_{o1}} \frac{\partial out_{o1}}{\partial net_{o1}} \frac{\partial net_{o1}}{\partial w_5} \qquad （8.22）$$

这实际是一个"链式求导"过程，分别求出后面三项，就可以求出 E_{total} 对于 w_5 的偏导。下面分别求解这三项。

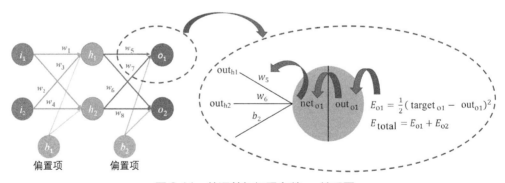

图 8.11 总误差与权重参数 w_5 关系图

1）计算 $\dfrac{\partial E_{total}}{\partial out_{o1}}$：前面已经说明，总误差采用平方误差方法，总误差 E_{total} 为输出层两个神经元误差之和，如式（8.23）所示。总误差对输出层第一个神经元的输出 out_{o1} 求偏导如式（8.24）所示。

$$\begin{aligned} E_{total} &= E_{o1} + E_{o2} \\ &= \frac{1}{2}(target_{o1} - out_{o1})^2 + \frac{1}{2}(target_{o2} - out_{o2})^2 \end{aligned} \qquad （8.23）$$

$$\begin{aligned}\frac{\partial E_{\text{total}}}{\partial \text{out}_{\text{o1}}} &= 2 \times \frac{1}{2}(\text{target}_{\text{o1}} - \text{out}_{\text{o1}})^{2-1} \times (-1) \\ &= \text{out}_{\text{o1}} - \text{target}_{\text{o1}} \\ &= 0.62586 - 0 \\ &= 0.62586\end{aligned} \tag{8.24}$$

2）计算 $\frac{\partial \text{out}_{\text{o1}}}{\partial \text{net}_{\text{o1}}}$：输出层第一个神经元的输出 out_{o1} 与净活值 net_{o1} 是激活函数关系，激活函数采用 sigmoid 函数，如式（8.25）所示，out_{o1} 对 net_{o1} 求偏导值如式（8.26）所示。

$$\text{out}_{\text{o1}} = \frac{1}{1 + e^{-\text{net}_{\text{o1}}}} \tag{8.25}$$

$$\frac{\partial \text{out}_{\text{o1}}}{\partial \text{net}_{\text{o1}}} = \text{out}_{\text{o1}}(1 - \text{out}_{\text{o1}}) = 0.62586 \times (1 - 0.62586) = 0.23416 \tag{8.26}$$

3）计算 $\frac{\partial \text{net}_{\text{o1}}}{\partial w_5}$：输出层第一个神经元的净活值 net_{o1} 与权重参数 w_5 的关系如式（8.27）所示，求 net_{o1} 对 w_5 的偏导值，如式（8.28）所示。

$$\text{net}_{\text{o1}} = w_5 \times \text{out}_{\text{h1}} + w_6 \times \text{out}_{\text{h2}} + b_2 \tag{8.27}$$

$$\frac{\partial \text{net}_{\text{o1}}}{\partial w_5} = \text{out}_{\text{h1}} = 0.60874 \tag{8.28}$$

综合式（8.22）、式（8.24）、式（8.26）、式（8.28），可以求总误差 E_{total} 对 w_5 的偏导，如式（8.29）所示。

$$\frac{\partial E_{\text{total}}}{\partial w_5} = \frac{\partial E_{\text{total}}}{\partial \text{out}_{\text{o1}}} \frac{\partial \text{out}_{\text{o1}}}{\partial \text{net}_{\text{o1}}} \frac{\partial \text{net}_{\text{o1}}}{\partial w_5} = 0.62586 \times 0.23416 \times 0.60874 = 0.08921 \tag{8.29}$$

然后利用梯度下降法更新 w_5 的值，如式（8.30）所示。

$$w_5^+ = w_5 - \eta \frac{\partial E_{\text{total}}}{\partial w_5} = 0.2 - 0.5 \times 0.08921 = 0.15540 \tag{8.30}$$

用同样的方法可以更新 w_6、w_7、w_8 的值。需要注意的是，在求每个参数更新值的时候，其他参数在这一轮中仍然用更新前的值。比如求 w_6 的更新值时，前面计算公式中如有 w_5 的值，要用原来的值，也就是各权重参数要同步更新。

（3）输入层→隐藏层的权值更新

以权重参数 w_1 为例，采用梯度下降法更新 w_1 的值，需要求出总误差 E_{total} 对于 w_1 的偏导值。如式（8.23）所示，总误差 E_{total} 为 E_{o1} 和 E_{o2} 之和。从前面信号正向传播分析可知，i_1 和 w_1 传播到 h_1，h_1 的输出会分别传播到 o_1 和 o_1，可知 E_{o1} 和 E_{o2} 都是 w_1 的函数。虽然从图 8.12 看上去 w_1 离最后得到的总误差 E_{total} 更远，但 E_{total} 和 w_1 是存在函数关系的，根据链式法则得到 E_{total} 对 w_1 的偏导如式（8.31）所示。

$$\frac{\partial E_{\text{total}}}{\partial w_1} = \frac{\partial E_{\text{total}}}{\partial \text{out}_{\text{h1}}} \frac{\partial \text{out}_{\text{h1}}}{\partial \text{net}_{\text{h1}}} \frac{\partial \text{net}_{\text{h1}}}{\partial w_1} \tag{8.31}$$

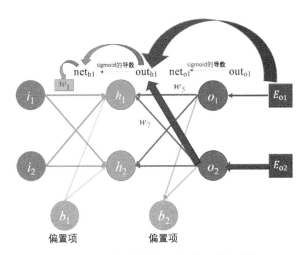

图 8.12　总误差与权重参数 w_1 关系图

对式（8.31）右边三项分别计算。

1）计算 $\dfrac{\partial E_{\text{total}}}{\partial \text{out}_{h1}}$：总误差 E_{total} 对隐藏层第一个神经元的输出 out_{h1} 的偏导可以写成式（8.32）右边两项。同样根据链式法则，E_{o1} 对 out_{h1} 的偏导可以用式（8.33）求解，E_{o2} 对 out_{h1} 的偏导可以用式（8.34）求解。

$$\frac{\partial E_{\text{total}}}{\partial \text{out}_{h1}} = \frac{\partial E_{o1}}{\partial \text{out}_{h1}} + \frac{\partial E_{o2}}{\partial \text{out}_{h1}} \tag{8.32}$$

$$\begin{aligned}\frac{\partial E_{o1}}{\partial \text{out}_{h1}} &= \frac{\partial E_{o1}}{\partial \text{out}_{o1}} \frac{\text{out}_{o1}}{\partial \text{net}_{o1}} \frac{\text{net}_{o1}}{\partial \text{out}_{h1}} = 0.62586 \times 0.23416 \times w_5 \\ &= 0.62586 \times 0.23416 \times 0.2 = 0.02931\end{aligned} \tag{8.33}$$

$$\begin{aligned}\frac{\partial E_{o2}}{\partial \text{out}_{h1}} &= \frac{\partial E_{o2}}{\partial \text{out}_{o2}} \frac{\text{out}_{o2}}{\partial \text{net}_{o2}} \frac{\text{net}_{o2}}{\partial \text{out}_{h1}} = -0.40387 \times 0.24076 \times w_7 \\ &= -0.40387 \times 0.24076 \times 0.1 = -0.00972\end{aligned} \tag{8.34}$$

综合式（8.33）和式（8.34），可得到总误差 E_{total} 对 out_{h1} 偏导，如式（8.35）所示。

$$\frac{\partial E_{\text{total}}}{\partial \text{out}_{h1}} = \frac{\partial E_{o1}}{\partial \text{out}_{h1}} + \frac{\partial E_{o2}}{\partial \text{out}_{h1}} = 0.02931 + (-0.00972) = 0.01959 \tag{8.35}$$

2）计算 $\dfrac{\partial \text{out}_{h1}}{\partial \text{net}_{h1}}$：隐藏层第一个神经元的输出 out_{h1} 和隐藏层第一个神经元的净活值 net_{h1} 是通过 sigmoid 函数激活得到的，所以它们的关系为

$$\text{out}_{h1} = \frac{1}{1 + e^{-\text{net}_{h1}}} \tag{8.36}$$

由此可以推导得到 out_{h1} 对 net_{h1} 的偏导值，如式（8.37）所示。

$$\begin{aligned}\frac{\partial \text{out}_{h1}}{\partial \text{net}_{h1}} &= \text{out}_{h1}(1 - \text{out}_{h1}) \\ &= 0.60874 \times (1 - 0.60874) = 0.23818\end{aligned} \tag{8.37}$$

3）计算 $\dfrac{\partial \mathrm{net}_{h1}}{\partial w_1}$：隐藏层第一个神经元的净活值 net_{h1} 和 w_1 是线性关系，如式（8.38）所示，可以推导得到 net_{h1} 对 w_1 的偏导，如式（8.39）所示。

$$\mathrm{net}_{h1} = w_1 i_1 + w_2 i_2 + b_1 \tag{8.38}$$

$$\frac{\partial \mathrm{net}_{h1}}{\partial w_1} = i_1 = 0.02 \tag{8.39}$$

综合式（8.35）、式（8.37）和式（8.39），可得到总误差 E_{total} 对于 w_1 的偏导值，如式（8.40）所示。

$$\begin{aligned}\frac{\partial E_{\mathrm{total}}}{\partial w_1} &= \frac{\partial E_{\mathrm{total}}}{\partial \mathrm{out}_{h1}} \frac{\partial \mathrm{out}_{h1}}{\partial \mathrm{net}_{h1}} \frac{\partial \mathrm{net}_{h1}}{\partial w_1} \\ &= 0.01959 \times 0.23818 \times 0.02 \\ &= 0.00009 \end{aligned} \tag{8.40}$$

最后，更新 w_1 权值，如式（8.41）所示。需要注意的是，更新 w_1 时，其他权重参数都用原来的值，也就是要求各参数都要同步更新。

$$\begin{aligned}w_1^+ &= w_1 - \eta \frac{\partial E_{\mathrm{total}}}{\partial w_1} \\ &= 0.1 - 0.5 \times 0.00009 \\ &= 0.099955 \end{aligned} \tag{8.41}$$

用同样的方法可更新权重参数 w_2，w_3，w_4。偏置参数 b_1 和 b_2 用同样的方法更新。

Step3：迭代计算

第一轮误差反向传播完成后，总误差 E_{total} 由 0.27741 下降至 0.26537。把更新的权值重新计算，迭代 10000 次后，总误差为 0.000063612，输出为 [0.00793003941675692，0.9919789331998798]（原输入为 [0，1]）。

8.2.6　计算图

大多数神经网络参数训练、模型更新的过程都离不开前向传播和反向传播，其中涉及大量的运算，如果仅使用公式来描述的话会很复杂，如 8.2.5 小节所示。因此引入计算图（Computation Graph）的概念。计算图是一种用于描述计算过程的数据结构，其基本元素包括节点（node）和边（edge），节点代表的是数据，也就是变量，包括标量、矢量、张量等；而边则表示的是操作，也就是函数。计算图中节点之间的结构关系也被称为拓扑结构（Topological Structure）。用计算图表示函数计算 $z = f(x + y)$ 及复合函数 $y = f(g(h(x)))$ 如图 8.13 所示。

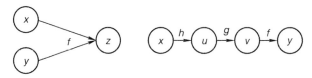

图 8.13　计算图示例

使用计算图进行求导操作也是比较清晰的，可以直观地表示链式法则。对于复合函数求导有两种情况，第一种情况是（图 8.14）：

$$\begin{cases} z = f(x) \\ y = g(x) \\ z = h(y) \\ \dfrac{\mathrm{d}z}{\mathrm{d}x} = \dfrac{\mathrm{d}z}{\mathrm{d}y}\dfrac{\mathrm{d}y}{\mathrm{d}x} \end{cases} \quad (8.42)$$

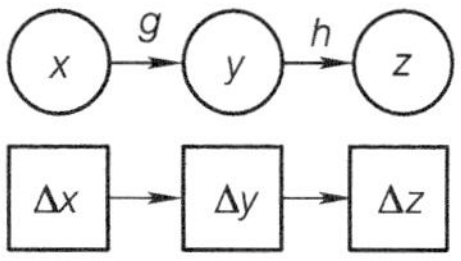

图 8.14　链式求导情况一

第二种情况是（图 8.15）：

$$\begin{cases} z = f(w) \\ x = g(w) \\ y = h(w) \\ z = k(x, y) \\ \dfrac{\mathrm{d}z}{\mathrm{d}w} = \dfrac{\mathrm{d}z}{\mathrm{d}x}\dfrac{\mathrm{d}x}{\mathrm{d}w} + \dfrac{\mathrm{d}z}{\mathrm{d}y}\dfrac{\mathrm{d}y}{\mathrm{d}w} \end{cases} \quad (8.43)$$

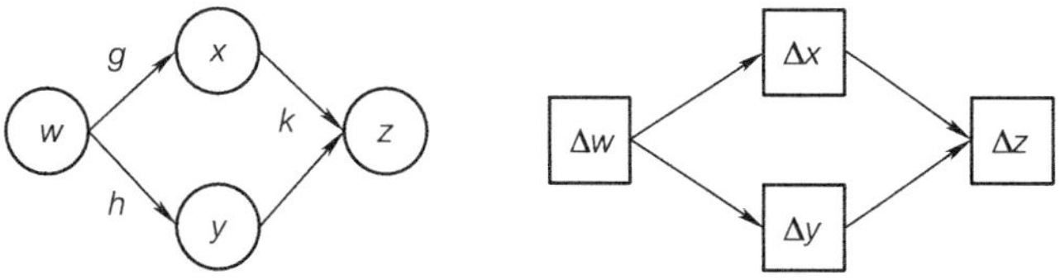

图 8.15　链式求导情况二

常见的函数计算都由上述两种方式互相结合形成，需要灵活应用链式法则求导以便计算梯度，下例给出了利用计算图对常见复合函数的求导过程。

$$\begin{cases} e = cd \\ c = a + b \\ d = b + 1 \end{cases} \quad (8.44)$$

式中，$a = 1$，$b = 2$，简单计算后可知 $c = 3$，$d = 3$，$e = 9$，对式（8.44）所示计算求导可得

$$\begin{cases} \dfrac{\partial c}{\partial a} = 1 \\[2mm] \dfrac{\partial c}{\partial b} = 1 \\[2mm] \dfrac{\partial d}{\partial b} = 1 \\[2mm] \dfrac{\partial e}{\partial c} = d \\[2mm] \dfrac{\partial e}{\partial d} = c \\[2mm] \dfrac{\partial e}{\partial a} = \dfrac{\partial e}{\partial c}\dfrac{\partial c}{\partial a} = 3 \\[2mm] \dfrac{\partial e}{\partial b} = \dfrac{\partial e}{\partial c}\dfrac{\partial c}{\partial b} + \dfrac{\partial e}{\partial d}\dfrac{\partial d}{\partial b} = 6 \end{cases} \quad (8.45)$$

利用计算图表示上述计算过程及求导结果如图 8.16 所示。

计算图的主要目的是以图形化的方式来表示数学运算过程，可以更清晰明了地理解复杂的运算逻辑以及数据的流动轨迹，并且使得深度学习中的反向传播和梯度计算能够更加方便快捷。一般来讲构建计算图主要分为以下几个步骤。

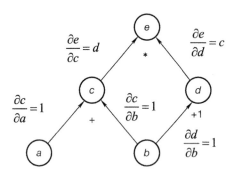

图 8.16　计算图运算示例

1）定义输入数据及其初始值。

2）根据定义的运算逻辑创建响应的节点以及节点之间的边连接关系。

3）从输入节点到输出节点按照计算顺序完成各节点的数据运算。

4）利用计算图前向传播（Forward Propagation）获得输出。

5）根据反向传播（Backward Propagation）利用计算图计算梯度进行参数优化。

鉴于计算图拥有易于理解及可视化、反向传播方便等优点，因此被广泛应用于机器学习，尤其是在涉及梯度计算、优化算法和自动求导等方面，在 Pytorch、TensorFlow、PaddlePaddle 等深度学习框架中都广泛采用了计算图来支持其复杂的运算。

8.3　深度学习框架

从无到有地设计并构建一个深度学习模型无疑会带来很大的收获，但是当需要以大数据集为基础来构建一个深度学习模型时，例如使用深度学习完成图像分类功能，将会成为一个工作量巨大的工程。因此需要尽可能地简化复杂和大规模的深度学习模型的实现，这可以借用易于使用的开源深度学习框架来搭建复杂的深度学习模型，使得深度学习模型的设计变得简单。比如利用深度学习框架，复杂的反向传播算法只需要一行调用误差反向传播的程序语句就能完成。

下面简单介绍几种目前使用较广泛的深度学习框架，不同框架的结构和原理大都相同，但也有各自的特色。其中百度 PaddlePaddle 是中国首个自主研发、功能完备、开源开放的产业级深度学习平台，虽然起步较晚，但发展速度非常迅速，已有不少的产业化落地应用，相信它会为我国自主产权的人工智能技术发展奠定更好的基础。

8.3.1　tensorflow

tensorflow 是一个采用数据流计算图（Data Flow Graphs）用于数值计算的开源库。tensorflow 最初由 Google 大脑小组（隶属于 Google 机器智能研究机构）的研究员和工程师们开发出来，用于机器学习和深度神经网络方面的研究。这个系统的通用性使其也可广泛用于其他计算领域。它是谷歌基于 DistBelief 研发的第二代人工智能学习系统。2015 年 11 月 9 日，Google 发布人工智能系统 tensorflow 并宣布开源。tensorflow 的中文官方网站为 https://tensorflow.google.cn/，也有中文社区 https://tensorflow.google.cn/community?hl=zh-cn，可以在网站查看 tensorflow 的各种信息。

tensorflow 的命名源于其自身的原理，tensor（张量）意味着 N 维数组，张量是矢量概念的推广，标量是零阶张量，矢量是一阶张量，矩阵可以视为二阶张量；flow（流）意味着基于数据流图的计算。tensorflow 运行过程就是张量从图的一端流动到另一端的计算过程。

tensorflow 包括 tensor（张量）、graph（计算图）、OP（节点）、session（会话）几个重要组件。tensor 用于存放各种数据，如果要完成多个 tensor 之间的计算就需要在 graph 中组织数据关系，而执行计算则需要在 session 会话中调用 run() 方法，使得 tensor 能够按照 graph 设定的数据关系流动，最终得到计算结果。

8.3.2　pytorch

pytorch 是一个开源的 Python 机器学习库，是基于 torch 开发的用于自然语言处理等应用的开源库。pytorch 可以看作是加入了 GPU 支持的 numpy，也可以看成是一个拥有自动求导功能的深度神经网络。pytorch 的前身是 torch，其底层和 torch 框架是一样的，但是使用 Python 重写了很多内容，相对来讲使用更加灵活、内容更加丰富。它是由 torch7 团队开发的。

使用 pytorch 搭建并训练深度学习模型需要导入需要的库和模块。步骤、流程和 8.3.3 节要讲的百度 PaddlePaddle 基本一致。

8.3.3　PaddlePaddle

百度飞桨（PaddlePaddle）以百度多年的深度学习技术研究和业务应用为基础，集深度学习核心训练和推理框架、基础模型库、端到端开发套件、丰富的工具组件为一体，是中国首个自主研发、功能完备、开源开放的产业级深度学习平台，见表 8.4。

表 8.4　PaddlePaddle 基本构成

飞桨深度学习开源平台						
工具组件	AutoDL 自动化深度学习	PARL 强化学习	PALM 多任务学习	PaddleFL 联邦学习	PGL 图神经网络	Paddle quantum 量子机器学习	PaddleHelix 生物计算
	PaddleHub 预训练模型应用工具		PaddleX 全流程开发工具		VisualDL 可视化分析工具		PaddleCloud 云上任务提交工具
端到端 开发套件	ERNIE 语义理解		PaddleClas 图像分类	PaddleDetection 目标检测		PaddleSeg 图像分割	PaddleOCR 文字识别
	PaddleGAN 生成对抗网络		PLSC 海量类别分类		ElasticCTR 点击率预估		Parakeet 语音合成
基础 模型库	自然语言处理模型库 （PaddleNLP）		视觉模型库 （PaddleCV）		推荐模型库 （PaddleRec）		语言模型库 （PaddleSpeech）

相较于其他深度学习框架，飞桨拥有四大优势技术。

1）开发便捷的深度学习框架：飞桨深度学习框架基于编程一致的深度学习计算抽象以及对应的前后端设计，拥有易学易用的前端编程界面和统一高效的内部核心架构，对普通开发者而言更容易上手并具备领先的训练性能。飞桨框架还提供了少量代码开发的高层 API，并且高层 API 和基础 API 采用了一体化设计，两者可以互相配合使用，做到高低融合，确保用户可以同时享受开发的便捷性和灵活性。

2）超大规模深度学习模型训练技术：大规模分布式训练是飞桨非常有特色的一个功能。

飞桨突破了超大规模深度学习模型训练技术，领先其他框架实现了千亿稀疏特征、万亿参数、数百节点并行训练的能力，解决了超大规模深度学习模型的在线学习和部署难题。此外，飞桨还覆盖支持包括模型并行、流水线并行在内的广泛并行模式和加速策略，率先推出业内首个通用异构参数服务器模式和 4D 混合并行策略，引领大规模分布式训练技术的发展趋势。

3）多端多平台部署的高性能推理引擎：飞桨对推理部署提供全方位支持，可以将模型便捷地部署到云端服务器、移动端以及边缘端等不同平台设备上，并拥有全面领先的推理速度，同时兼容其他开源框架训练的模型。飞桨推理引擎支持广泛的 AI 芯片，特别是对国产硬件做到了全面的优化适配。

4）产业级开源模型库：基于飞桨框架 2.0，官方建设的算法数量达到 270 个以上，并且绝大部分模型已升级为动态图模型，包含经过产业实践长期打磨的主流模型以及在国际竞赛中夺冠的模型；提供面向语义理解、图像分类、目标检测、语义分割、文字识别、语音合成等场景的多个端到端开发套件，满足企业低成本开发和快速集成的需求，助力快速的产业应用。

8.4　实例：DNN 车辆识别项目

无论是图像分类、目标检测还是文字识别，尽管任务不同，但是利用深度学习完成这些任务的基本框架都是相似的，可以归纳为图 8.17 所示的几部分。

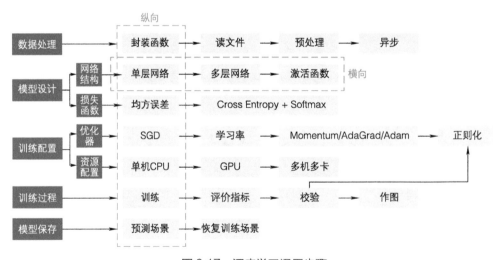

图 8.17　深度学习通用步骤

1）数据处理。在深度学习任务中，大量的原始数据都需要经过预处理之后才能够被模型应用。一般数据处理包含五个部分：数据导入、数据形状变换、数据集划分、数据归一化处理以及数据封装。其中数据集划分指的是将数据划分为训练集和测试集。训练集用于训练确定模型参数，测试集用于测试评判模型效果。而数据归一化处理指的是对每个特征进行归一化处理，使得每个特征的取值范围都在 0 ～ 1 之间。归一化处理的好处有两点：一是能使不同参数输出的 loss 是一个较为规则的曲线，学习率就可以设置成统一的值，使得模型训练更高效；二是每个特征的权重大小可以直接代表该特征对预测结果的贡献度。

2）模型设计。在深度学习任务中，最终目标就是训练获得一个模型来完成相关任务，这需要选择适当的神经网络模型架构，因此会涉及选择网络类型、网络层的数量以及它们之间的连接方式。一个合理的模型设计对于深度学习任务的成功至关重要。

3）模型训练。这一步重点在于将数据提供给模型、计算损失函数，并使用优化算法（如梯度下降、Adam 优化等）训练更新模型的参数，训练过程中还需要选择合适的超参数（如学习率、批量大小等）。

4）模型评估和调优。在模型训练完成后，还需要对模型进行评估以了解其性能。通常会使用数据处理环节所得测试集来评估模型的准确性、精确度、召回率等指标。如果模型在测试集上效果不佳，则可以重新设计模型，通过调整模型架构、优化算法或超参数等对模型反复进行迭代优化。

5）模型部署和应用。一旦训练所获的模型各项评价指标都达到既定要求，下一步就是将模型部署到硬件设备或服务器等平台完成实际相关工作。

如何根据图像的视觉内容为图像赋予一个语义类别是图像分类的目标，也是图像检索、图像内容分析以及目标识别等问题的基础。下面利用百度飞桨 PaddlePaddle 框架搭建一个全连接神经网络，对包含不同车辆的图像进行分类。其中所用数据集分为 3 类，分别是 1 = "汽车"、2 = "摩托车"、3 = "货车"，如图 8.18 所示。所有数据来源于 2005PASCAL 视觉类挑战赛（VOC2005）所使用的数据筛选处理。

图 8.18　车辆图像示例

整个项目的实现包含以下六大步骤。

　　由于代码篇幅较长，书中只做简单的步骤介绍，不附代码，读者可以通过下述链接到百度 AIStuido 线上运行。
https://aistudio.baidu.com/projectdetail/3808393?contributionType=1&sUid=126756&shared=1&ts=1702544615347

扫码看实例讲解：
DNN 车辆识别项目

1. 相关库导入及参数配置

这一部分用于导入后续需要用到的一些第三方库，包括但不限于用于解压缩文件的 zipfile 库、处理数据的 numpy 库、处理图像的 PIL 库、绘制图形的 matplotlib 库以及搭建全连接神经网络模型的 PaddlePaddle 库。

另外还需要定义后续会用到的各种参数，包括但不限于输入图片的尺寸 input_size、图像分类的类别数 class_dim、各种数据集的路径、图像标签字典 label_dict、训练轮数 num_epochs 以及超参数学习率 lr 等。

2. 数据准备

这一部分主要用于处理模型所用数据集，利用 random 库的 shuffle 函数将数据打乱，将原始数据集划分为 9∶1 的训练集与验证集，并生成后续网络模型训练用的数据加载器。

3. 模型配置

本次分类任务使用深度神经网络 DNN。DNN 是深度学习的基础网络，其网络结构包括 input 层、hidden 层（可有多层）、output 层，层与层之间全部采用全连接的方式，如图 8.19 所示。

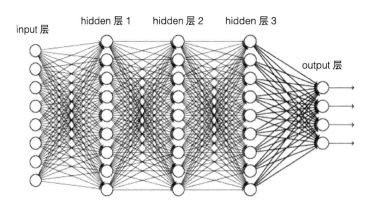

图 8.19　DNN 模型示例

4. 模型训练

使用上述建立好的 DNN 模型开始训练，训练采用的损失函数为交叉熵损失函数 paddle.nn.CrossEntropyLoss()，优化器使用 adam 优化器 paddle.optimizer.Adam()，学习率 lr 定为 0.1，每一轮次训练可以将当前轮次的损失值以及准确率打印显示，模型训练完成后保存模型并绘制出损失值和准确率随训练轮次变化的趋势图，如图 8.20 所示。

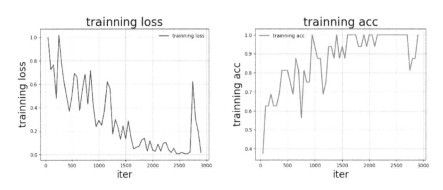

图 8.20　训练损失值及准确率变化趋势图

5. 模型评估

模型利用训练集数据训练完成后，可以利用与训练集不同的验证集数据评估模型分类预测的准确度。

6. 模型预测

最终的模型是否好用还应考量该模型在其他未参与训练图像数据上的预测准确率，例如使用该模型预测图 8.21 所示图像，结果为汽车：1.00，摩托车：0.00，货车：0.00。预测结果准确，车辆类型后的数据为模型预测图像中车辆为该类型车的概率。当然，单张图片的结果并不能准确反映出模型的效果，一般会有一个测试集，测试集的样本数量和验证集差不多，通过测试集上多样本的预测准确率可以反映出所建立的 DNN 模型的效果。

图 8.21　预测图片

习　题

一、选择题

1. 神经网络的基本单位是（　　　）。

A. 节点　　　　　　　　B. 层　　　　　　　　C. 重量　　　　　　　　D. 神经元

2. 多层感知机通常包含（　　　）。

A. 输入层和输出层　　　　　　　　B. 输入层和隐藏层

C. 隐藏层和输出层　　　　　　　　D. 输入层、隐藏层和输出层

3. 多层感知机是一种（　　　）。

A. 线性模型　　　　　　　　B. 非线性模型

C. 强化学习模型　　　　　　　　D. 无监督学习模型

4. 信号前向传播是神经网络中的（　　　）步骤。

A. 训练　　　　　　　　B. 预测　　　　　　　　C. 优化　　　　　　　　D. 初始化

5.激活函数的作用是（　　　）。

A.压缩输入数据　　　　　　　　　　　B.强化模型输出

C.增强模型的非线性拟合能力　　　　　D.减小模型的复杂性

6.优化方法的作用是（　　　）。

A.找到模型参数的最佳值　　　　　　　B.减少模型的训练误差

C.减少模型的测试误差　　　　　　　　D.以上都不正确

7.误差反向传播是神经网络中的（　　　）步骤。

A.预测　　　　　　B.训练　　　　　　C.初始化　　　　　　D.优化

8.计算图（Computation Graph）主要用于描述（　　　）。

A.数据流　　　　　B.权重更新　　　　C.图像处理　　　　　D.随机采样

9.PaddlePaddle 是（　　　）公司的深度学习框架。

A.腾讯　　　　　　B.阿里巴巴　　　　C.百度　　　　　　　D.华为

二、判断题

1.感知机是一种单层神经网络。（　　　）

2.在神经网络中，ReLU 是一种常用的激活函数。（　　　）

3.交叉熵损失函数主要用于回归问题。（　　　）

4.随机梯度下降（SGD）是一种优化神经网络的方法。（　　　）

5.在深度学习中，过拟合是指模型在训练集上表现很好，在测试集上表现较差。（　　　）

6.神经网络是一种受生物神经元启发的计算模型。（　　　）

7.损失函数可以计算模型的预测值与真实值之间的误差。（　　　）

8.计算图是用于可视化神经网络结构的工具。（　　　）

9.在机器学习中，过拟合通常可以通过增加模型复杂度来解决。（　　　）

三、实训题

1.针对实例 8.1 单层感知器实现分类项目，分别从需要分类的点的数量、种类数等方面扩大样本量，继续使用单层感知器进行分类，对比分类效果，分析单层感知器的局限性。

2.针对 8.2.2 小节介绍的几种激活函数，推导除 Softmax() 函数之外每种激活函数的导数公式，并绘制出导数公式的图形，尝试用 Python 写出每种激活函数及其导数的实现程序。

3.针对 8.4 节车辆识别项目，修改网络层数、激活函数、损失函数、学习率等、进行训练，并对比分析识别效果，找出相对最优的超参数组合。

第9章 卷积神经网络及斑马线识别项目实践

全连接神经网络（DNN）相对于单层感知器来讲，可以逼近更复杂的函数，解决复杂问题，尤其是引入 sigmoid 激活函数后，能够解决非线性问题，后来 ReLU 激活函数的使用使得网络层数可以更深。但 DNN 也存在一些问题，仅仅依靠 DNN 自身的超参数优化是不能克服的，因此就有了更先进的卷积神经网络。

9.1 全连接神经网络的问题

根据第 8 章的内容，无论是用于解决何种问题的何种全连接神经网络，获得一个全连接神经网络模型的步骤都是基本相似的。如图 9.1 所示，第一步是建立模型，也就是确定这个未知函数的集合；第二步是设计损失函数，针对不同的任务需要设计出能够完美反映任务完成情况的损失函数。这两步都是需要模型的创建者来选定的，建立模型主要是为了构建出函数集合的基本形态，这组函数内部的参数是可以有很多不同的组合的，而设计损失函数是为了后续能够准确而快速地确定参数。至于究竟哪组参数能够取得最好的效果，这就是第三步的参数学习，这一步就不是由人类来完成了，而是由机器来进行学习。

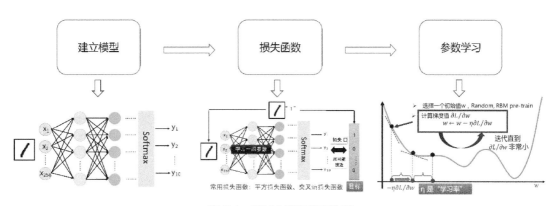

图 9.1 DNN 模型确定步骤

全连接神经网络的关键在于"全连接"，指每一个神经元都与上一层每个神经元的输出相连。全连接神经网络具有网络结构简单、网络组成直观等优点，但是它也具有不可忽视的缺点。从全连接神经网络建立的三个步骤来看，每个步骤都存在着一定的问题，比如参数学习步骤。一般采用的优化方法都是梯度下降法，但是梯度下降法极易导致只能得到局部最优值，而到达不了全局最优。对于此，现在也有了很多改进方法，例如随机梯度下降法、动量法等。而对于损失函数设计这一步来讲，损失函数现在常用的有两类：一类是平方差损失函数，常用于回归任务；另一类是交叉熵损失函数，常用于分类任务。这两种损失函数都是根据不同的任务来确定的，相对而言是比较确定的。

相对来讲，在模型建立这一步，存在的问题就更大一些。以全连接神经网络解决手写数字识别项目为例，全连接神经网络的建立一般都是根据输入来确定需要多少层网络，每一层网络有多少个神经元，类似于搭积木的过程，从下至上，每一层神经元都需要铺满，最终才能得到想要的神经网络模型，这样就会导致神经网络模型的结构不够灵活。如图 9.2 所示，假设对一张 16×16 的图片进行分类，那么就需要设计一个包含 256 个神经元的输入层，一个包含 10 个神经元的输出层以及包含多个神经元的隐藏层。如果想要对 64×64 的图片做相同的分类任务，就只能通过增加每层神经元的个数以及增加网络层数来完成这个任务，这样就显得整个网络的结构不够灵活。

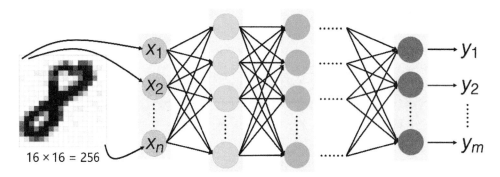

图 9.2　手写数字识别 DNN 结构

DNN 模型的第二个问题就是参数量过大。仍旧以手写数字识别项目为例，输入为 16×16 的图片，那么输入层就需要有 256 个神经元，数字总共有 10 个，则输出层就需要有 10 个神经元。假设隐藏层每层有 1000 个神经元，共有 3 个隐藏层，那么需要学习的参数就有 $256 \times 10^3 + 10^3 \times 10^3 + 10^3 \times 10^3 + 10^3 \times 10$ 个权重 w 再加上 $1000 + 1000 + 1000 + 10$ 个偏置 b，总计 2269010 个参数，这仅仅是一个简单网络针对小输入所需要计算的参数量。倘若输入的图片大小为 128×128 甚至更大，网络的层数为 10 层乃至更多，那么就会造成参数量过大，也就是参数爆炸的问题。这是由于全连接神经网络每个神经元都与上一层所有神经元都连接导致的，这种连接方式会使得参数量随着网络规模的增大呈现指数级的增长。如果参数规模过大，将会使得整个网络模型的训练过程都变得更加复杂、更加消耗时间，也因此造成对计算资源以及计算机内存的要求极高。

全连接神经网络参数量巨大，还会导致全连接神经网络极其容易过拟合，从而导致模型泛化能力较差，在训练数据不充分或者有噪声数据存在的情况下，模型就容易表现出过度的行为。

为了克服全连接神经网络的这些缺点，学者们提出了大量的改进方法，例如稀疏连接、卷积神经网络、循环神经网络、注意力机制等。这些改进方法都可以有效地减少神经网络参数量，进而增强神经网络的表达能力。

9.2　卷积神经网络理论基础

9.2.1　卷积神经网络基本结构

卷积神经网络（Convolutional Neural Networks，CNN）是一类包含卷积计算并且具有深度结构的神经网络，是深度学习领域最具代表性的算法之一，常用于处理计算机视觉和图像处理任务。卷积神经网络具有表征学习的能力，能够按照其层级结构对输入的信息进行平移不变分类，可以进行监督学习和非监督学习。隐藏层的卷积核参数共享以及层间连接的稀疏特性都使得卷积神经网络能够以比较小的计算量对格点化的特征（比如图像像素点）进行特征学习、分析等。

图 9.3 所示为卷积神经网络的基本结构，卷积神经网络的基本结构包括卷积层、池化层、全连接层以及输出层。从卷积神经网络的整体架构来讲，首先，卷积神经网络是一种多层神经网络，其隐藏层中的卷积层和池化层是实现卷积神经网络特征提取功能的核心，整个网络模型同样可以通过参数优化方法得到最小损失函数的方式对网络中的权重参数进行逐层反向调节，通过大量的迭代训练来提高整个网络模型的精度。其次，卷积神经网络隐藏层中的底层部分一般都是由卷积层和池化层交替构成的，而高层则是由对应传统多层感知器中的隐藏层和逻辑回归分类器的全连接层构成的。全连接层的输入就是由卷积层和池化层提取到的特征。而最后一层一般是一个分类器，可以使用逻辑回归、Softmax 甚至支持向量机等来对输入实现分类或者回归等。

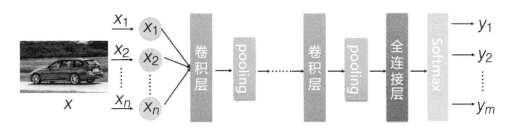

图 9.3　卷积神经网络基本结构

与全连接神经网络相比，卷积神经网络的主要特征就是参数量大大减少。参数量大大减少的主要原因在于卷积神经网络的三大特点——局部连接、权值共享、下采样。提到局部连接就必须了解局部感受野（Local Receptive Fields）的概念。感受野指的是神经网络中每一层输出特征图（Featuremap）上的像素点映射回输入图像上的对应区域。对于全连接神经网络来说，往往会将输入图像上的每一个像素点都连接到每一个神经元上，每个神经元对应的感受野大小就是整个输入图像的大小。但是卷积神经网络则不一样，它的每一个隐藏层的节点，也就是每一个隐藏层的神经元，都只会连接到图像中的局部区域。如图 9.4 所示，对于一张 640×480 的输入图像，如果用全连接的方式，那么感受野的大小就是 640×480，而对应需要更新的参数就会有 $640 \times 480 = 307200$ 个；如果采用局部连接的方式，每次连接只取一小块 16×16 的区域，那么所需要更新的参数就只有 256 个了。当然能够用局部连接的方式进行处理的原因在于，在进行图像识别的时候，不需要对整个图像都进行处理，一张图像中会有很大一部分区域是无用或者说用处很小的，实际上需要关注的仅仅只是图像中包含关键特征的某些特殊区域。例如，在图 9.4 中，通过猫鼻子这一块区域就能识别出图片中是猫。

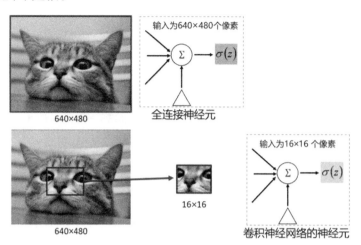

图 9.4　局部连接

当然，仅仅靠局部连接减少参数还不够，在卷积神经网络中还采用了权值共享（Shared Weights），如图 9.5 所示。对于每个神经元来讲，其连接的区域比较小，因此采用多个神经元分别连接一个小区域，合在一起就能够覆盖比较大的区域了。每个神经元连接的区域基本都是不同的，但如果将每个神经元的权重参数都设置成一样，那么就可以使用尽可能少的参数覆盖尽可能多的图像区域。

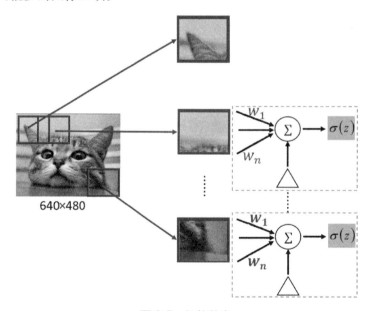

图 9.5　权值共享

第三种减少参数量的方法是下采样，形象地理解下采样就是将图像缩小，如图 9.6 所示。对图像进行下采样操作并不会对图像中的物体进行实质性地改变，尽管下采样之后的

图像尺寸变小了，但是并不会影响到图像中物体的识别。目前使用比较广泛的下采样方式

有两种：一种是使用步长 stride 大于 1 的池化（pooling）；另一种是使用步长 stride 大于 1 的卷积（convolution）。比较而言，使用步长 stride = 2 的卷积进行下采样的卷积神经网络效果与使用池化进行下采样的卷积神经网络效果相差不大。池化实际上提供的是一种非线性变换，这种非线性变换是固定的，是不可学习的，可以看作

图 9.6　下采样

是一种先验运算，而这种非线性变换可以通过一定深度的卷积来实现。因此，当卷积神经网络比较小、网络比较浅的时候，使用池化进行下采样效果可能会更好，而当网络比较深的时候，使用多层叠加的卷积进行下采样可以学习到池化下采样所提供的非线性变换，甚至能够通过不断的训练学习得到比池化更好的非线性变换。因此在网络比较深的时候，使用多层卷积来替代池化进行下采样效果可能会更好。

9.2.2　卷积层

卷积层可以说是卷积神经网络最重要的一个部分，也是"卷积神经网络"名称的由来。卷积操作其实就是为了实现上节中所提到的局部连接和权值共享，如图 9.7 所示，用类似全连接神经网络的结构来理解卷积。

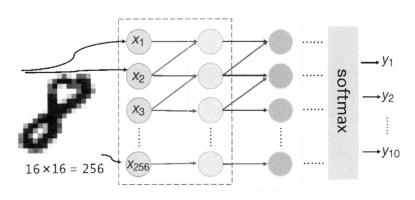

图 9.7　一维卷积示例

对于 16×16 的输入图像来讲，假设使用全连接网络来进行处理，则第一个隐藏层中每一个神经元需要与图像中的每一个像素点进行连接，因此每一个神经元就需要 256 个参数。而如果使用卷积神经网络进行处理，假定卷积核的大小设为 2×1，一个卷积核就相当于是一个神经元，那么每一个神经元只需要与两个输入信号相连，意味着每个神经元只需要更新两个参数，这就是局部连接。再利用权值共享的思想，将这一隐藏层中每个神经元的两个权重参数都设置为相同，那么这一层所有的神经元模型权重参数都是一样的，第一个隐藏层就只需要更新两个参数。而这一层隐藏层的计算就可以看作是只有一个神经元从上到下、从左到右在输入图像上进行滚动，每次滚动与两个输入信号进行连接计算。

图 9.7 所示例子实际上是一种一维卷积，在图像处理领域，一般最基础、最标准的是二维卷积，例如图像处理中的平滑、锐化等都采用了二维卷积操作。无论是一维卷积还是二维卷积，本质上来讲都可以看作是以卷积核为滑动窗口不断在输入图像上进行滚动。

卷积是数学分析中的一种积分变换的方法，在图像处理中采用的是卷积的离散形式。卷积神经网络中卷积层的实现方式实际上是数学中定义的互相关（cross-correlation）运算。图 9.8 所示为二维卷积计算方式示例。

输入图像　　　　　　　卷积核　　　　　　　特征图

图 9.8　二维卷积示例

假设输入特征图层大小为 6×6，卷积核大小为 3×3。卷积核（kernel）也叫滤波器（filter），假设卷积核的宽和高分别为 w 和 h，则称为 $w \times h$ 卷积。图 9.8 中所示卷积核大小为 3×3，即为 3×3 卷积。计算时先从输入特征图层的左上角取与卷积核对应的 3×3 大小的区域，与卷积核按照对应位置进行各元素先相乘再累加：

$$\text{output}(0,0) = 10 \times 1 + 10 \times 2 + 10 \times 1 + 10 \times 0 + 10 \times 0 + 10 \times 0 + 10 \times (-1) + 10 \times (-2) + 10 \times (-1) = 0$$

$$（9.1）$$

由式（9.1）得到的结果就是对应输出图层中左上角位置的值，然后将卷积核看作是一个滑动窗口，从左到右、从上往下每次滑动一格，就可以得到输出特征图层的所有值。这里卷积核的滑动距离取决于卷积步长 stride 的大小。一张 6×6 大小的输入图层经过 3×3 大小的卷积核以 stride = 1、padding = 0 的卷积步长进行卷积计算后得到一张 4×4 大小的特征图层。特征图层参数量变化的计算公式为

$$c = \text{mod}\left(\frac{(r - k + 2p)}{s} \right) + 1 \qquad （9.2）$$

式中，c 为输出特征图层大小；r 为输入特征图层大小；k 为卷积核大小；p 为填充大小 padding；s 为卷积步长 stride。在卷积神经网络的构建设计中，每一层卷积层可以包含多个卷积核，每一个卷积核最终卷积计算输出结果可以看作为提取出了输入图层的一种特征，因此，一个卷积层就可以提取多个特征。

相较于全连接神经网络中以单层感知器为基础的计算，卷积是一种全新的计算方式，但是实际上也是与神经网络结构密切相关的。如图 9.9 所示，左侧为卷积计算过程，右侧为局部连接与权值共享示意。假设输入特征图层为 3×3 大小，输入信号从左到右从上到下依次为 1、2、3、4、5、6、7、8、9，对应右侧神经网络中的 9 个输入信号；假设卷积核大小为 2×2，含有 4 个权重参数分别为 w_1、w_2、w_3、w_4，对应右侧神经网络中隐藏层的神经元。

卷积核与输入特征图层左上角 2×2 大小区域进行卷积计算，也就是右侧 1、2、4、5 输入信号与第一个神经元进行计算。左侧卷积核进行滚动计算对应右侧不同神经元与不同输入特征信号之间进行计算，只不过隐藏层中所有神经元的权值参数是相同的。至此，卷积与神经网络中的局部连接、权值共享便一一对应起来了。

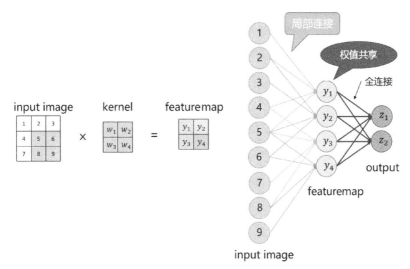

图 9.9　卷积与神经网络结构对应关系

如图 9.9 所示，从输入图像经过 2×2 卷积计算到特征图只需要学习卷积核中的 4 个卷积参数，假设换成全连接神经网络，9 个输入信号、4 个神经元则需要更新 36 个参数，很明显卷积大大减少了神经网络模型需要学习更新的参数量，实际上仅减少参数量还没有完全体现出卷积操作的优势所在。全连接神经网络尽管参数量巨大，但是参数量越大，代表模型越复杂，模型所能构建模拟的函数就越多，就越能够接近真实函数模型。而经过卷积操作之后，参数量固然得到了大大降低，但是这也意味着整个模型所能模拟的函数空间也相应变小，可以选择与真实函数模型进行对比的函数也就变少了，那么怎样才能使得卷积网络的模型不会过于简洁以致无法完全模拟真实函数模型呢？

从另一个角度来讲，一个卷积核实际上仅仅相当于提取了输入特征图层中的一个特征，但是一个图层显然不止一个特征，那么如何利用卷积核来提取到更多的特征呢？一个很明显的解决办法就是使用多个卷积核进行计算，也就是多核卷积。

如图 9.10 所示，在实际应用中，可以通过使用多个卷积核对输入特征图层同时进行卷积运算达到提取其中多个特征甚至提取出更复杂特征的目的。例如，对于图中 3×3 的输入特征图层，如果想要提取出图层中的 3 个特征，那么卷积层就需要设置 3 个卷积核。如果 3 个卷积核的大小都为 2×2，卷积步长 stride 都为 1，那么总共需要学习更新 $4 \times 3 = 12$ 个参数就可以获得 3 个包含对应特征信息的大小为 4×4 的特征图，这就是多核卷积。

此时，经过卷积层的多核卷积可以得到多个特征图，那下一层卷积层如何对多个特征图进行计算呢？又或者，使用卷积神经网络进行图像处理，而现在大多数图像都是彩色图像，也就是大多数都是 RGB 三通道图像，每一层图像都对应一个特征图，此时又该如何使用卷积来处理多通道图像呢？

既然输入特征图层可以有多个通道，那么卷积核能不能也有多个通道呢？答案显然是可以的，假设经过图 9.10 的卷积计算得到了 3 个 3×3 的特征图，此时可以将其看作是一个具有三个通道的特征图，大小为 $3 \times 3 \times 3$。此时，假设有 3 个二维卷积核，每个卷积核的大小都为 2×2，这 3 个卷积核也可以看作是一个具有 3 个通道的卷积核，卷积核的大小就变为 $3 \times 2 \times 2$，也就是由 3 个二维卷积核变成了一个三维立方体形式的卷积核，也称为卷积核立方体。如图 9.11 所示，每一个通道的二维卷积核对应一个通道的特征图，计算方式与多核卷积的计算方式一样，首先每个通道的卷积核分别与对应通道特征图进行卷积计算，最后再将多个通道的卷积计算结果累加得到最终输出特征图。式（9.3）为特征图中 h_1 的计算公式，用同样方法可以求出特征图中其他三个元素的值。

$$h_1 = k_{11}y_{11} + k_{12}y_{12} + k_{13}y_{14} + k_{14}y_{15} + k_{21}y_{21} + k_{22}y_{22} + k_{23}y_{24} + k_{24}y_{25} + k_{31}y_{31} + k_{32}y_{32} + k_{33}y_{34} + k_{34}y_{35} \tag{9.3}$$

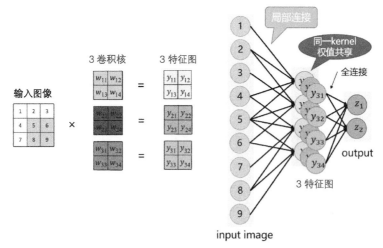

图 9.10　多核卷积

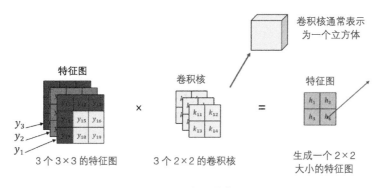

图 9.11　多通道卷积

在实际应用中，输入图像一般都是多通道图像，例如 RGB 三通道或者 HSV 通道，因此需要使用多通道卷积；而一张图像不可能只有一个特征，一般都需要尽可能多且完整地提取出图像中的特征，因此也需要使用多核卷积。综上，在实际卷积神经网络应用中，常常多通道卷积与多核卷积共同进行，这也被称为多通道多核卷积，如图 9.12 所示。

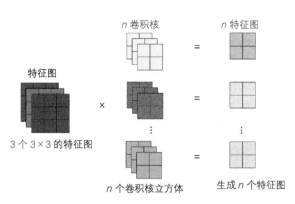

图 9.12　多通道多核卷积

9.2.3　池化层

一个三通道的图像输入，经过多通道多核卷积的计算之后，就可以得到多个特征图，在实际网络中，卷积核的大小一般会设置成 3×3 或者 5×5 的大小，而按照这种方式卷积下去，会发现尽管经过多层卷积计算，网络所能处理到的范围实际上仍旧是有限的，例如对输入图像进行采样时是 9×9 的范围，那么后续无论如何进行卷积，所处理的仍旧是这个范围，所能够获取到的特征也只是这个范围内的特征。比如对于一张图像，想要识别出其中的一辆车，而这辆车在图像中占据了很大的空间，但是采样采到的范围却比较小，假设只采到了一个轮胎的范围，那么怎么可能只通过这个轮胎来识别出整辆车。此时就需要扩大网络的感受野，卷积神经网络中可以通过池化来实现增大感受野的目的。

池化层（pooling）又叫下采样层，目的是压缩数据，降低数据维度。常用的池化方式主要有两种，一种是最大池化（max pooling），另一种是平均池化（average pooling）。

如图 9.13 所示，经过卷积计算之后获得一张特征图。特征图左上角的 2×2 的四个值实际上表示的是 input image 左上角 4×4 的区域，其中一个值代表的是 input image 中的一个 3×3 的区域，这就是卷积计算后特征图中一个元素的感受野大小。而下采样就是对特征图的一个 2×2 区域进行，如以最大池化的方式进行下采样，就只保留这个 2×2 区域中四个值当中的最大值；而如以平均池化的方式进行下采样，则是保留这四个值的平均值。max pooling 对于图像处理来讲相当于将图像中最突出、最显著的特征保留下来，average pooling 则相当于对图像中相邻特征之间的差别进行模糊处理。两种池化方式各有各的优势，分别有不同的适用场景，具体应用需要视实际情况而定。经过池化操作之后，原特征图就由 4×4 变成了一张 2×2 的特征图，在这个 2×2 的特征图中，左上角 40 这个值对应的是原特征图左上角的四个值，也就是说这一个值就可以代表原特征图中的四个值，而对应输入图像的则是一个 4×4 的区域。

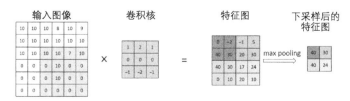

图 9.13　池化

　　在经过 max pooling 之后，特征图中的一个像素值的感受野由原来的 3×3 增大至 4×4，这也意味着这一层特征图中的语义信息的力度相较于之前也得到了提高，同样大小的特征图却能够表示更多的信息。

　　一般来讲，卷积神经网络在做完卷积和池化运算之后一般还会接一个全连接层。全连接层的主要作用为将卷积层输出的二维矩阵特征图拉伸转化为一个一维向量再将其输入到最后诸如 Softmax 或 tanh 等激励层获得结果。

9.3　典型的卷积神经网络模型

9.3.1　LeNet

　　LeNet 是 Yann LeCun 于 1988 年提出的一种用于手写数字识别的神经网络，可以说是卷积神经网络的基石，之后的多种卷积神经网络结构都是在 LeNet 的基础上改进演变而来。因此 Yann LeCun 也被称为"卷积之父"。

　　图 9.14 所示为 LeNet 的结构示例。LeNet 又称 LeNet-5，该网络总共有 8 层，包括 1 个输入层、3 个卷积层、2 个池化层、1 个全连接层以及 1 个输出层。在图中用首字母 C 表示卷积层，用 S 表示下采样层，也就是池化层，用 F 表示全连接层。

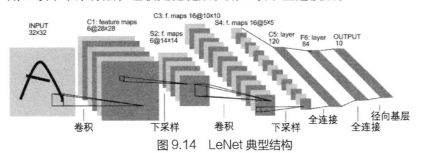

图 9.14　LeNet 典型结构

　　输入层输入图片大小为 32×32，实际上，在 LeNet 应用时，数字仅为图像中间 28×28 的范围区域，图像周围区域为填充效果，且该输入图像仅为黑白图像。

　　C1 层为卷积层，由 6 个卷积核构成，卷积核大小为 5×5，卷积步长为 1，输入图像经过 C1 层的卷积计算后生成的特征图层大小为 28×28，总共有 6 个特征图层生成，神经元的个数为 $6 \times 28 \times 28 = 4704$。6 个卷积核，卷积核大小为 5×5，加上 6 个偏置，共有 $6 \times 25 + 6 = 156$ 个参数。

　　S2 层为池化层，也叫下采样层，在 LeNet 中采用最大池化（max pool），池化核大小为 2×2，池化步长为 2，经过池化层下采样后生成 6 个 14×14 大小的特征图。一般池化层是没有参数的，但在 LeNet 中，采用平均池化后，均值乘上一个权值参数加上一个偏置参数作为激活函数的输入，激活函数的输出即是节点的值，每个 featuremap 的权值和偏置值都是一样的，所以 S2 池化层也有 $6 \times 2 = 12$ 个参数。

　　C3 层为卷积层，共有 60 个 5×5 大小的卷积核，输出为 16 个 10×10 的特征图，C3 与 S2 并不是全连接的，具体连接方式见表 9.1。表中第一行为 C3 层 16 个特征图的编号，第一列是 S2 层 6 个特征图的编号，表格中有"X"的表示相应层有连接关系，否则就说明没有连接关系。加上每个特征图的偏置，C3 层共有 $60 \times 25 + 16 = 1516$ 个参数。

表 9.1　LeNet-5 的 S2 到 C3 层的连接方式

	0	1	2	3	4	5	6	7	8	9	10	11	12	13	14	15
0	X				X	X	X			X	X	X	X	X	X	X
1	X	X				X	X	X			X	X	X			X
2	X	X	X				X	X	X			X		X		X
3		X	X	X			X	X	X	X			X		X	X
4			X	X	X			X	X	X	X		X	X		X
5				X	X	X			X	X	X	X		X	X	X

S4 层为池化层，池化核大小仍为 2×2，池化方式为最大池化，池化步长为 2，经过池化后输出为 16 个 5×5 的特征图。S4 层和 S2 层具有一样的池化操作，共有 $16 \times 2 = 32$ 个参数。

C5 层为卷积层，卷积核大小仍为 5×5，但是卷积核数量增加至 120 个，卷积步长为 1，最终输出 120 个 1×1 的特征图。在此处，C5 层作为卷积层，实际上与全连接层非常相似，但其本质上为卷积层，此处输出为 1×1 仅是因为输入图像大小导致，倘若将输入图像尺寸增大，本层输出特征图的大小也会相应变化，不再是 1×1，便会体现出与全连接层的区别。S4 和 C5 的所有特征图之间全部相连，有 $120 \times 16 = 1920$ 个卷积核，每个卷积核大小为 5×5，加上 120 个偏置，共有 $1920 \times 25 + 120 = 48120$ 个参数。

F6 层为全连接层，与 C5 层输出的 120 个特征图进行全连接，输出为 84 张特征图。

输出层有 10 个神经元，输出结果分别对应 0 ~ 9 这 10 个数字类别。每个类别对应一个径向基函数单元，每个单元的输入为 F6 层输出的 84 个特征图。每个径向基函数单元分别计算输入与该类别标记向量之间的欧式距离，将特征图与标记向量之间的欧式距离最近的类别作为手写数字识别的输出结果，共有 $(84 + 1) \times 10 = 850$ 个参数。如今已经不采用径向基函数了，而是改用 Softmax() 函数。

表 9.2 总结了 LeNet-5 各层的激活值尺寸维度、神经元数量和每层参数数量。从第二列可以看出，随着神经网络的加深，激活值尺寸会逐渐变小，但是，如果激活值尺寸下降太快，会影响神经网络的性能。卷积层的参数相对较少，大量的参数都存在于全连接层；一般池化操作是没有参数的，LeNet-5 在池化层整体增加了权值参数和偏置。

表 9.2　LeNet-5 的网络总体情况

LeNet-5 网络层	Activation Shape （每层激活值的维度）	Activation Unit Size （每层神经元数量）	Parameters （每层参数数量）
输入层	$(32, 32, 1)$	1024	
C1 层	$(28, 28, 6)$	4704	$(5 \times 5 \times 1 + 1) \times 6 = 156$
S2 层	$(14, 14, 6)$	1176	$2 \times 6 = 12$
C3 层	$(10, 10, 16)$	1600	$60 \times 25 + 16 = 1516$
S4 层	$(5, 5, 16)$	400	$2 \times 16 = 32$
C5 层	$(120, 1)$	120	$(400 + 1) \times 120 = 48120$
F6 层	$(84, 1)$	84	$(120 + 1) \times 84 = 10164$
输出层	$(10, 1)$	10	$(84 + 1) \times 10 = 850$

9.3.2 AlexNet

AlexNet 是由多伦多大学的 Alex Krizhevsky 等人于 2012 年提出的，其在 LeNet 的基础上有所创新，使得网络的能力更加强大，取得了当年的 ImageNet 大规模视觉识别竞赛冠军，自此将深度学习模型在 ImageNet 比赛中的准确率提升至一个全新的高度，也掀起了深度学习的又一次热潮。

AlexNet 是用于 ImageNet 图像分类竞赛的，ImageNet 是由李飞飞团队创建的一个用于图像识别的大型图像数据库，包含了超过 1400 万张带标签的图像。自 2010 年以来，ImageNet 每年举办一次图像分类和物体检测的大赛 ILSVRC（ImageNet Large Scale Visual Recognition Challenge），图像分类比赛中有 1000 个不同类别的图像，每个类别都有 300～1000 张不同来源的图像。自从该竞赛举办以来，业界便将其视为标准数据集，后续很多优秀的神经网络结构都在比赛中应运而生。相较于 LeNet 多用于处理如手写数字识别等小尺寸图片问题，ImageNet 图像分类很明显数据量更加庞大，任务难度提升巨大，因此要求神经网络的性能也就更加强大。

图 9.15 所示为 AlexNet 的网络结构，包括 5 个卷积层、3 个全连接层、3 个池化层以及 2 个 Dropout 层。

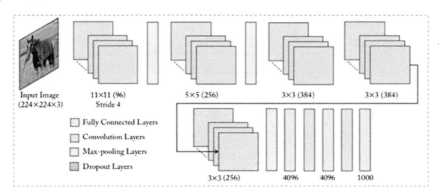

图 9.15　AlexNet 网络结构

相较于 LeNet，AlexNet 结构明显更加复杂，需要计算的参数量也更加庞大，共有大约 65 万个神经元以及 6000 万个参数。

AlexNet 相较于之前的网络，有如下创新点：

1）使用了两种数据增强方法，分别是镜像加随机剪裁和改变训练样本 RGB 通道的强度值。通过使用数据增强方法能够从数据集方面增加多样性，从而增强网络的泛化能力。

2）激活函数使用 ReLU 函数，相较于 sigmoid、tanh 等函数，ReLU 在梯度下降计算的时候速度更快。而且 ReLU 函数会使部分神经元的输出为 0，可以提高网络的稀疏性，并且减少参数之间的相关性，也可以在一定程度上减少网络的过拟合。

3）使用局部响应归一化对局部神经元创建竞争机制，使得响应较大的值更大，响应较小的神经元受到抑制，增强模型泛化能力。

4）引入 Dropout，对于一层的神经元，按照定义的概率将部分神经元输出置零，即该神经元不参与前向及后向传播，同时也保证输入层与输出层的神经元个数不变。从另一种角度看，Dropout 由于是随机置零部分神经元，因此也可以看成是不同模型之间的组合，可以有效地防止模型过拟合。

9.3.3 VGGNet

VGGNet 是 2014 年 ILSVRC 分类任务比赛的亚军，是由 Simonyan 等人在 AlexNet 的基础上针对卷积神经网络的深度进行改进提出的卷积神经网络。VGGNet 的结构与 AlexNet 的结构极其相似，区别在于其网络深度更深，并且基本采用 3×3 的小卷积核，因此从形式上看更加简单。原作者通过对比不同深度的网络在图像分类中的性能证明了卷积神经网络的深度提升有利于提高图像分类的准确率，但是深度加深并非没有限制，当神经网络的深度加深到一定程度后继续加深网络会导致网络性能的退化。因此，经过对比，VGGNet 的深度最终被确定在 16~19 层之间。表 9.3 给出了原作者在论文中提出的几种网络结构。

表 9.3 典型 VGGNet 结构

Input Image					
A	A-LRN	B	C	D	E
11 layers	11 layers	13 layers	16 layers	16 layers	19 layers
Input (224 × 224 × 3 RGB image)					
Conv3-64	Conv3-64 LRN	Conv3-64 Conv3-64	Conv3-64 Conv3-64	Conv3-64 Conv3-64	Conv3-64 Conv3-64
Maxpool					
Conv3-128	Conv3-128	Conv3-128 Conv3-128	Conv3-128 Conv3-128	Conv3-128 Conv3-128	Conv3-128 Conv3-128
Maxpool					
Conv3-256 Conv3-256	Conv3-256 Conv3-256	Conv3-256 Conv3-256	Conv3-256 Conv3-256 Conv1-256	Conv3-256 Conv3-256 Conv3-256	Conv3-256 Conv3-256 Conv3-256 Conv3-256
Maxpool					
Conv3-512 Conv3-512	Conv3-512 Conv3-512	Conv3-512 Conv3-512	Conv3-512 Conv3-512 Conv1-512	Conv3-512 Conv3-512 Conv3-512	Conv3-512 Conv3-512 Conv3-512 Conv3-512
Maxpool					
Conv3-512 Conv3-512	Conv3-512 Conv3-512	Conv3-512 Conv3-512	Conv3-512 Conv3-512 Conv1-512	Conv3-512 Conv3-512 Conv3-512	Conv3-512 Conv3-512 Conv3-512 Conv3-512
Maxpool					
FC-4096					
FC-4096					
FC-4096					
Softmax					

表 9.3 中六种网络结构相似，都是由 5 层卷积层加上 3 层全连接层组成的，区别在于每层卷积的子卷积层数量和卷积核大小不一样，从 A 类到 E 类网络，网络层数由 11 层逐渐增加至 19 层。表 9.3 中 Conv3-64 表示 64 个卷积核大小为 3×3 的卷积层，大卷积层之间由最大池化（maxpool）隔开，FC-4096 表示由 4096 个神经元构成的全连接层，最终输出层为

Softmax 层。在这六种网络中，D 为著名的 VGG16，E 为 VGG19。

图 9.16 所示为最经典的 VGG16 网络结构。VGG16 总共包含 16 个子层，它的输入层为 $224 \times 224 \times 3$ 的三通道 RGB 图像，第 1 层卷积层由 2 个 Conv3-64 组成，第 2 层卷积层由 2 个 Conv3-128 组成，第 3 层卷积层由 3 个 Conv3-256 组成，第 4 层卷积层由 3 个 Conv3-512 组成，第 5 层卷积层由 3 个 Conv3-512 组成，然后是 2 个 FC-4096 的全连接层，1 个 FC-1000 的全连接层，总共 16 层。

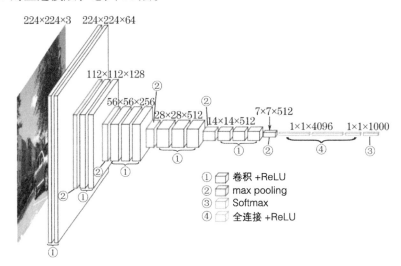

图 9.16   VGG16 网络结构

VGGNet 的一个重要特点是小卷积核。在 AlexNet 中，采用的卷积核相对都比较大，例如 7×7 的卷积核，但是在 VGG 中采用 3×3 的小卷积核来进行卷积计算，同时增加卷积层的层数使得网络性能不会下降。使用多个小卷积核可以等效替代大卷积核，例如用 3 个 3×3 的卷积核，其感受野大小就与一个 7×7 的卷积核的感受野大小相等。但是使用小卷积核却会带来一些好处，首先是可以大大减少模型的参数量，例如使用两个 3×3 的卷积核来替代一个 5×5 的卷积核，对于 5×5 的卷积核，其参数量为 $5 \times 5 = 25$，而两个 3×3 的卷积核参数量为 $2 \times 3 \times 3 = 18$，仅为前者的 72%。第二个好处是可以增加卷积层数，而由于每个卷积层中都含有一个非线性激活函数，因此可以增加网络的非线性，模型中使用 1×1 的卷积核也可以在不改变模型感受野的情况下增加模型的非线性。此外，由于 VGGNet 模型的通道数更多，而每一个通道就代表着一个 featuremap，因此通道数量的增加就意味着网络模型能够获取到更多的图像特征，能够获取到更丰富的图像信息。

9.3.4   GoogleNet

VGGNet 获得了 2014 年的 ILSVRC 分类比赛的亚军，而获得当年分类任务比赛冠军的则是 GoogleNet。GoogLeNet 的参数量仅为 AlexNet 的 1/12，但是分类精度却比 AlexNet 高得多。在 ILSVRC 分类任务中，GoogleNet 使用 7 个模型集成，每张图片用 144 个随机裁剪的方法进行处理，达到了比 VGGNet 更高的分类精度，但 7 个模型总的参数量依然少于 VGGNet。

与 VGGNet 模型相比，GoogleNet 模型的网络更深。如果只计算有参数的网络层，那么

GoogleNet 网络有 22 层，如果加上池化层则有 27 层，并且在网络架构中引入了 Inception 单元，从而进一步地提升了模型整体的性能。虽然 GoogleNet 的深度达到了 22 层，但参数量却比 AlexNet 和 VGGNet 少得多，GoogleNet 参数总量约为 500 万个，而 VGG16 参数约为 1.38 亿个，是 GoogleNet 的 27 倍多。这归功于 Google 团队提出了 Inception 模块。

Inception 的思想就是把多个卷积核池化操作，放在一起组装成一个网络模块，设计神经网络时以模块为单位去组装整个网络。图 9.17 所示为 Inception 模块最初的版本，其基本组成结构包含 4 个部分：1×1 卷积、3×3 卷积、5×5 卷积以及 3×3 最大池化，分别经过这 4 个部分计算之后的结果，再组合得到最终的输出。这就是 Inception 最初版本，它的核心思想就是利用不同大小的卷积核实现不同尺度上的感知，获取不同的图像信息，最后再进行信息之间的融合，以便能够获得图像更好的特征，通过多措并举出实招，达到多管齐下求实效。

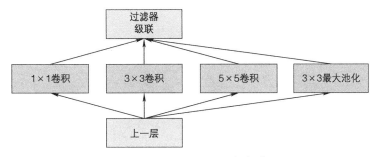

图 9.17　Inception 最初版本

但是，Inception 最初版本模块有两个问题：首先，所有卷积层直接和前一层输入的数据对接会造成卷积层中的计算量很大；第二，在这个模块中使用的最大池化层保留了输入数据的特征图的深度。因此，在最后进行合并时，总的输出的特征图的深度只会增加，这样就增加了该模块之后的网络结构的计算量。为了减少参数量以及减少计算量，Google 团队提出了在 GoogleNet 模型中使用的 Inception V1 模块，其结构如图 9.18 所示。

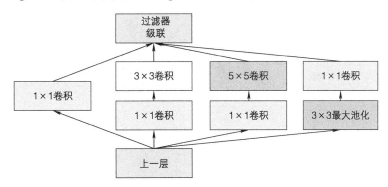

图 9.18　Inception V1

相较于 Naive Inception 模块，Inception V1 模块加入了 3 个 1×1 卷积，其主要目的在于压缩降维，减少参数量，从而让整个网络更深、更宽，能更好地提取图像特征。同时由于增加的 1×1 卷积也会有非线性激活函数，因此也提升了网络模型的表达能力。

GoogleNet 的网络模型就是利用 Inception V1 模块搭建起来的。GoogLeNet 网络总共有 22 层深，如果包括池化层则总共有 27 层深。在进入分类器之前，采用平均池化（average pooling）来代替全连接层，而在平均池化之后，还添加了一个全连接层，这是为了能够在最后对网络模型做微调。由于全连接网络参数多、计算量大，容易过拟合，因此 GoogLeNet 没有采用 VGGNet、LeNet、AlexNet 中都有的三层全连接层，而是直接在 Inception 模块之后使用 Average Pool 和 Dropout 方法，不仅起到了降维作用，还在一定程度上防止了过拟合。

此外，GoogleNet 中还有两个用于前向传导梯度的 Softmax 函数，也就是辅助分类器，主要是为了避免梯度消失。这两个辅助分类器只在训练时使用，是为了网络模型的训练能够更稳定、收敛得更快，但是在模型进行预测时则会去掉这两个辅助分类器。

除了上述模型所用到的 Inception V1 模块，Google 团队之后还提出了 Inception V2 模块以及 Inception V3 模块等，分别如图 9.19 和图 9.20 所示。

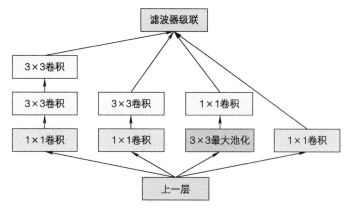

图 9.19　Inception V2

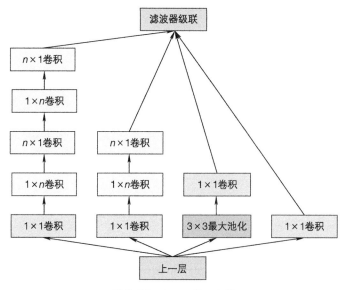

图 9.20　Inception V3

9.3.5　ResNet

无论是 VGGNet 还是 GoogleNet，都通过增加网络深度从而使网络获得了性能上的巨大成功，但是事实上并不能简单地通过在深度上堆叠网络来达到获得性能更好的网络模型的目的，其原因有二：第一是增加网络深度会带来梯度消失或梯度爆炸的问题，当然这可以通过归一化处理和 Batch Normalization 得到很大程度的解决；第二就是退化问题，如图 9.21 所示，随着网络深度增加，精度达到饱和，继续增加深度，反而会导致精度快速下降，误差增大。由图可看出，56 层的神经网络表现明显要比 20 层的差，证明更深的网络在训练过程中的难度更大，因此何恺明提出了 ResNet 残差网络来解决这个问题。

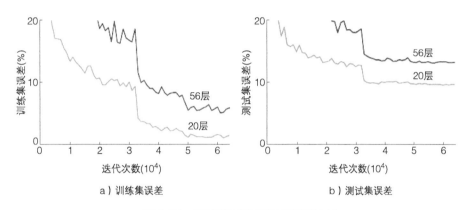

图 9.21　56 层和 20 层网络误差比较

残差网络依旧保留其他神经网络的非线性层的输出 $F(x)$，但从输入直接引入一个跳跃连接到非线性层的输出上，使得整个映射变为

$$H(x) = F(x) + x \qquad (9.4)$$

这就是残差网络的核心公式，换句话说，残差是网络搭建的一种操作，任何使用了这种操作的网络都可以被称为残差网络。一个具体的残差模块的定义如图 9.22 所示。一个残差模块有两条路径 $F(x)$ 和 x：$F(x)$ 路径拟合残差 $H(x) - x$，可称为残差路径；x 路径为恒等映射（identity mapping），称其为 "shortcut"。要让特征矩阵隔层相加，需要注意 $F(x)$ 和 x 形状要相同，所谓相加，是指特征矩阵相同位置上的数字进行相加。从图 9.22 可以看出，图中的 ⊕ 为逐元素相加（element-wise addition），所以要求参与运算的 $F(x)$ 和 x 的尺寸必须相同。

可以认为残差网络的原理其实是让模型的内部结构至少有恒等映射的能力，以保证在堆叠网络的过程中，网络至少不会因为继续堆叠而产生退化。

ResNet 就是通过不断堆叠这种残差模块来得到不同层数的网络模型。表 9.4 共提出了 5 种深度的 ResNet，分别是 18、34、50、101 和 152。首先看表最左侧，这些 ResNet 网络都分成 5 部分，分别是 conv1、conv2_x、conv3_x、conv4_x 和 conv5_x。

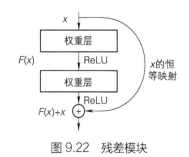

图 9.22　残差模块

表 9.4　典型的 ResNet 网络

层名称	输出尺寸	18 层	34 层	50 层	101 层	152 层
conv1	112×112	$7 \times 7,64$,stride 2				
conv2_x	56×56	3×3 最大池化，stride 2				
		$\begin{bmatrix} 3\times3,64 \\ 3\times3,64 \end{bmatrix}\times2$	$\begin{bmatrix} 3\times3,64 \\ 3\times3,64 \end{bmatrix}\times3$	$\begin{bmatrix} 1\times1,64 \\ 3\times3,64 \\ 1\times1,256 \end{bmatrix}\times3$	$\begin{bmatrix} 1\times1,64 \\ 3\times3,64 \\ 1\times1,256 \end{bmatrix}\times3$	$\begin{bmatrix} 1\times1,64 \\ 3\times3,64 \\ 1\times1,256 \end{bmatrix}\times3$
conv3_x	28×28	$\begin{bmatrix} 3\times3,128 \\ 3\times3,128 \end{bmatrix}\times2$	$\begin{bmatrix} 3\times3,128 \\ 3\times3,128 \end{bmatrix}\times4$	$\begin{bmatrix} 1\times1,128 \\ 3\times3,128 \\ 1\times1,512 \end{bmatrix}\times4$	$\begin{bmatrix} 1\times1,128 \\ 3\times3,128 \\ 1\times1,512 \end{bmatrix}\times4$	$\begin{bmatrix} 1\times1,128 \\ 3\times3,128 \\ 1\times1,512 \end{bmatrix}\times8$
conv4_x	14×14	$\begin{bmatrix} 3\times3,256 \\ 3\times3,256 \end{bmatrix}\times2$	$\begin{bmatrix} 3\times3,256 \\ 3\times3,256 \end{bmatrix}\times6$	$\begin{bmatrix} 1\times1,256 \\ 3\times3,256 \\ 1\times1,1024 \end{bmatrix}\times6$	$\begin{bmatrix} 1\times1,256 \\ 3\times3,256 \\ 1\times1,1024 \end{bmatrix}\times23$	$\begin{bmatrix} 1\times1,256 \\ 3\times3,256 \\ 1\times1,1024 \end{bmatrix}\times36$
conv5_x	7×7	$\begin{bmatrix} 3\times3,512 \\ 3\times3,512 \end{bmatrix}\times2$	$\begin{bmatrix} 3\times3,512 \\ 3\times3,512 \end{bmatrix}\times3$	$\begin{bmatrix} 1\times1,512 \\ 3\times3,512 \\ 1\times1,2048 \end{bmatrix}\times3$	$\begin{bmatrix} 1\times1,512 \\ 3\times3,512 \\ 1\times1,2048 \end{bmatrix}\times3$	$\begin{bmatrix} 1\times1,512 \\ 3\times3,512 \\ 1\times1,2048 \end{bmatrix}\times3$
	1×1	平均池化，1000-d fc, Softmax				
FLOPs		1.8×10^{9}	3.6×10^{9}	3.8×10^{9}	7.6×10^{9}	11.3×10^{9}

以 101 层为例，首先是输入 $7 \times 7 \times 64$ 的卷积，然后经过 $3 + 4 + 23 + 3 = 33$ 个 building block，每个 block 为 3 层，所以有 $33 \times 3 = 99$ 层，最后有一个 fc 层（用于分类），因此总共有 $1 + 99 + 1 = 101$ 层网络。需要注意的是，101 层网络仅仅指卷积或者全连接层，而激活层和池化层并没有计算在内。

比较 50 层和 101 层可以发现，它们唯一的不同在于 conv4_x，ResNet50 有 6 个 block，而 ResNet101 有 23 个 block，相差 17 个 block，也就是 $17 \times 3 = 51$ 层。

ResNet 使用的残差模块有两种结构。

1）两层结构，如图 9.23a 所示 BasicBlock，ResNet18/34 采用的残差模块是 BasicBlock。

2）三层结构，如图 9.23b 所示 Bottleneck，第一层 1×1 卷积核的作用是对特征矩阵进行降维操作，将特征矩阵的维度由 256 降为 64；第三层 1×1 卷积核是对特征矩阵进行升维操作，将特征矩阵的维度由 64 升成 256。降低特征矩阵的维度主要是为了减少参数的个数。如果采用 BasicBlock，那么参数的个数为 $256 \times 256 \times 3 \times 3 \times 2 = 1179648$；若采用 Bottleneck，则参数的个数为 $1 \times 1 \times 256 \times 64 + 3 \times 3 \times 64 \times 64 + 1 \times 1 \times 256 \times 64 = 69632$。先降后升是为了使主分支上输出的特征矩阵和捷径分支上输出的特征矩阵形状相同，以便进行加法操作。ResNet50/101/152 采用的是 Bottleneck 残差模块。

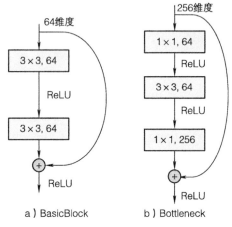

图 9.23　残差模块结构

9.4 实例：CNN 斑马线检测项目

利用百度飞桨 PaddlePaddle 框架搭建一个卷积神经网络，对包含斑马线的马路和不包含斑马线的马路图像进行分类。数据集中一个图像样本如图 9.24 所示。

卷积神经网络具体设计流程如图 9.25 所示，大致分为数据处理、模型设计、训练配置、训练过程、模型保存这几个步骤，每个步骤中又包含各自模型不同的小细节。

图 9.24　图像样本示例

由于项目代码篇幅较长，本节不附项目代码及介绍，读者可以通过链接在 AI Stuido 线上运行，项目代码附有注释，且配套有视频讲解。

项目运行：斑马线检测

https://aistudio.baidu.com/projectdetail/5107670?contributionType=1

扫码看实例讲解：CNN 斑马线检测项目

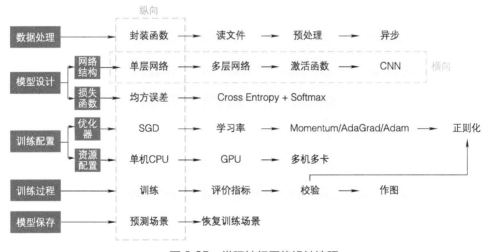

图 9.25　卷积神经网络设计流程

习　题

一、选择题

1. 全连接神经网络在处理图像时可能面临（　　　）问题。

A. 参数过多、计算复杂度高　　　　　　B. 欠拟合

C. 模型简单　　　　　　　　　　　　　D. 训练速度过快

2.卷积操作的主要目的是（　　　）。

A. 压缩数据　　　　　　　　　　　B. 提取特征

C. 提高模型复杂度　　　　　　　　D. 加速训练

3.池化层的作用是（　　）。

A. 减小图像尺寸　　　　　　　　　B. 增加图像分辨率

C. 增加模型复杂度　　　　　　　　D. 缩小感受野

4.LeNet 是由（　　　）提出的。

A. Geoffrey Hinton　　B. Yann LeCun　　C. Andrew Ng　　　D. Ian Goodfellow

5.AlexNet 赢得了（　　　）计算机视觉竞赛的冠军，推动了深度学习的发展。

A. ImageNet Large Scale Visual Recognition Challenge (ILSVRC)

B. Kaggle Competitions

C. ECCV (European Conference on Computer Vision)

D. ICCV (International Conference on Computer Vision)

6.VGGNet 的基本构建思想是（　　　）。

A. 使用大量卷积层和池化层　　　　B. 使用残差连接

C. 使用注意力机制　　　　　　　　D. 使用多头注意力机制

7.GoogleNet 中的"Inception 模块"是为了解决（　　　）问题而提出的。

A. 参数过多　　　　B. 计算速度慢　　　C. 过拟合　　　　　D. 梯度消失

8.ResNet 中引入的（　　　）结构有助于解决深度神经网络中的梯度消失问题。

A. Sigmoid 函数　　　　　　　　　B. ReLU 函数

C. Batch Normalization　　　　　　D. 残差连接

二、判断题

1. 全连接神经网络在处理图像时常常面临参数过多的问题，但其计算复杂度低。（　　）

2. 卷积神经网络只能处理图像数据。（　　）

3. 卷积层可以提取图像的特征。（　　）

4. 池化层的主要作用是增加图像的分辨率。（　　）

5. LeNet 是深度学习领域的奠基之作，提出了卷积神经网络的基本思想。（　　）

6. AlexNet 是第一个在 ImageNet 竞赛中取得显著优势的卷积神经网络。（　　）

7. VGGNet 通过使用大量卷积层和池化层，取得了比 AlexNet 更好的性能。（　　）

8. GoogleNet 的"Inception 模块"是为了解决参数过多的问题。（　　）

9. ResNet 中的残差连接有助于解决梯度消失问题，使得网络可以更轻松地训练深层结构。（　　）

三、简答题

1.推导 7×7 卷积核和 2 个 3×3 卷积核的感受野变化。

2.对比分析最大池化和平均池化效果。

3.分析 1×1 卷积的作用。

四、实训题

针对 9.4 节斑马线检测项目，使用不同的卷积神经网络结构（AlexNet、GoogleNet、ResNet 等）搭建网络模型，对比分析不同网络训练的效果。

第 4 部分

智能车竞赛任务与实践

第 10 章 智能车自动巡航算法设计及部署

在全国大学生智能汽车竞赛中，沿着竞赛场景车道线实现自动巡航是竞赛的一项基本任务，车道线自动巡航可以通过图像处理提取车道线实现，也可以基于深度学习模型来实现。本章以全国大学生智能汽车竞赛近年来新增的百度智慧交通创意赛线下赛为例来介绍三种智能车自动巡航方法及其部署。

10.1 百度智慧交通创意赛介绍

百度智慧交通创意赛（以下简称创意赛）隶属于综合类比赛，该赛项由线上赛和线下赛共同构成。该赛项的设立能够场景化地复现基于深度学习的智能汽车在实际领域中的应用，尤其是在无人的环境中，实现数据采集、数据模型构建、自主识别弯道、无人驾驶验证等多种技术融合的场景。比赛使用的深度学习平台为百度飞桨 PaddlePaddle，值得一提的是，选手在实现感知、决策和控制的过程中，绝大部分代码可基于 Python 语言完成任务。该赛事为培养创新综合人才提供了演练平台，以赛促教、促学，旨在拓宽高校人工智能相关专业及人工智能赋能其他专业的教学内容，提升高校人工智能科技创新能力和人才培养能力。

百度智慧交通创意赛线上赛要求参赛学生必须在规定时间内使用百度开源深度学习平台飞桨 PaddlePaddle 进行模型的设计、训练和预测，AI Studio 为线上选拔赛的指定训练平台，提供在线编程环境、免费 GPU 算力、海量开源算法和开放数据，能够帮助参赛者快速创建和部署模型。

2023 年创意赛线上赛的赛题，要求参赛队伍利用提供的训练数据，在统一的计算资源下，使用百度飞桨 PaddlePaddle2.2 及以上版本，实现一个能够识别虚车道线、实车道线和斑马线具体位置和类别的深度学习模型，不限制深度学习任务类型。从任务要求来看，这是一个典型的图像分割任务。

在线上赛任务中，选手需要基于官方给定的数据集进行模型的训练。如图 10.1 所示，赛题数据集包括 16000 张可以直接用于训练的车载影像数据，官方采用分割连通域标注方法，对这些图片数据标注了虚车道线、实车道线和斑马线的区域和类别，其中标注数据以灰度图的方式存储。标注数据是与原图尺寸相同的单通道灰度图，其中背景像素的灰度值为 0，不同类别的目标像素分别为不同的灰度值。实车道线、虚车道线和斑马线类别编号分别为 1、2 和 3，0 为背景编号。

图 10.1　车道线数据集示例

2023 年创意赛线下赛的赛题，要求参赛队伍在一套场景化故事线中，在规定时间内完成基于车道定位及识别、道路图像标志与沿路指示牌的检测和识别。参赛队伍必须使用组委会指定的百度 EdgeBoard 边缘计算板卡进行比赛。如图 10.2 所示，以 2023 年创意赛线下赛为例，线下赛比赛场地尺寸为 600cm × 480cm，材质为 PU 布或者喷绘布，车道（含黄线）宽度约为 50cm，地图左下角为出发起点。比赛理想的场地环境一般为冷光源、低照度、无磁场干扰，但是真实赛场环境的不确定因素一般都会比较多，例如，场地表面可能有纹路和不平整，边框上有裂缝，光照条件有变化等，这恰恰是比赛的考核项之一，即塑造智能车的环境适应力也是十分重要的工程要点。

线下赛要求在这些不确定因素影响下，智能车从起点出发，准确沿着车道线绕行一圈，识别场景中任务标识并正确完成任务后回到起点位置。完成比赛的基础要求就是智能车能够精确沿着赛道绕行一周，并设计深度学习目标检测模型完成相应的任务。图 10.3 所示为创意赛的一种车模，车模主要由两大部分组成：一是底盘；二是车身部分。整个底盘包含四个电机，分别驱动四个车轮，后轮使用近似麦克纳姆轮，因此后轮可以横向摆动。小车转向时由前轮双电机进行差速控制，后轮横向移动完成转向。车身部分包括传感器以及执行机构，本章主要是讲解车道线自动巡航的实现，目标检测任务将在第 11 章讲解。

图 10.2　百度智慧交通赛线下赛地图

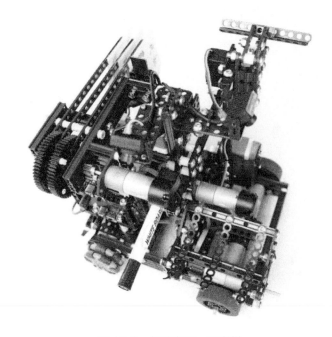

图 10.3　创意赛的一种车模

10.2　基于 OpenCV 图像处理的智能车自动巡航

10.2.1　车道线检测的概念

在现实世界中，车道是道路（行车道）的一部分，专门用于单行车辆，以控制和引导驾驶人并减少交通冲突。车道检测是自动驾驶的重要组成部分，是推动场景理解最重要的研究主题之一。一旦获得车道位置，自动驾驶车辆决策中心就将知道车辆的行驶路径，避免车辆驶入其他车道或离开道路。自动驾驶车辆常使用纯视觉方案来检测车道线，例如特斯拉和 mobileye 的纯视觉自动驾驶方案。百度智慧交通创意赛使用摄像头感知周围环境，可以将其理解为对现实世界纯视觉感知方案的模拟。

2023 年百度智慧交通创意赛地图场景中，使用绿色将车道线与图像背景相分隔，比赛规则允许使用传统图像处理的方法、训练深度学习模型的方法或者采用图像分割技术来完成车道巡航的任务。本节将介绍使用传统图像处理的方法实现车道线检测，完成车道巡航任务。

10.2.2　基于 OpenCV 实现车道线检测

基于 OpenCV 图像处理有多种方法可以实现车道线检测，如 canny 边缘检测、大津法、霍夫变换、最小二乘法拟合等。本节介绍一种简单的颜色阈值分割方案实现车道线检测。图 10.4 所示为竞赛所用智能车前置摄像头拍摄的一张图片，下面将以该图片为基础，介绍一种基于 OpenCV 的车道线检测方法。

图 10.4　原始图像

首先，导入需要的库。

```
import os
import cv2
import numpy as np
import matplotlib.pyplot as plt
```

读取图像并将该图像转换为灰度图，如图 10.5 所示。

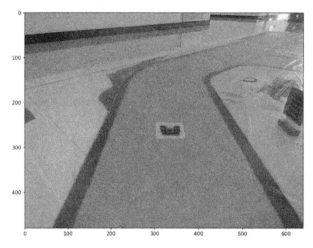

图 10.5　灰度图像

```
# 读取图像
img0 = cv2.imread('1.jpg')
# 灰度化显示图像
plt.imshow(img0,cmap = "gray")
plt.show()
```

　　从图 10.5 可以看出，除了车道线之外，场景中还有很多对象，如车道两旁的标识物、障碍物、地图场景的背景元素等。因此，在解决车道线检测问题之前，有必要找到一种方法来忽略图像中的无关物体。最直接的解决方案就是缩小对图像的关注范围，只关注图像中最可能出现车道线的那部分进行车道线检测，因此需要使用到蒙版。蒙版是一个 numpy 数组，当需要对图像中的一部分进行遮盖时，只需将图像中对应区域的像素值改为 0 或 255，或任何数字。由于摄像头角度的影响，车道线所在区域通常为近大远小的梯形区域，因此，首先指定多边形的坐标，使用其来作为蒙版。蒙版如图 10.6 所示。

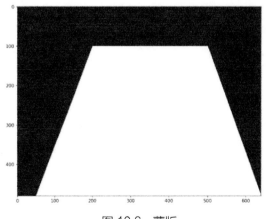

图 10.6　蒙版

```
# 准备蒙版
# 创建 0 矩阵
stencil = np.zeros_like(img0[:,:,0])
# 指定多边形的坐标
polygon = np.array([[50,480], [200,100], [500,100], [640,480]])
# 用 1 填充多边形
cv2.fillConvexPoly(stencil, polygon, 1)
# # 画出多边形
# plt.imshow(stencil, cmap = "gray")
# plt.show()
```

之后，将该蒙版应用到灰度图像上，分割出感兴趣区域，如图 10.7 所示。

```
# 应用该多边形作为掩码
img = cv2.bitwise_and(img0[:,:,0], img0[:,:,0], mask = stencil)
# # 画出掩码后的图片
# plt.imshow(img, cmap = "gray")
# plt.show()
```

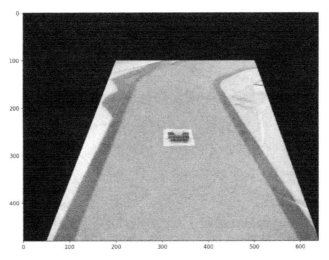

图 10.7　分割出感兴趣区域

最后，使用图像阈值处理检测所需车道，检测结果如图 10.8 所示。对于图像上方检测不够准确的车道线，可以使用以下四种方案解决。

1）缩小感兴趣区域的范围，只检测图像下方更靠近车辆自身位置的车道线。

2）调整阈值，使图像阈值分割更为准确。

3）使用滤波函数，减小干扰。

4）使用自适应阈值。

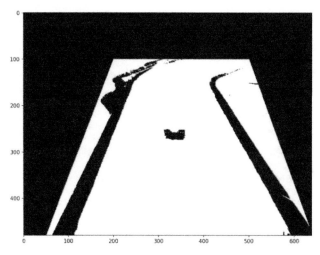

图 10.8　车道线检测结果

本节只介绍最基本的原理，不再深入介绍进阶应用。

```
ret, thresh = cv2.threshold(img, 120, 135, cv2.THRESH_BINARY)
# 画出图像
plt.imshow(thresh, cmap =  "gray")
plt.show()
```

比赛中，循环读取智能车前置摄像头的每一帧图像，反复进行上述过程，以实现实时车道线检测。

10.2.3　基于 OpenCV 图像处理实现智能车自动巡航

该部分内容配套 2023 年百度智慧交通创意赛资源包中的代码进行说明。如 10.2.2 节所述，感兴趣区域和阈值是检测车道线的基础。因此在启动巡线程序之前，首先要进行摄像头位置校准和颜色阈值校准。

1. 摄像头位置校准

将资源包文件解压至 EdgeBoard 板卡上，打开终端使用以下命令进入到指定文件夹：

```
cd car_ws/src/test/PPDeliveryProjects
```

之后新开一个终端，使用以下命令启动智能车底盘：

```
roslaunch hg_bringup  bringup.launch
```

将智能车放置在地图起点启动区域内，再新开一个终端，运行如下指令，显示出可视化界面，如图 10.9 所示。

需将小车摆放到后轮刚好抵住起始框的位置，然后调节摄像头角度，使得在显示的画面中刚好能看到白色启动区域内白色部分图像，且左右两条车道线位置大致对称。

```
python3  follow.py
```

第 10 章　智能车自动巡航算法设计及部署　239

图 10.9　摄像头位置校准

2. 颜色阈值校准

颜色阈值校准和摄像头位置校准一样，需要首先进入指定的文件夹，启动智能车底盘，之后新开一个终端，使用以下命令启动颜色阈值校准程序，此时出现两个图像画面：一个为摄像头原图，另一个为处理后的二值图，如图 10.10 所示。

```
python3   color_adjustment.py
```

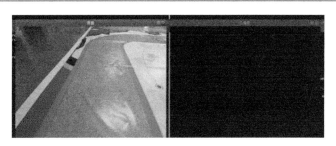

图 10.10　颜色阈值校准窗口

新开一个终端，运行以下指令启动参数调节器，调节颜色阈值，如图 10.11 所示。

```
rosrun rqt_reconfigure
```

图 10.11　参数调节面板

如图 10.12 所示，调节参数调节器中的 HSV 数值，获得一组识别效果较好的参数，记录下来添加到 follow.py 程序中对应颜色阈值参数位置。

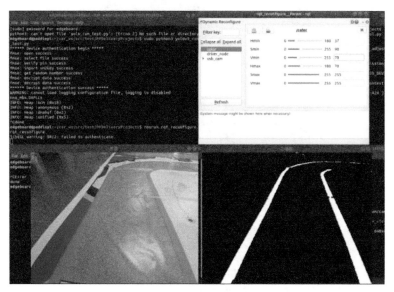

图 10.12　颜色阈值校准结果

3. 巡线有关参数调节

（1）颜色识别阈值调整

根据前述颜色阈值校准获得的识别效果较好的参数，在 follow.py 程序对应位置完成颜色阈值调节，将获得的参数输入对应位置即可，如图 10.13 所示。

（2）巡线速度调节

小车巡线速度相关的代码如图 10.14 所示。配套代码具有良好的封装，只需要在该处调整参数即可。小车的巡线速度为 self.sign_speed，由 self.max_speed 和 self.min_speed 决定，max_speed 为小车正常巡线时的速度，min_speed 为小车识别到地标后的速度，可以根据实际需求进行修改。

```
100          #颜色阈值
101
102          self.high_h = 70
103          self.high_s = 255
104          self.high_v = 255
105          self.low_h  = 37
106          self.low_s  = 90
107          self.low_v  = 70
```

```
124          #速度相关
125          self.max_speed = 0.16
126          self.min_speed = 0.08
127          self.sign_speed = self.max_speed
128          self.vel = Twist()
129          self.pid_cmd_vel_x=0
130          self.pid_cmd_vel_z=0
131          self.scale_1 = 3
132          self.scale_2 = 3
```

图 10.13　颜色识别阈值调整　　　　　　图 10.14　巡线速度调节

小车在巡线过程中会不断发布角速度用于校正车身角度，图中的 self.scale_1 和 self.scale_2 分别是小车在直行、转弯时输出角速度的增大比例，可根据实际进行修改。

4. 实测巡线效果

完成上述三个步骤的调整之后，可以启动配套巡线程序，完成巡线过程。首先，新开终端，使用以下命令启动底盘和摄像头。

```
roslaunch hg_bringup  bringup.launch
```

之后新开终端，运行以下指令进入指定目录。

```
cd  car_ws/src/test/PPDeliveryProjects
```

在同一终端，使用以下命令启动巡线模块会显示摄像头图像，如图 10.15 所示。单击图像界面，按下空格键，图像关闭，小车开始巡线。

```
python3 follow.py
```

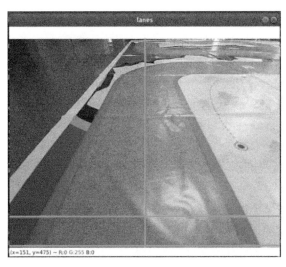

图 10.15　巡线模块启动界面

如图 10.16 所示，通过实车验证可以看到，小车在简单的直道、小幅度弯道、路况复杂的十字路口、大幅度弯道等各种路况下都能完成对路径的良好跟踪。

图 10.16　巡线效果验证

10.3　基于 CNN 的智能车自动巡航模型设计及实验验证

　　智能车自动巡航也可以搭建深度学习模型来完成，通过设计一个 CNN 模型预测智能车的转向角，自动巡航 CNN 模型得到的值是一个智能车转角信息，这属于机器学习的回归问题。采用深度学习方法来实现智能车巡航转向角预测，首先需要采集数据集，然后设计深度学习模型并训练，最后是实车部署及实验验证。

10.3.1　自动巡航数据采集及预处理

　　模型训练所需要的数据集包括两大部分：一是由前置摄像头采集的前方道路图像，对应模型的输入；二是由程序记录下的手柄控制的小车转向角度，对应模型的输出，也是每一帧图像的标签值。数据采集的主要方式为通过遥控手柄控制小车在地图上沿着赛道行驶，使用安装在小车前部顶端的摄像头采集车辆前方道路图像，并同时记录下手柄控制小车进行转向时的转向角度，形成图像与转角互相对应的数据对。

　　控制手柄通过 USB 扩展器与 EdgeBoard 控制板卡相连，此时可以通过手柄控制小车左右转向，其转向角由手柄摇杆转动幅度反映，手柄的摇杆幅度通过程序被归一化为 [-1,1] 区间内的连续小数，负值表示小车向左转向，正值表示小车向右转向。采集数据时小车的行驶速度可在 0 ~ 100 的范围内自由设置，为了兼顾控制手柄时人的反应速度以及摄像头采集帧率，速度一般设置在 20 左右。为了保证最后小车转向控制模型的光滑连续性，在控制小车行驶采集数据时需要尽可能保证小车能够顺滑地连续移动，尽量避免出现跳跃性的大幅度转向。在小车行进的同时，摄像头会以一定的帧率采集前方道路图像，并记录下每一帧图像对应的小车转向角度，对应数据将以图像编号对应转向角度的格式保存在 json 文件中。整个数据采集的流程如图 10.17 所示。

　　采集到的原始数据是以键 - 值对的形式保存的，其中键对应的是图片的编号名称，如 "001.jpg"，值对应的是转向角度。为了与后续网络训练时所需要的数据格式匹配，还需要将其转换为图片名称与转向角度一一对应的规范文本格式（txt），如图 10.18 所示。

　　前置摄像头采集到的部分图片及其对应的文件命名如图 10.19 所示。为了在线验证网络模型的效果，可以将采集到的数据按照 8:2 的比例随机划分为训练集与验证集。

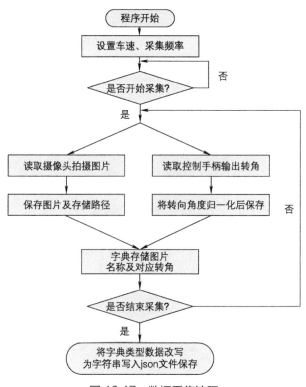

图 10.17　数据采集流程

d1/104.jpg	-0.7526169621875668
d1/105.jpg	-0.7526169621875668
d1/106.jpg	-0.7526169621875668
d1/107.jpg	-0.7423017059846797
d1/108.jpg	0.0
d1/109.jpg	0.0
d1/110.jpg	0.0
d1/111.jpg	0.0
d1/112.jpg	0.0
d1/113.jpg	0.0
d1/114.jpg	-0.3814813684499649
d1/115.jpg	-0.4742576372569964
d1/116.jpg	-0.4742576372569964
d1/117.jpg	-0.4742576372569964

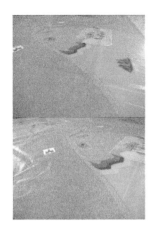

d1/104.JPG

d1/115.JPG

图 10.18　文本数据图片及标签值　　　　图 10.19　部分图片及其命名

10.3.2　数据增强

神经网络模型中一个非常重要的关注点就是整个网络的泛化性。所谓神经网络模型的泛化性，指的是神经网络能否将从某些数据中学习到的信息正确应用在其他数据上。在训练神经网络模型时，我们所使用的是某一部分数据集，并不一定囊括所有可能出现的数据，比如说在划分数据集时，会人为地保留一部分数据集用于检测神经网络模型的准确度，也就是我们所用到的验证集；此外，在采集数据时也很难保证所采集的数据包含了所有可能情况。由此便会导致用已有的数据集训练出的神经网络模型仅在训练所用的数据集上准确度高，但是在未参与训练的数据集上表现并不好，这就说明神经网络模型的泛化性不好。

泛化性在神经网络中一个非常常见的表现就是过拟合，也就是在训练网络模型时参数过多，将数据集中所包含的各种误差信息都计算进入模型中，因此就会导致模型在训练集上的效果好，在测试集上的效果差，也就是所说的泛化性不好。

数据采集是在室内铺设地图后进行，环境和背景都相对比较单一。因此，为了提高模型的泛化能力，防止模型过拟合，在将数据放入网络模型中进行训练之前还需要对采集到的图像进行数据增强处理。

对图像数据所做的数据增强处理一般有两大类：第一类为几何变换，包括水平翻转、垂直翻转、平移、缩放等方式；第二类是颜色变换，包括调整滤镜、色调、对比度、亮度以及加噪声等方式。自动巡航模型需要根据图像中车道的位置、角度等信息来匹配其与小车转向角度之间的关系，因此，几何变换在此并不适用。此外，在实际调试过程中会发现，背景环境的光照条件、现场地图反光程度和印刷色差等因素会对模型预测结果有非常大的影响，因此，对数据集的主要增强手段为颜色变换类方法。对图像数据的数据增强处理主要采用 Python 第三方库 PIL（Python Image Library）中的 Image Enhance 类里面的函数。本次所用到的图像增强方法有五类，包括加不同滤镜、改变色调、调整对比度、调整亮度以及改变饱和度。

为图像添加不同滤镜使用的是计算机视觉库 OpenCV 库，具体实现原理及方法在第 6 章中有讲解，在此不再赘述。对图像对比度、亮度、饱和度、色调的变换实际上是改变图像像素的 RGB 值，因此需要先用 numpy 库将图片的像素信息转换为矩阵形式，再对像素信息进行变换计算。

```python
import numpy as np
色调变换
def apply_hue(img):
    low, high, prob = [-18, 18, 0.5]
    if np.random.uniform(0., 1.) < prob:
        return img
    img = img.astype(np.float32)
    delta = np.random.uniform(low, high)
    u = np.cos(delta * np.pi)
    w = np.sin(delta * np.pi)
    bt = np.array([[1.0, 0.0, 0.0], [0.0, u, -w], [0.0, w, u]])
    tyiq = np.array([[0.299, 0.587, 0.114], [0.596, -0.274, -0.321],
                    [0.211, -0.523, 0.311]])
    ityiq = np.array([[1.0, 0.956, 0.621], [1.0, -0.272, -0.647],
                    [1.0, -1.107, 1.705]])
    t = np.dot(np.dot(ityiq, bt), tyiq).T
    img = np.dot(img, t)
    return img
```

```python
饱和度变换
def apply_saturation(img):
    low, high, prob = [0.2, 1.8, 0.5]
    if np.random.uniform(0., 1.) < prob:
        return img
    delta = np.random.uniform(low, high)
    img = img.astype(np.float32)
    gray = img * np.array([[[0.299, 0.587, 0.114]]], dtype = np.float32)
    gray = gray.sum(axis = 2, keepdims = True)
    gray *= (1.0 - 0.5)
    img *= 0.5
    img += gray
    return img
```

```python
对比度变换
def apply_contrast(img):
    low, high, prob = [0.2, 1.8, 0.5]
    if np.random.uniform(0., 1.) < prob:
        return img
    delta = np.random.uniform(low, high)

    img = img.astype(np.float32)
    img *= 0.5
    return img
```

亮度变换

```
def apply_brightness(img):
    low, high, prob = [0.2, 1.8, 0.5]
    if np.random.uniform(0., 1.) < prob:
        return img
    delta = np.random.uniform(low, high)
    img = img.astype(np.float32)
    img *= 1.5
    return img
```

图 10.20 展示了经过颜色变换处理后所得的图片，图 10.20a ~ d 分别为经过色调调整、饱和度调整、对比度调整、亮度调整后所得的图像。

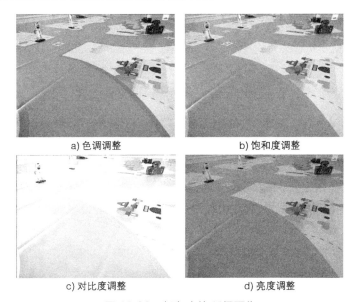

a) 色调调整　　　　　　　　　　b) 饱和度调整

c) 对比度调整　　　　　　　　　d) 亮度调整

图 10.20　颜色变换所得图像

对采集到的图像进行颜色变换处理时，为了排除人为因素的干扰并防止出现特征集中的问题，需要对采集到的所有图片随机性地进行图像增强处理，以便能够获得特征随机性更强的图像数据集。整个图像数据增强处理的流程如图 10.21 所示。

10.3.3　自动巡航 CNN 模型设计

第 9 章使用卷积神经网络完成了分类问题，而智能车自动巡航需要得到转向角信息，模型输出结果只有一个值，属于回归问题。如图 10.22 所示，如果使用卷积神经网络来解决回归问题，则其基本结构与分类任务是类似的，但是不同于分类问题，在回归问

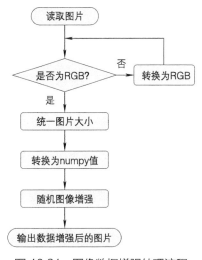

图 10.21　图像数据增强处理流程

题的最后一层全连接层，其仍旧会输出 m 个参数。但是现在不是将这 m 个参数输出连接到 n 个神经元上，而是将其连接到一个神经元上。经过这个神经元的计算，输出结果是权值为 w、偏置为 b 的计算结果，这个结果是一个连续值，就是我们处理回归问题所需要的输出。

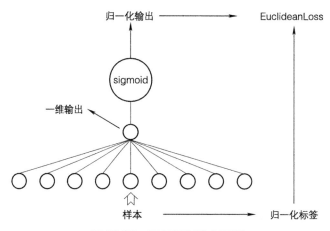

图 10.22　回归任务输出示例

比较而言，分类任务与回归任务最大的区别在于分类任务解决的是一个离散型问题，最终输出的结果为对应分类数的概率值；而回归问题解决的是一个连续型问题，最终的输出结果是一个连续值。对于自动巡航模型来讲，需要根据输入图像输出一个 [-1, 1] 之间的转向角度，很明显这个转向角度是一个连续值，因此，这个自动巡航任务是一个回归任务，模型设计也需要按照回归任务的处理方式做出调整。整个巡航任务实现流程如图 10.23 所示。

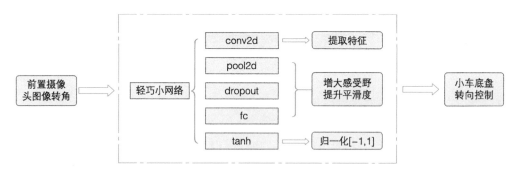

图 10.23　巡航任务实现流程

由于巡航模型需要部署在小车搭载的 EdgeBoard 板上运行，这种边缘计算开发板算力有限，因此要求网络模型规模较小，同时也需要能够胜任回归任务所需要的运算能力。借鉴 AlexNet 的设计思想，采用 5 层卷积层，其中第一、二层卷积层之后紧跟一层池化层，第三、四层卷积层之后不跟池化层，第五层卷积层之后紧跟一层池化层。由于在巡航任务中输入图片大小仅为 $128 \times 128 \times 3$，远小于 AlexNet 输入图像尺寸，参数量仅约为其 1/4，且图像场景较为单一，特征较少，因此卷积层的卷积核数量和卷积通道数都可以大大减少，从而达到降低网络复杂程度的效果。模型结构和参数见表 10.1。

表 10.1　模型结构及参数表

层名（类型）	输入尺寸	卷积核或池化核尺寸	步长	填充	输出尺寸	参数量
conv1	$128 \times 128 \times 3$	$3 \times 3 \times 32$	2	2	$65 \times 65 \times 32$	896
pool1	$65 \times 65 \times 32$	2×2	1		$64 \times 64 \times 32$	0
conv2	$64 \times 64 \times 32$	$3 \times 3 \times 32$	2	2	$33 \times 33 \times 32$	9248
pool2	$33 \times 33 \times 32$	2×2	1		$32 \times 32 \times 32$	0
conv3	$32 \times 32 \times 32$	$3 \times 3 \times 64$	2	2	$17 \times 17 \times 64$	18496
conv4	$17 \times 17 \times 64$	$3 \times 3 \times 64$	2	2	$10 \times 10 \times 64$	36928
conv5	$10 \times 10 \times 64$	$3 \times 3 \times 128$	2	2	$6 \times 6 \times 128$	73856
pool3	$6 \times 6 \times 128$	2×2	1		$5 \times 5 \times 128$	0
drop1	$5 \times 5 \times 128$				$5 \times 5 \times 128$	0
fc1	$5 \times 5 \times 128$				128	409600
drop2	128				128	0
fc2	128				32	4096
fc3	32				1	32
tanh	1				1	0

参数总计：553152

第一层卷积层卷积核大小为 3×3，包含 32 个卷积核，卷积步长为 2，且为了保证对图像边缘信息的提取，加入了 padding = 2 的填充。在卷积核大小为 3×3 的卷积运算中，不难看出在图像的边缘，部分像素最少仅能经过 1 次卷积计算，但是图像中心区域像素却能经过多达 9 次的卷积运算，由此就会带来边缘部分像素信息提取不够充分的问题，容易遗漏边缘部分信息。此外，在经过卷积层的卷积运算后，featuremap 尺寸会变得越来越小，而加入填充则能有效解决此问题。在加入填充 padding 后，整个卷积层的计算公式为

$$C = \text{mod}((R + 2p - s)/D) + 1 \tag{10.1}$$

式中，C 为输出 featuremap 尺寸；R 为输入尺寸；p 为填充 padding 大小；s 为卷积核尺寸；D 为卷积步长。

池化层的计算公式为

$$c = \text{mod}((r - s)/d) + 1 \tag{10.2}$$

式中，c 为输出尺寸；r 为输入尺寸；s 为池化核大小；d 为池化步长。

经计算，可得第一层卷积后参数量为 $c_1 = 32 \times 65 \times 65$，经过池化后输出为 $p_1 = 32 \times 64 \times 64$；第二层卷积后参数量为 $c_2 = 32 \times 33 \times 33$，经过池化后输出为 $p_2 = 32 \times 32 \times 32$；第三层卷积后参数量为 $c_3 = 64 \times 17 \times 17$；第四层卷积后参数量为 $c_4 = 64 \times 10 \times 10$；第五层卷积后参数量为 $c_5 = 128 \times 6 \times 6$，经过池化后输出为 $p_5 = 128 \times 5 \times 5$。

在 AlexNet 中选用了 ReLU 函数作为激活函数。ReLU 函数相对 sigmoid 等函数来讲

解决了其梯度消失等问题。由于未激活所有神经元，ReLU 函数还具有减小参数量的作用。然而，正是因为 ReLU 函数在 $x < 0$ 时，其函数值为 0，因此导致在网络不断加深的情况下，ReLU 函数极有可能会带来权值无法更新的情况。因此，在巡航模型设计中选用 leaky-ReLU 函数，该激活函数数学表达式为

$$F(x) = \begin{cases} x, & x \geqslant 0 \\ ax, & x < 0 \end{cases} \tag{10.3}$$

式中，a 为一非零固定斜率。在 $x < 0$ 的情况下，函数值并不等于零，而是等于一个相对较小的值，因此，leaky-ReLU 不会像 ReLU 函数那样屏蔽掉大量的神经元，而是有选择地保留部分负值，从而解决了神经元可能屏蔽过多的问题。

为了防止模型出现过拟合，借鉴 AlexNet 的思想，在卷积层之后的全连接层之间加入 dropout 层，随机丢弃部分神经元。dropout 层带来的好处主要有两个：第一，由于是随机丢弃部分神经元，因此从某种程度上讲，可以有效避免提取出的特征在某些特定组合下才有效的情况出现，可以大大增加网络的普适性，从而达到避免过拟合的效果；第二，当数据量相较于神经网络的复杂程度而言过小时，容易使得网络提取出的冗余特征过多，从而出现过拟合的情况，而 dropout 层丢弃部分神经元可以有效减少提取到的中间冗余特征的数量，同时提高各个特征之间的正交性，从而有效地防止网络过拟合。鉴于巡航网络模型参数量相对较小，因此加入的 dropout 层丢弃率设置为 0.1。

在经过卷积池化操作后，紧跟 3 层全连接层，将卷积层和池化层计算所得的 $128 \times 5 \times 5$ 的特征拉伸为一维向量，其激活函数也为 leaky-ReLU。经过最后一层参数量为 1 的全连接层的计算后就可以获得所需要的结果。由于在采集数据和控制小车运行中我们所使用的转向角度都是经过归一化后的小数，因此，在最后还需加入一个 tanh 层来将输出转换为 $[-1,1]$ 之间的小数。

回归问题常用的损失函数有绝对误差和均方差误差。相较于绝对误差来讲，均方差误差的梯度是随着损失值的大小而不断变化的，在损失值较大时其梯度也相对较大，而当损失值趋近于 0 时，均方差误差的梯度也会下降至接近于 0。因此，使用均方差误差作为损失函数可以使得模型在训练结束时更加精确，更容易收敛。

10.3.4　代码设计及模型训练

　　由于本项目代码篇幅较长，在本书中就不附代码和数据集介绍，读者可以单击链接到百度 AI Stuido 线上运行，项目代码附有注释，且配套有视频讲解。

　　基于 CNN 的智能车自动巡航：

https://aistudio.baidu.com/projectdetail/7458397?sUid=126756&shared=1&ts=1707142129380

扫码看实例讲解：
基于 CNN 的智能车自动巡航

项目中设计的是对模型训练 300 轮，总耗时约 180min，对模型损失值的变化绘制曲线，如图 10.24 所示，损失值由 0.219 下降至 0.019，且训练至 250 轮左右后，损失值下降趋势

变缓并逐渐趋于平稳，后续继续训练损失值变化幅度不大，模型训练轮次设为 300 左右较为合适。经过训练验证，如果继续训练模型，例如训练 400 轮，则模型会出现过拟合的情况，此时尽管模型的损失值较低，但是使用该模型进行实测时效果会变差。读者可以尝试修改超参数设置，观察结果的不同。

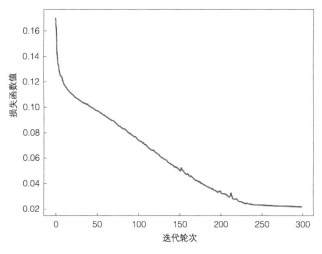

图 10.24　损失值变化图像

10.3.5　自动巡航 CNN 模型部署及实验验证

1. 模型部署

模型训练完成后，会生成两个文件 model 和 params，分别保存模型结构和模型参数。将两个文件下载到计算机，用于后续烧录到板卡中。

打开软件 MobaXterm，界面如图 10.25 所示，单击左上角 Session，新建一个会话。

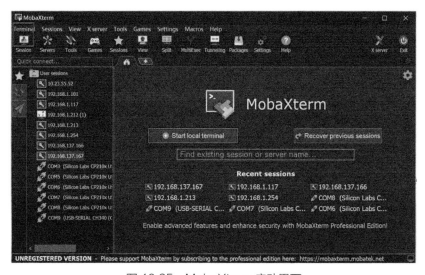

图 10.25　MobaXterm 启动界面

新建会话界面如图 10.26 所示。单击 SSH，输入正确的 IP 地址，通常为 192.168.1.254（请以板卡实际 IP 地址为准），最后单击 "OK" 确认。

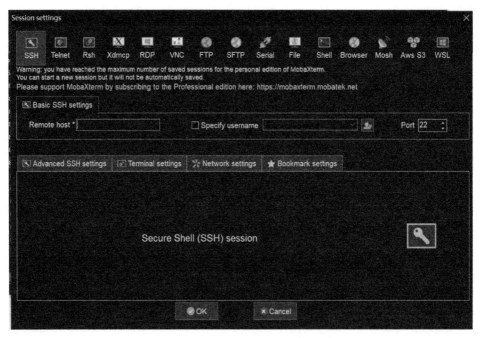

图 10.26　新建会话

通过新建的会话连接计算机与 EdgeBoard 板卡，连接成功后可以通过 MobaXterm 软件在 PC 端操作 EdgeBoard 板卡上的文件。使用以下命令进入指定目录，并将 model 和 params 两个文件上传到该目录下。上传完成后如图 10.27 所示。

```
cd /workspace/src/detector/model/cruise/
```

‹ detector › model › cruise			
名称	修改日期	类型	大小
model	2022/8/9 18:23	文件	139 KB
params	2022/8/9 18:23	文件	1,784 KB

图 10.27　将 model 和 params 上传至指定目录

最后，修改配置文件 config.py，保证巡航程序能够正确地调用巡航模型，如图 10.28 所示。需要修改的参数主要有模型路径和所有调用摄像头的编码，修改完成后执行巡航程序即可测试验证巡航效果。

```
45    FRONT_CAM = 0      # 前摄像头编号
46    SIDE_CAM = 1       # 边摄像头编号
47    MODEL_DIR = "/workspace/src/detector/model/cruise/"
```

图 10.28　配置 config.py 文件中的模型路径

2. 转向角度预测

部署完成后，使用程序测试模型的预测效果，输入前置摄像头拍摄到的图片，根据图片预测转向角度，并将其打印在图片上。预测结果如图 10.29 所示。

图 10.29　模型预测结果

不难看出，模型预测结果较为准确，无论是在直道、弯道，还是相对来讲路径更复杂的 S 弯道和十字路口，预测结果与人为判断结果相比都比较准确。尽管对于极少数的图片预测结果会有一定偏差，但是相对数量较少，属于正常结果，有可能是数据采集时出现的部分错误噪声图像对模型的训练结果造成了干扰。事实上，无论何种模型，在应用时都难以获得 100% 的成功率，难免会有一定偏差，因此总体来讲预测准确率在可接受范围。

3. 巡航实验验证

模型的应用不仅是对静态图片进行转向角度预测，而且需要利用其进行实际实验验证，因此还需要用该模型进行实车路试来验证其实用性。实际巡航效果如下：

1）直道及小幅度弯道，如图 10.30 所示。

2）十字路口和大幅度转弯，如图 10.31 所示。

经过路试验证，可以看到无论是在较为简单的直道和小幅度转弯路况，还是在相对较为复杂的十字路口和大幅度转弯路况，小车对于路径的跟踪效果都较好。

图 10.30　简单路况循迹效果

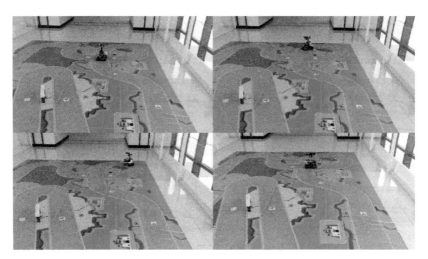

图 10.31　复杂路况循迹效果

10.4 基于 PaddleSeg 套件的智能车自动巡航模型设计及实验验证

　　智能车自动巡航也可以采用图像分割的方式来完成。图像分割旨在将图像分成不同的区域，每个区域表示不同的对象。根据任务和输入数据类型的不同，图像分割可以细化为语义分割、实例分割、全景分割三种具体任务，如图 10.32 所示。其中，语义分割主要是对图像中每一个像素点进行类别预测；实例分割则是在目标检测的基础上融合了语义分割，在每个预测框中勾勒出对应的"实例"；全景分割则是融合了语义分割与实例分割，既要把所有目标都检测出来，又要区分同类别中的不同实例。

　　语义分割是图像分割方法的基础，实例分割、全景分割在某种程度上其实是语义分割与目标检测算法融合的应用。图像分割算法与目标检测算法一样，存在着传统图像分割算法与基于深度学习的图像分割算法两大类。这里使用 PaddleSeg 套件中轻量级语义分割模型

bisenetV2 进行车道线检测，可以快速实现智能车的自动巡航任务。

a) 图像

b) 语义分割

c) 实例分割

d) 全景分割

图 10.32　图像分割分类

10.4.1　自动巡航数据采集与标注

使用手柄控制小车运动，并编写脚本，以一定的帧率读取小车摄像头画面进行保存，采集结果如图 10.33 所示。

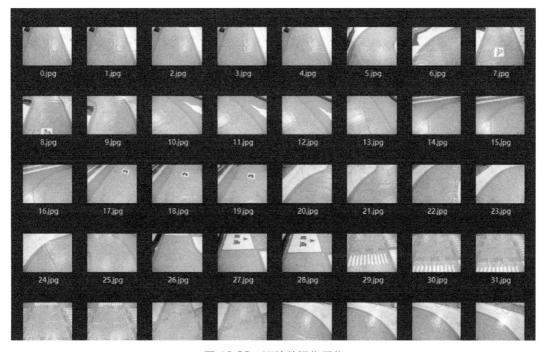

图 10.33　巡航数据集采集

在采集足够的数据后，视情况也可以进行一定程度的数据增强，具体方法与 10.3.2 节中的数据增强方法相同，这里不再赘述。

接下来，需要使用数据集标注工具对图像中的车道线进行标注。PaddleSeg 支持多种标注工具，例如 EISeg 交互式分割标注工具和 LabelMe 标注工具等。在本节中，我们使用 LabelMe 软件进行分割数据标注，然后使用 PaddleSeg 附带的工具将标注数据转换为 PaddleSeg 和 PaddleX 支持的格式。

在 Python 3 环境下，执行如下命令，可以快速安装 LabelMe。

```
pip install labelme
```

安装完成后，在终端输入 LabelMe 即可启动交互界面，如图 10.34 所示。

单击 OpenDir，打开保存图片数据的文件夹，如图 10.35 所示。

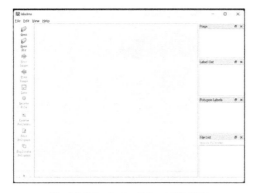

图 10.34　LabelMe 交互界面

图 10.35　打开保存图片数据的文件夹

单击左上角 File（图 10.36），勾选 Save Automatically，设置软件自动保存标注 json 文件，避免需要手动保存，取消勾选 Save With Image Data，设置标注 json 文件中不保存 data 数据。

单击 Create Polygons，沿着目标的边缘画闭合的多边形，然后输入或者选择目标的类别，一张图片即标注完成，如图 10.37 所示。

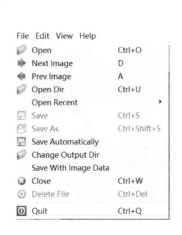

图 10.36　LabelMe 设置

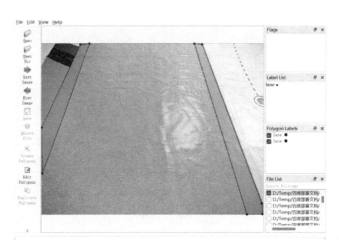

图 10.37　图片标注完成

通常情况下，只需要标注前景目标并设置标注类别，其他像素默认作为背景。如果需要手动标注背景区域，类别必须设置为 _background_ ，否则格式转换会有问题。

比如针对有孔洞的目标，在标注完目标外轮廓后，再沿孔洞边缘画多边形，并将孔洞指定为特定类别。如果孔洞是背景，则指定为 _background_ ，示例如图 10.38 所示。

在所有图像标注完成后，文件内容如图 10.39 所示。因为设置了 Save Automatically，所以原图与标注信息在同一文件夹下。为了便于后续处理，可以手动将其移动到不同的文件夹中。

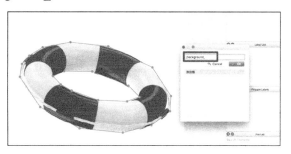

图 10.38　有孔洞目标的标注

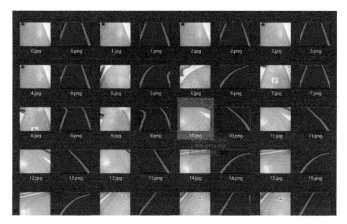

图 10.39　标注后的文件内容

最后一步是格式转换，使用 PaddleSeg 提供的数据转换脚本，将 LabelMe 标注工具产出的数据格式转换为 PaddleSeg 和 PaddleX 所需的数据格式。

运行以下代码进行转换，即将"your_dir"替换为保存原始图像和 json 标注文件的目录地址，作为输入。脚本将自动在输入目录下创建一个名为"annotations"的新文件夹，用于保存转换后的数据。

```
python labelme2seg.py "your_dir"
```

对输出的文件进行整理，以方便下一步处理。整理后的文件结构如图 10.40 所示。

```
custom_dataset
    |
    |--images          # 存放所有原图
    |   |--image1.jpg
    |   |--image2.jpg
    |   |--...
    |
    |--labels          # 存放所有标注图
    |   |--label1.png
    |   |--label2.png
    |   |--...
```

图 10.40　转换及整理后的文件结构

最后，对于所有原始图像和标注图像，需要按照比例划分为训练集、验证集和测试集。PaddleSeg 提供了切分数据并生成文件列表的脚本：

```
python tools/split_dataset_list.py "数据集根目录" "原始图像目录" "标注图像目录
" -- --split 0.7 0.2 0.1（划分比例）
```

运行后将在数据集根目录下生成 train.txt、val.txt 和 test.txt，结构如图 10.41 所示。

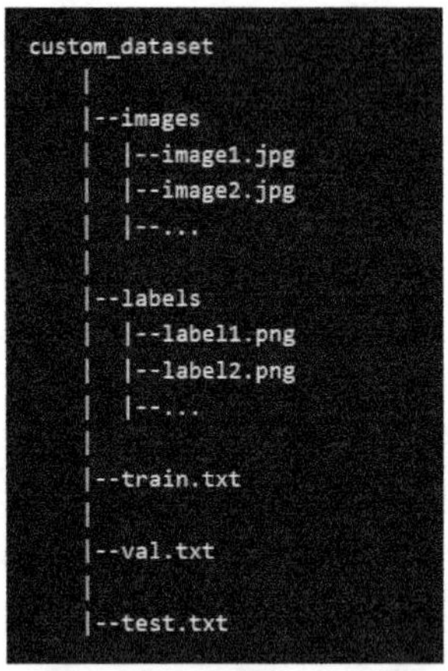

```
custom_dataset
   |
   |--images
   |   |--image1.jpg
   |   |--image2.jpg
   |   |--...
   |
   |--labels
   |   |--label1.png
   |   |--label2.png
   |   |--...
   |
   |--train.txt
   |
   |--val.txt
   |
   |--test.txt
```

图 10.41   数据集文件结构

三个文本文件的内容如下，每行是一张原始图片和对应的标注文件的路径，中间使用空格隔开。

```
images/image1.jpg   labels/image1.png
images/image2.jpg   labels/image2.png
...
```

至此，数据集的准备工作基本全部完成。

> 为了方便读者实验，本书给出参考的图像分割数据集链接 https://aistudio.baidu.com/datasetdetail/130677，读者可以直接下载使用。

10.4.2   图像分割模型 BisenetV2 介绍

PaddleSeg 套件中包含了 40 多种已经构建好的模型算法。在选择最合适的模型时，我们需要综合考虑任务难度、硬件条件等限制。在这里，我们选择了轻量级语义分割模型 BisenetV2。

BisenetV2（Bilateral Segmentation Network Version 2）是一个用于图像语义分割的深度学习模型，它的设计目标是在保持高效性能的同时减少计算量。

在语义分割领域，由于需要对输入图片进行逐像素的分类，运算量很大。为了减少语义分割所产生的计算量，通常有两种方式：减小图片大小和降低模型复杂度。减小图片大小可以最直接地减少运算量，但会导致图像丢失大量细节，从而影响精度；降低模型复杂度则会减弱模型的特征提取能力，进而影响分割精度。

作为 BisenetV1 的升级版，BisenetV2 设计了一个有效的架构，如图 10.42 所示，它采用了一个双分支结构，其中一个分支专注于捕获精细的局部信息（详细分支），而另一个分支专注于获取全局上下文信息（语义分支），最后通过一个双边引导聚合（BGA）层融合详细分支和语义分支的信息。

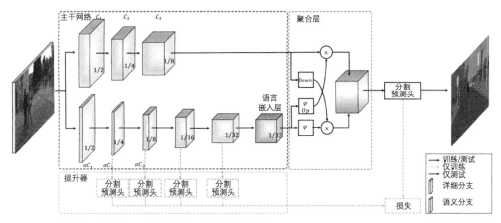

图 10.42　BisenetV 网络结构

这种设计允许模型在局部和全局信息之间进行有效的信息交互，而无须像一些更复杂的模型那样使用大量的参数和计算资源。BGA 层是 BisenetV2 模型的关键组件，用于融合详细分支和语义分支的信息。它通过权值的计算和特征的融合，实现了轻量级的信息交互，而不需要大量的参数。模型中的通道数也经过了精心的设计和控制，以保持模型的轻量级特性。通道数的适度选择有助于减少模型的参数量，同时保持足够的表示能力。

综上，BisenetV2 模型通过设计精巧的分支结构、轻量级的组件以及适度的参数数量，实现了在保持较高分割质量的同时，降低了模型的体积和计算复杂度。这种轻量化设计使得它非常适合在资源受限的环境下进行部署，例如移动设备和嵌入式系统。

PaddleSeg 中的 BisenetV2 代码在 "PaddleSeg\paddleseg\models" 路径下，阅读源码能更好地理解模型结构。

10.4.3　代码设计及模型训练

本项目部署在飞桨 AI Studio 线上平台，在本书中就不做过多呈现，读者可以通过链接线上运行，项目代码附有注释。这里只简单罗列部分参数的配置。

项目链接：PaddleSeg 车道线分割：

https://aistudio.baidu.com/projectdetail/6774281?sUid=3695517&shared=1&ts=1695989868212

1）数据集相关。参数包括数据集路径、数据集类别数、数据增强配置等，如图 10.43 所示。

```yaml
batch_size: 4 # [illegible]
iters: 500 # 迭代次数

train_dataset: # 训练集
  type: Dataset # 数据集类型
  dataset_root: E:\Project\Python\PaddleSeg\lane # 数据集存放路径
  train_path: E:\Project\Python\PaddleSeg\lane\train.txt # [illegible]
  num_classes: 2 # 数据集类别数
  transforms: # 数据增强配置
    - type: ResizeStepScaling # [illegible]
      min_scale_factor: 0.5
      max_scale_factor: 2.0
      scale_step_size: 0.25
    - type: RandomPaddingCrop # 随机裁剪
      crop_size: [1024, 512]
    - type: RandomHorizontalFlip # [illegible]
    - type: RandomDistort # [illegible]
      brightness_range: 0.4
      contrast_range: 0.4
      saturation_range: 0.4
    - type: Normalize # 标准化
  mode: train # [illegible]

val_dataset: # 验证集
  type: Dataset
  dataset_root: E:\Project\Python\PaddleSeg\lane # [illegible]
  val_path: E:\Project\Python\PaddleSeg\lane\train.txt # [illegible]
  num_classes: 2 # 数据集类别数
  transforms:
    - type: Normalize # 标准化
  mode: val
```

图 10.43　数据集相关配置

2）训练过程相关。参数包括学习率调度器、优化器、损失函数相关配置等，如图 10.44 所示。

```yaml
optimizer: # 优化器配置
  type: sgd # 优化器类型
  momentum: 0.9 # 动量参数
  weight_decay: 4.0e-5 # 权重衰减参数

lr_scheduler: # 学习率调度器配置
  type: PolynomialDecay # 学习率调度器模型
  learning_rate: 0.01 # 初始学习率
  end_lr: 0 # 最终学习率
  power: 0.9 # 学习率衰减的幂指数

loss: # 损失函数配置
  types: # 损失函数类型
    - type: CrossEntropyLoss # 交叉熵损失函数
  coef: [1] # 损失函数的权重系数
```

图 10.44　训练过程相关配置

10.4.4　自动巡航 BisenetV2 模型部署及实验验证

1. 环境准备

模型部署环境为 Jetson Nano 开发板，JetPack == 4.6.1，Python == 3.7.1。在飞桨官网文档的附录中寻找与自己 Jetpack 版本对应的预编译 whl 包（图 10.45）。

Jetson Nano 开发板预编译 whl 包链接：

https://www.paddlepaddle.org.cn/documentation/docs/zh/install/Tables.html

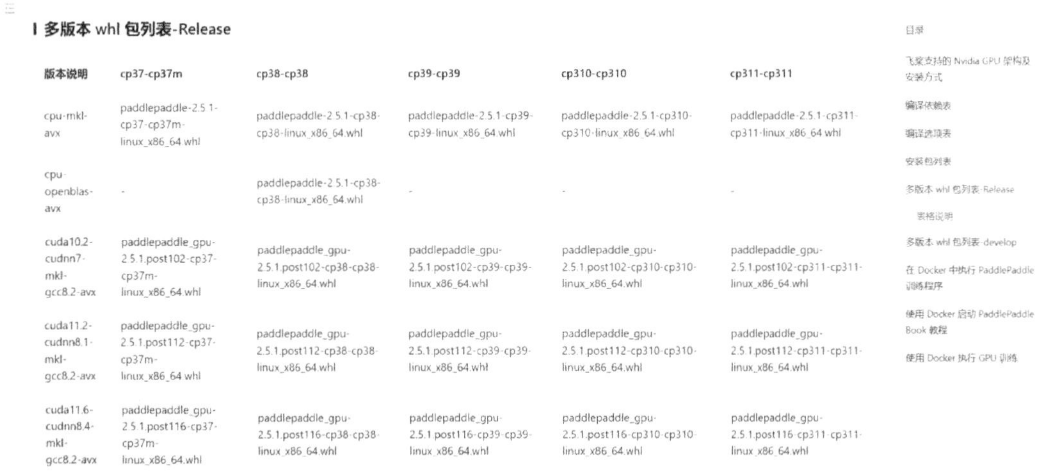

多版本 whl 包列表-Release

版本说明	cp37-cp37m	cp38-cp38	cp39-cp39	cp310-cp310	cp311-cp311
cpu-mkl-avx	paddlepaddle-2.5.1-cp37-cp37m-linux_x86_64.whl	paddlepaddle-2.5.1-cp38-cp38-linux_x86_64.whl	paddlepaddle-2.5.1-cp39-cp39-linux_x86_64.whl	paddlepaddle-2.5.1-cp310-cp310-linux_x86_64.whl	paddlepaddle-2.5.1-cp311-cp311-linux_x86_64.whl
cpu-openblas-avx		paddlepaddle-2.5.1-cp38-cp38-linux_x86_64.whl			
cuda10.2-cudnn7-mkl-gcc8.2-avx	paddlepaddle_gpu-2.5.1.post102-cp37-cp37m-linux_x86_64.whl	paddlepaddle_gpu-2.5.1.post102-cp38-cp38-linux_x86_64.whl	paddlepaddle_gpu-2.5.1.post102-cp39-cp39-linux_x86_64.whl	paddlepaddle_gpu-2.5.1.post102-cp310-cp310-linux_x86_64.whl	paddlepaddle_gpu-2.5.1.post102-cp311-cp311-linux_x86_64.whl
cuda11.2-cudnn8.1-mkl-gcc8.2-avx	paddlepaddle_gpu-2.5.1.post112-cp37-cp37m-linux_x86_64.whl	paddlepaddle_gpu-2.5.1.post112-cp38-cp38-linux_x86_64.whl	paddlepaddle_gpu-2.5.1.post112-cp39-cp39-linux_x86_64.whl	paddlepaddle_gpu-2.5.1.post112-cp310-cp310-linux_x86_64.whl	paddlepaddle_gpu-2.5.1.post112-cp311-cp311-linux_x86_64.whl
cuda11.6-cudnn8.4-mkl-gcc8.2-avx	paddlepaddle_gpu-2.5.1.post116-cp37-cp37m-linux_x86_64.whl	paddlepaddle_gpu-2.5.1.post116-cp38-cp38-linux_x86_64.whl	paddlepaddle_gpu-2.5.1.post116-cp39-cp39-linux_x86_64.whl	paddlepaddle_gpu-2.5.1.post116-cp310-cp310-linux_x86_64.whl	paddlepaddle_gpu-2.5.1.post116-cp311-cp311-linux_x86_64.whl

目录

飞桨支持的 Nvidia GPU 架构及安装方式

编译依赖表

编译选项表

安装包列表

多版本 whl 包列表-Release

　表格说明

多版本 whl 包列表-develop

在 Docker 中执行 PaddlePaddle 训练程序

使用 Docker 启动 PaddlePaddle Book 教程

使用 Docker 执行 GPU 训练

图 10.45　PaddlePaddle 预编译 whl 包

将预编译文件下载到 Nano 开发板中，进入下载目录，使用以下命令进行安装：

```
pip3 install PaddlePaddle_gpu-2.3.2-cp37-cp37m-linux_aarch64.whl
```

注意包名替换为自己下载的文件。

检测 PaddlePaddle 是否安装成功，进入 Python，输入以下程序：

```
import paddle
paddle.fluid.install_check.run_check()
```

输出"Your Paddle Fluid is installed successfully!"表明 PaddlePaddle 已经安装成功（图 10.46）。

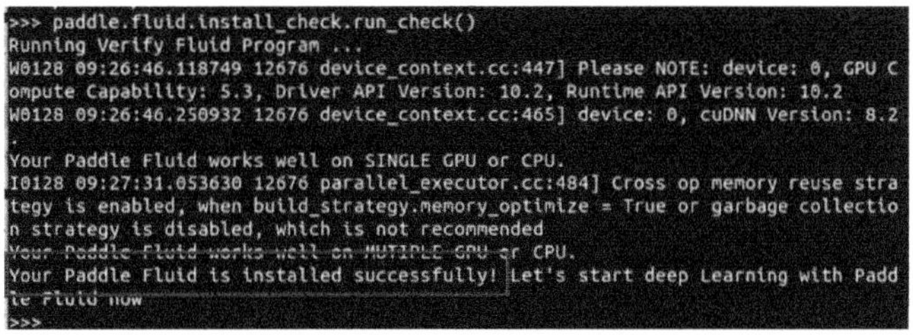

图 10.46　PaddlePaddle 安装验证

2. 推理部署

将训练好的模型下载到 Jetson Nano 开发板中，然后解压并修改推理脚本中的配置文件、模型、权重参数等路径。

```
# 从 config 文件中读取配置
Infer_cfg = open('yourconfig.yml')

# 配置模型和权值文件
Model_file = "./yourmodel.pdmodel"
Params_file = "./yourparams.pdiparams"
```

运行推理脚本，调用小车摄像头进行推理，如图 10.47 所示。

车道线分割效果如图 10.48 所示。

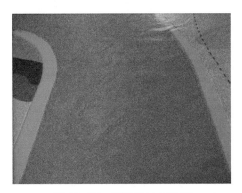

图 10.47　摄像头输入画面

图 10.48　车道线分割推理结果

借助推理输出的图像，辅以相关算法（如提取中心线），即可完成小车的自动巡航功能。推理过程中可能还会出现 Nano 开发板性能不足的问题，这时就可以采取模型轻量化技术，参考 11.2.5 小节的叙述。

习　题

一、选择题

1. 在 OpenCV 中，使用（　　　）函数可以进行图像灰度化处理。

A. cv2.cvtColor()　　　　B. cv2.threshold()

C. cv2.blur()　　　　　　D. cv2.inRange()

2. 智能车自动巡航算法中，常用的控制方法是（　　　）。

A. PID 控制　　　　B. SVM 控制　　　　C. K-Means 控制　　　　D. PCA 控制

3. 数据增强在机器学习中的作用是（　　　）。

A. 减小模型的复杂度　B. 提高模型的鲁棒性

C. 增加模型的参数　　D. 缩小模型的感受野

4. 自动巡航 CNN 模型中，卷积层的作用是（　　　）。

A. 数据降维　　　　　　　B. 特征提取　　　　　　C. 模型输出　　　　　　D. 参数调整

5. 在自动巡航 CNN 模型的训练中，通常使用（　　　）损失函数。

A. Mean Squared Error (MSE)　　　　　　　B. Cross-Entropy Loss

C. Huber Loss　　　　　　　　　　　　　　D. Hinge Loss

6. 智能车自动巡航中，使用 OpenCV 进行车道线检测时，常用的颜色空间是（　　　）。

A. RGB　　　　　　　B. HSV　　　　　　　C. YUV　　　　　　　D. LAB

7. 在智能车自动巡航中，常用的数据增强方法包括（　　　）。

A. 随机旋转　　　　　　B. 高斯模糊　　　　　　C. 随机裁剪　　　　　　D. 以上所有

8. 在自动巡航数据采集过程中需要标定相机的原因是（　　　）。

A. 提高摄像头分辨率　　　　　　　　　B. 调整图像亮度

C. 将像素映射到实际距离　　　　　　　D. 减小图像噪声

9. 在模型训练中，验证集的作用是（　　　）。

A. 评估模型性能　　　　B. 加速模型训练　　　C. 用于测试模型

二、判断题

1. 在 OpenCV 中，cv2.threshold() 函数用于进行图像灰度化处理。　　　　（　　　）

2. 数据增强主要通过对数据进行变换来增加训练集的多样性。　　　　　　（　　　）

3. 在自动巡航 CNN 模型中，全连接层的作用是进行特征提取。　　　　　（　　　）

4. 在模型训练中，学习率的选择会影响模型的收敛速度。　　　　　　　　（　　　）

5. 智能车自动巡航算法中，数据标注的目的是增加数据量。　　　　　　　（　　　）

6. 在模型训练中，交叉熵损失函数通常用于回归问题。　　　　　　　　　（　　　）

7. 在智能车自动巡航算法中，BiSeNetV2 常用于进行道路分割。　　　　　（　　　）

三、实训题

1. 基于 OpenCV 对小车采集到的视频进行处理，实现智能小车自动巡航，分析效果。

2. 采用智能车竞赛指定的小车和场景，采集图片，形成数据集，并进行数据增强处理。

3. 基于给定的深度学习实现智能车自动巡航项目 baseline（10.3.4 节的链接），尝试从网络结构、损失函数、激活函数等方面修改网络训练对比效果。部署实车验证，针对实验过程中存在的问题，进行分析并改进、优化模型。

4. 针对 10.4 节给定的基于 PaddleSeg 套件的智能车自动巡航 baseline，进行模型设计并部署实车验证。针对实验过程中存在的问题，进行分析并改进、优化模型。

第 11 章　智能车竞赛目标检测任务的 CNN 模型设计与部署

在全国大学生智能汽车竞赛百度智慧交通创意赛和完全模型组竞速赛中，设计了系列目标检测相关任务，需要设计卷积神经网络模型来实现目标检测。本章将对智能车竞赛目标检测任务涉及的单阶段目标检测模型及网络轻量化技术进行介绍，结合竞赛任务，详解介绍目标检测数据集创建方法、基于 PaddleDetection 的模型设计及训练，并完成边缘计算部署及实验验证。

11.1　目标检测概述

11.1.1　目标检测基本概念

目标检测是计算机视觉领域里一个重要的研究方向，其主要任务是判断数字图像中是否具有目标对象的区域，并输出该区域的位置和该区域此目标对象的置信度。因此，目标检测包含两个子任务：物体定位和物体分类。在不同的目标检测场景中，这两个子任务各有侧重。如超市中的商品识别，就侧重于"物体分类"；工厂中的消防检测，就侧重于"物体定位"；医疗领域中人体组织病变检测，则对"物体分类"和"物体定位"两个子任务的准确性都提出了较高的要求。在智能车领域，目标检测最直观的两种典型应用为：根据智能车的感知摄像头信息，识别可行驶道路、交通标志、识别静态与动态障碍物（如道路场景中的其他车辆、行人等）。

目标检测方法目前已在众多领域得到了应用，但该方法却始终存在着不少挑战。以智能车领域的目标检测为例，其挑战大致分为以下几个方面：

1）目标检测方法都是基于数字图像来进行，图像质量的好坏根本上决定了目标检测结果准确性的上限。对于智能车来说，影响图像质量的因素包括：感知摄像头的硬件成像能力；光照、拍摄角度、恶劣天气（如雨、雪、雾、霾、扬尘等）对成像画面的干扰；同一图像中不同对象的尺度大小、密集程度、遮挡程度等。

2）目标检测方法自身的特性决定了目标检测任务完成的效果：采用传统的目标检测方法，模型的可解释性好，但适应能力较差、模型较为复杂；随着样本数量的增加，模型的复杂程度也在增加，而准确度却并没有明显的提升。

基于深度学习的目标检测算法，则要求相当规模的训练样本数量，模型训练对硬件算力的要求也较高，但方法简单、方便增删分类数量、适应性好；且随着样本数量的增加，算法的准确度也逐渐提高。

11.1.2　目标检测方法的技术进展

在过去 20 年里，学术界涌现了大量的目标检测算法。根据特征提取的方式，这些目标检测算法可以分为传统的目标检测算法与基于深度学习的目标检测算法两大类，如图 11.1 所示。两类目标检测算法的特性对比如图 11.2 所示。

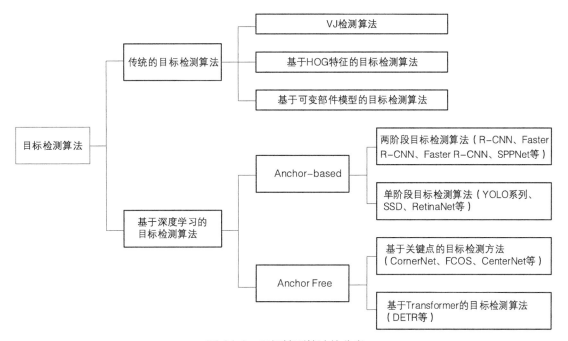

图 11.1　目标检测算法的分类

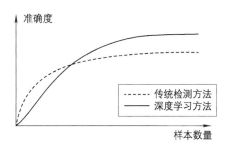

图 11.2　两类目标检测算法的特性对比

（1）传统的目标检测算法

传统的目标检测算法主要依靠人工设计的特征进行目标的表征与筛选，其过程大致为：使用滑动窗口、边缘检测、选择性搜索等方式获取可能存在目标的候选区域；使用 Haar 特征、方向梯度直方图、SIFT 特征等人工设计的特征对候选区域进行表征与筛选；最后使用线性分类器、SVM 分类器等方法对目标进行分类。传统目标检测经典算法主要有 VJ 检测算法、基于 HOG 特征的目标检测算法、基于可变部件模型的目标检测算法等。

（2）基于深度学习的目标检测算法

基于深度学习的目标检测算法是指通过大规模的数据样本进行深度神经网络训练，自动学习目标的特征并构建模型，最后调用该模型输出结果的方法。在 2018 年之前，基于深度学习的目标检测算法主要分为以下两类：两阶段目标检测算法和单阶段目标检测算法。而 2018 年 CornerNet 的提出，为基于深度学习的目标检测算法提供了一个新的思路，即 Anchor Free 目标检测算法。从严格意义上来说，Anchor Free 算法也是一类单阶段目标检测算法。

经典的两阶段算法有 R-CNN 算法、Faster R-CNN 算法和 Mask R-CNN 算法等。

1）R-CNN 算法首次引入并推广了两阶段目标检测算法，第一阶段使用选择性搜索算法生成稀疏的感兴趣区域，第二阶段通过深度模型对感兴趣的区域进行分类。相比于基于传统图像处理方法的目标检测，R-CNN 推理精度和速度有明显提升，是两阶段目标检测算法的鼻祖。

2）Faster R-CNN 使用一个全卷积网络替代选择性搜索算法生成感兴趣区域，解决了 R-CNN 存在的训练速度慢和内存需求大的问题。

3）Mask R-CNN 在 Faster R-CNN 的基础上改进，使用了感兴趣区域对齐层（RoIAlign Layer）替换了感兴趣区域池化层（RoIPool Layer），进一步提高了推理精度。

单阶段目标检测算法在一个阶段内完成物体的精确定位和类别预测。代表性算法有 SSD 系列和 YOLO 系列。SSD 在几个不同尺度的特征图中直接预测一组固定的不同尺度的默认边界框。在不同的特征图中，默认边界框的比例是通过最高层和最低层之间的规则空间计算的，其中每个特定的特征图学习响应对象的特定比例。对于每个默认框，它预测所有对象类别的偏移量和置信度。在训练时，将这些默认边界框与真值框匹配，其中匹配的默认框为正例，其余为负例。 SSD 在不同尺度结构上对目标进行检测，检测结果具有更强的稳定性，同时避免了因模型推理过程中的下采样导致信息损失而产生的错误检测。YOLO 系列算法致力于实时性目标检测，在牺牲少量精度的情况下极大提高推理速度，推动目标检测算法走向产业落地。YOLO 系列算法的核心思想是把目标检测转变成一个回归问题，利用整张图作为网络的输入，仅仅经过一个神经网络就得到边界框的位置及其所属的类别。

两阶段目标检测算法具有更高的精度，但其检测速度难以满足实时性的要求。单阶段目标检测算法相对于两阶段目标检测算法牺牲了些许精度，但其实时性的特点更受产业界青睐。本书后续将重点介绍单阶段目标检测算法和轻量化网络设计，以便读者能搭建目标检测模型，完成智能车竞赛目标检测相关任务。

11.1.3   常用数据格式与评估指标

1. 数据格式

在进行模型训练时，我们需要使用标注工具生成的数据集或开源数据集。然而数据集之间格式多样，且目标检测的数据格式相比其他任务对数据集的要求更为复杂。为了实现数据集在不同模型上的兼容性，使用标准格式的数据集成为一种必要手段。

目前，目标检测领域主流的数据格式有两种：PASCAL VOC 格式和 COCO 格式。其中

VOC 数据集格式来自于同名的竞赛，该数据集格式定义了数据存放的目录结构。其中，一个 xml 文件对应一张图片，用于保存图片的标注信息。COCO 格式是微软构建的一种目标检测大型基准数据集，其与 VOC 数据集最大的不同在于整个训练集的标注信息都存放在一个 json 文件内。

除以上两种数据格式外，还有许多种类的数据集格式，用户也可以根据实际需要进行自定义。数据集格式并没有优劣之分，但使用不同模型进行训练时可能会有不同的加载效率、训练精度等。随着硬件处理能力和效率的提高，因数据集格式而带来的效率差异已经不那么重要，数据集选择的主要依据已经转为模型训练精度、自身的易用性、可移植性等。

2. 评估指标

评价一种目标检测算法可以从两个角度考虑：一是模型的复杂度；二是目标检测模型的性能。前者反映了模型在应用时需要的存储空间大小、计算资源多少、运行时间长短；后者反映了目标检测算法的预测结果与真实值的接近程度。

在目标检测任务中，使用 FLOPS（浮点运算数量）能够直观地反映该算法大致所需的计算资源，使用 FPS（每秒帧数）来反映模型执行过程中的执行速度。其中，FLOPS 与模型本身相关，FPS 则由硬件设备、运行环境、编译速度、编程语言等因素共同决定。因此，使用 FPS 指标时，必须提供模型运行时的处理器型号、处理器主频、内存容量、操作系统、软件版本、语言选择等指标。

评估目标检测算法的性能，同样需要从两个角度考虑：目标检测模型输出位置的准确性、目标检测模型输出类别的准确性。

目标检测通常使用矩形框来标注目标位置，因此检验位置准确性可以通过对比模型给出的矩形框位置与目标真实的矩形框位置来进行。评估目标检测的准确性的常用指标有准确率（Accuracy）、精确率（Precision）、召回率（Recall）、P-R 曲线、平均正确率（Average Precision，AP）、均值平均精度（mean Average Precision，mAP）等。假设测试数据中包含 P 个正样本和 N 个负样本，此时目标检测的结果可以分为四类：①正样本识别为正样本（True Positive，TP）；②正样本识别为负样本（False Positive，FP）；③负样本识别为负样本（True Negative，TN）；④负样本识别为正样本（False Negative，FN）。用 N_{TP}、N_{FP}、N_{TN}、N_{FN} 分别表示 TP、FP、TN、FN 的数量。

1）准确率定义为预测正确的样本数量与样本总数的比值，见式（11.1）。准确率可以评估总体的准确程度，但片面追求准确率并不合适。因为样本种类分布不均匀时，该指标不足以说明模型的好坏。例如，当正样本占据 99%、负样本占据 1% 时，将所有样本都预测为正，便可以有 0.99 的准确率。此时得到的准确率虽然很高，但并没有参考价值。

$$准确率 = \frac{N_{TP} + N_{TN}}{N_{TP} + N_{FP} + N_{TN} + N_{FN}} \tag{11.1}$$

2）精确率也叫查准率，定义为正确预测的正样本数与全部预测为正的样本数量的比值，见式（11.2）。精确率仅针对预测结果，其表示在预测为正样本的结果中，有多少把握可以预测正确。

$$P = \frac{N_{TP}}{N_{TP} + N_{FP}} \tag{11.2}$$

3）召回率也叫查全率、命中率，定义为测试集中的正样本数量被正确预测为正样本的比例，见式（11.3）。召回率越高，表示正样本被检测出来的概率越高。精确率和召回率在计算时分子相同、分母不同。前者为预测结果为正的样本数量，后者为测试样本中的正样本数。

$$R = \frac{N_{\mathrm{TP}}}{N_{\mathrm{TP}} + N_{\mathrm{FN}}}$$ （11.3）

4）为了综合评估模型的好坏，可以使用 P-R 曲线。其定义为，记录同一模型在不同参数下的精确率和召回率，并以召回率为横坐标、精确率为纵坐标，绘制出来的曲线即为 P-R 曲线，如图 11.3 所示。P-R 曲线反映了分类器对于正样本识别的准确程度和正样本覆盖能力的权衡。一个较好的分类器应该能够保证，随着召回率的提高，精确率始终处在较高水平，如图 11.3 中的曲线 A。

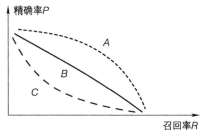

使用 P-R 曲线对模型进行评估的缺点是，在大多数情况下，调整参数并不能使精确率和召回率双高，且 P-R 曲线容易受到正负样本分布的影响。通过对 P-R 曲线的分析可以知道，在测试集中正负样本比例不变的情况下，想要较高的精确率就必然会牺牲一些召回率，反之亦然。一个较好的目标检测模型应该随着召回率的提高，精确率始终保持在一个较高的水平。

图 11.3   P-R 曲线

5）数字比曲线图更能体现一个模型的好坏，因此定义平均正确率 AP 为 P-R 曲线与横轴围成的面积。通常 AP 越高，分类器的性能越好。

6）由于 AP 只针对单一种类的目标检测，对于多分类的目标检测问题，定义均值平均精度 mAP。mAP 是对每一类别结果 AP 值的平均数，反映了多分类目标检测模型的整体性能。通常 mAP 越高，多分类器的性能越好。

11.2 单阶段目标检测方法与神经网络轻量化

所谓单阶段目标检测算法，就是只使用一个神经网络完成目标定位和目标分类的任务。相比于两阶段目标检测算法，其不再把候选框生成过程单独处理。这样做会使精度有所下降，但检测速度极快，符合产业化应用对实时性的需求。

11.2.1 SSD

SSD（Single Shot MultiBox Detector，单次多边框检测器）算法于 2016 年被提出，其网络结构如图 11.4 所示。SSD 采用 VGG16 作为特征提取模型，不同的是将最后的 2 个全连接层替换为 4 个卷积层，如此便能够提取更高层次的语义信息。SSD 的核心思路在于采用多卷积层提取的特征图、多尺度的特征图进行融合后再检测。SSD 借鉴了 Faster RCNN 中设置不同尺寸、不同长宽比的 Anchor 的思想，其在 6 个不同尺度的特征图上设置候选框，训练和预测的边界框正是以这些候选框为基准。SSD 具有多层的特征图，浅层的特征图携带更多较大目标的信息，深层的特征图携带更多较小目标的信息，如此便能提高模型对多种尺度目标的检测能力和准确性。

SSD 网络的损失函数由两部分组成：类别预测损失和位置预测损失。其中，类别预测损失使用 Softmax 函数，位置预测损失使用 Smooth L1 损失。SSD 会把 6 个特征图的损失联合进行优化，使用 NMS（Non Maximum Suppression，非极大抑制）剔除重叠程度较大的框，最后得到预测结果。

SSD 与 YOLO 有差不多的速度，同时比 YOLO 精度更高。当然，SSD 后续也有众多改进算法。以 DSSD 为例，其改进之处有：DSSD 将基础网络从 VGG16 改为 ResNet101。DSSD 引入了反卷积网络，将高维信息与低维信息进行融合，提高了网络对语义信息的整合能力。同时，DSSD 还在每个预测层后都增加了预测模块，使网络在高分辨率图像的预测上获得了更高的精度。

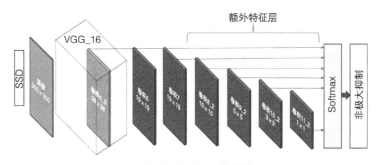

图 11.4　SSD 网络结构

11.2.2　YOLO

YOLO（You Only Look Once）是单阶段目标检测算法的开山之作，其首次把检测任务当作回归问题来处理，把目标定位和目标分类两个任务合并为一个任务。

YOLO 的网络结构如图 11.5 所示，其含有 24 个卷积层和 2 个全连接层。其中卷积层用来提取特征，全连接层用来输出位置和类别概率。YOLO 网络的输入为 448 像素 × 448 像素的图像，接下来被划分为 7×7 个网格，如果某个对象的中心落在了这个网格中，则这个网格负责预测这个对象。对于每个网格，都预测 2 个边框，因此总共预测了 7×7×2 个边框（包括每个边框是目标的置信度，以及每个边框在多个类别上的概率），最后使用 NMS 方法剔除冗余边框。

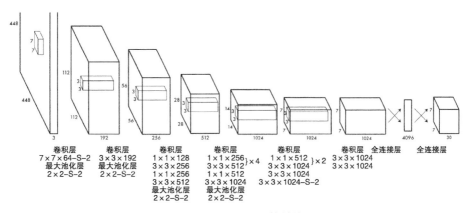

图 11.5　YOLO 网络结构

原作者在设计 YOLO 的损失函数时，使用了平方和来计算损失。总的损失函数实际上就是各个因素带来的损失的叠加。总的损失函数中共有以下几项：①边框的横纵坐标预测损失；②边框的长度宽度预测损失；③网格包含目标方框的置信度的预测损失；④网格不包含方框的置信度的预测损失；⑤方框分类类别的预测损失。上述五项损失通过设置权重值来调整占比。

YOLO 是首个单阶段目标检测算法，其首次实现了端到端的训练方式，不再像 RCNN 系列算法那样分阶段训练和测试，使训练和测试的时间都大大缩短。

11.2.3　YOLOV2

YOLO 检测算法虽然检测速度快，但精度还不够高。因此，原团队在 YOLO 的基础上进行优化改进，得到了 YOLOV2。

YOLOV2 在采用 224×224 图像进行分类模型预训练后，再采用 448×448 的高分辨率样本对分类模型进行 10 个 epoch 的微调。接下来，使用 DarkNet-19 将输入图像的分辨率提升到 448×448 像素，再进行训练。使用高分辨率网络的好处之一就是，使得检测精度得到了提高。

YOLOV2 在每个卷积层的后面都增加了一个 BN（Batch Norm，批量归一化）层，去掉了 Dropout 层。BN 层的引入是为了对数据的分布进行改善，改变方差的大小和均值，使数据更加符合真实数据的分布，防止数据的过拟合，增强了模型的非线性表达能力。

YOLO 对边界框使用全连接层进行预测，实际上使用全连接层会导致训练时丢失较多空间信息，位置预测的准确性会下降。YOLOV2 则借鉴了 Faster RCNN 的 Anchor 思想，同时又做了改进：使用聚类的方法对 Anchor 进行聚类分析，聚类的依据就是 IoU 指标，最终选择 5 个聚类中心。通过比较，发现使用这 5 个聚类得到的 Anchor 进行训练，比手动选择 Anchor 有更高的平均 IoU 值，有利于模型的快速收敛。

YOLOV2 中对于边框位置的预测，借鉴了 Faster RCNN 的 Anchor 思想。首先根据划分的网格位置来预测坐标，13×13 像素的特征图上每个网格预测 5 个候选框，每个候选框上需要预测 5 个量（4 个坐标 (x, y, h, w)、1 个置信度 σ）。假设一个网格中心与图像左上角点的偏移是 C_x、C_y，候选框的高度和宽度是 P_h、P_w，则预测的边框 (b_x, b_y, b_h, b_w) 如图 11.6 所示。

YOLOV2 使用了转移层（passthrough layer）把高分辨率的特征图与低分辨率的特征图进行融合，融合后的特征图具有更好的细粒度特征。在融合后的特征图上进行训练和预测，具有更好的检测精度。

YOLO 由于全连接层的存在，限制其输入只能使用固定的 448×448 像素图像；YOLOV2 只有卷积层和池化层，对输入图像的尺寸没有限制，故采用了多尺度输入的方式进行训练。训练时，每经过 10 个 epoch，便随机制定一个新的图片尺

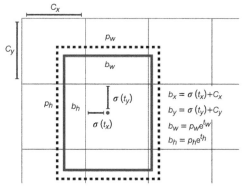

图 11.6　边框预测公式

寸。由于下采样参数是 32，该尺寸必须为 32 的倍数（320, 352, …, 608）。这种做法使得

YOLOV2 对不同尺寸的输入都能达到一个很好的预测效果。当输入图片尺寸较小时，训练和预测速度快；当输入图片尺寸较大时，训练和预测精度高。

总体而言，YOLOV2 吸收了其他目标检测模型的很多方法，使得 YOLOV2 相比于 YOLO，在速度差不多的情况下提高了检测精度。

11.2.4　YOLOV3

YOLOV3 的网络结构如图 11.7 所示。YOLOV3 算法将一张图片划分为一个网格。每个网格单元预示着在预定分类中表现良好的项目周围存在特定数量的边界框（也称为锚框）。每个边界框只检测一个项目，它有一个相应的置信分数，表明它期望该预测的正确性。来自原始数据集的真值边界框的尺寸被聚类，以确定边界框最典型的尺寸和形状，然后用于创建边界框。

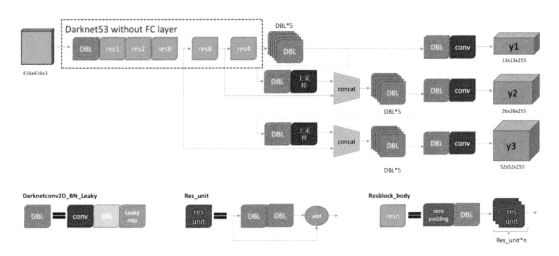

图 11.7　YOLOV3 的网络结构

为了在不同的空间压缩下处理图像，YOLOV3 使用了一个典型的残差神经网络 Darknet53 作为其骨干网络（不包含 Darknet53 的全连接层）。Darknet53 由一个经典卷积正则层和五个残差连接网络模块组成。每个残差连接网络模块（resn）又由一层 padding 为 0 的填充层、一层卷积正则层以及若干层残差单元组成。每个残差单元计算逻辑为输入图像与其经过两层卷积正则计算后的结果实现相加，相加结果作为该单元的输出结果。网络中的每层卷积正则层都经过 L2 正则卷积、batchnorm 标准化以及 leaky-relu 激活函数三层计算。与 YOLOV2 一样，YOLOV3 在各种输入分辨率下表现良好。

YOLO 系列一直在不断发展，后续众多算法的提出，共同组成了现在 YOLO 系列庞大的家族。2023 年 1 月，Ultralytics 公司开源了基于 YOLOV5 改进而来的 YOLOV8 的代码，以官网的介绍来看，YOLOV8 使用了全新的骨干网络和损失函数，使其拥有了更快、更准确的性能。

YOLO 系列不断地完善、改进、提高，才能得到持续广泛的应用和推广，我们每个人也是如此，唯有坚持不懈地学习提高，才能成就自我辉煌人生。

11.2.5   神经网络轻量化技术介绍

随着深度学习技术的不断发展，大规模的神经网络迎来了爆发式增长。随着神经网络层数的不断加深，深度神经网络在目标检测任务中的预测精度不断提高，然而，过多的参数量和巨大的算力要求也限制了算法在算力、内存有限设备上的部署。因此，在不明显降低模型性能的情况下对深度神经网络进行轻量化对 AI 产业应用具有实际意义。压缩模型通常分为两种方法：对训练好的大型网络进行剪枝或对其权重进行轻量化和使用一定的方法构建更加轻型紧凑的网络。下面介绍几种不同属性的轻量化方法。

1. 网络剪枝

网络剪枝技术主要关注模型参数中的冗余性，通过网络剪枝去除冗余的参数和不关键的参数。剪枝技术按照细粒度的不同可分为结构性剪枝以及非结构性剪枝。

1）结构性剪枝剪除的基本单元为神经元，由于是对神经元直接进行剪枝，结构性剪枝后的模型能够在现有硬件条件下实现明显的推理加速以及存储优势。但其缺点是剪枝的颗粒度较大，往往会对压缩后模型的精度产生较大的影响。

2）非结构剪枝剪除的基本单元为单个权重，其经过剪枝后的模型精度损失更小，但最终会产生稀疏的权值矩阵，需要下层硬件以及计算库有良好的支持才能实现推理加速与存储优势。

2. 知识蒸馏

知识蒸馏旨在将知识从较大的优化良好的教师网络转移到较小的可学习的学生网络。知识蒸馏由 Hinton 提出，其核心思想是知识在教师模型和学生模型之间的迁移。知识蒸馏使用一对教师模型和学生模型。其中教师模型网络设计复杂，参数量庞大，网络表现力更强，学生模型结构精简。知识蒸馏就是利用性能更好的教师模型的监督信息，来指导紧凑的学生模型训练，让紧凑型网络达到更好的性能。在最新的研究中，Zhou Sheng 等提出基于实例之间构建的属性图来提炼新颖的整体知识，在基准数据集上取得了很好的效果。

3. 轻量化模块设计

轻量化模块设计着眼于卷积核尺寸、输出卷积通道数、瓶颈层（bottleneck layer）来降低模型参数量。在轻量化模块设计中，具有代表性的网络结构是 MobileNet。MobileNetV1 首次引入深度可分离卷积代替标准的卷积，在模型精度不受影响的情况下大大降低模型参数量，其核心思想是将标准卷积拆分为两个分卷积：第一层称为深度卷积（depthwise convolution），对每个输入通道应用单通道的轻量级滤波器；第二层称为逐点卷积（pointwise convolution），负责计算输入通道的线性组合构建新的特征。MobileNetV2 增加了跨层连接，该结构使用逐点卷积先对输入特征进行升维，再在升维后的特征使用激活函数，减少激活函数对特征的破坏。MobileNetV3 综合了以下三种模型的思想：MobileNetV1 的深度可分离卷积（depthwise separable convolutions）、MobileNetV2 的具有线性瓶颈的逆残差结构 (the inverted residual with linear bottleneck) 和 MnasNet 的基于 SE（squeeze and excitation）结构的轻量级注意力模型。它将最后一步的平均池化层前移并移除最后一个卷积层，引入 h-swish 激活函数。相比于 MobileNetV1，MobileNetV2 和 MobileNetV3 在精度方面的提升有限，却增加了较多的计算量，在工程实际中，使用较多的是 MobileNetV1 网络。

11.3 智能车竞赛目标检测任务数据集构建

智能车竞赛目标检测任务的流程遵循数据采集—数据标注—模型构建—模型训练—模型压缩—模型部署的流程，下面将逐项进行介绍。

11.3.1 数据采集

数据是完成目标检测模型训练的基础，稳健的数据对模型性能有着重要的影响。在竞赛场景下采集图片有两种方式：使用智能车车载摄像头采集图片；采集视频使用算法抽帧为图片。为了平衡光照变化对数据样本的影响和车速变化造成的图像拖影的影响，数据采集分多个时间段和多种车速在赛道场景下进行。

1. 采集图片

实例 11.1 提供了一个参考程序，调用摄像头手动采集图片，需要参赛选手手动一张一张采集图像。运行实例 11.1 中的程序，使用键盘控制智能车运动，按 p 键拍摄并保存图片，按 q 键退出，按 1~9、a~b 切换保存目录。

```python
# 实例 11.1 save_picture.py
# 调用摄像头采集图片，p 拍摄，q 退出，1~9、a~b 切换保存目录

import cv2
import sys
import time
import os

START_NUM = 0

# 摄像头编号
cam = 0

# 目标检测类别
LABEL = ["tower", "hhl", "yyl", "twg", "barge", "trade", "konjac", "cit-
rus", "swordfish", "tornado", "spray", "dam", "vortex"]

print("loading camera ...")
camera = cv2.VideoCapture(cam)
camera.set(cv2.CAP_PROP_FRAME_WIDTH, 640)
camera.set(cv2.CAP_PROP_FRAME_HEIGHT, 480)
counter = START_NUM

root = "images"
label_dirs = LABEL
num = 0
```

```
length = 12

print("check dir ...")
if not os.path.exists(root):
    os.makedirs(root)
assert os.path.exists(root), "不存在%s目录" % root
for label_dir in label_dirs:
    path = os.path.join(root, label_dir)
    if not os.path.exists(path):
        os.makedirs(path)
    assert os.path.exists(path), "不存在%s目录" % root

print("change dir to", label_dirs[num])

if __name__ == "__main__":
    print("Start!")
    while True:
        return_value, image = camera.read()
        cv2.imshow("test", image)
        key = cv2.waitKey(1)
        if key >= ord('0') and key <= ord('9'):
            num = (key - 48) % length
            print("num = ",num)
            counter = START_NUM
            print("change dir to", label_dirs[num])
        elif key >= ord('a') and key <= ord('c'):
            num = (key - 48) % length + 9
            print("num = ",num)
            counter = START_NUM
            print("change d279ir to", label_dirs[num])
        elif key == ord('p'):
            path = "{}/{}/{}.png".format(root, label_dirs[num], counter)
            counter += 1
            name = "{}.png".format(counter)
            print(path)
            cv2.imwrite(path, image)
            time.sleep(0.2)
        elif key == ord('q'):
            print("exit!")
            break
camera.release()
cv2.destroyAllWindows()
```

2. 采集视频

调用摄像头手动采集图片略显烦琐，适合对特定场景下特定目标进行针对性采集补充数据集。采集视频则提供了一种连续采图的方式，适合采集大量图片构建数据集。运行实例 11.2 中的程序，调用摄像头拍摄视频，按 esc 保存视频文件并退出。

```python
# 实例 11.2 save_video.py
# 调用摄像头采集视频，按 esc 退出，

import cv2

# 摄像头编号
cam = 0

print("loading camera ...")
camera = cv2.VideoCapture(cam)
camera.set(cv2.CAP_PROP_FRAME_WIDTH, 640)  # width
camera.set(cv2.CAP_PROP_FRAME_HEIGHT, 480)  #height

fps = 20
size = (int(camera.get(cv2.CAP_PROP_FRAME_WIDTH)),
        int(camera.get(cv2.CAP_PROP_FRAME_HEIGHT)))

fourcc = cv2.VideoWriter_fourcc(*'mp4v')
out = cv2.VideoWriter()
out.open("1.mp4", fourcc, fps, size)

print("save ...")
while True:
    ret, frame  = camera.read()
    if ret = =  False:
        print("camera error!")
        break
    # frame = cv2.flip(frame,1)
    out.write(frame)
    cv2.imshow("frame",frame)
    key = cv2.waitKey(25)
    # print(1)
    if key =   = 27:
        print("exit!")
        break
    success,frame = vc.read()

camera.release()
out.release()
    cv2.destroyAllWindows()
```

视频采集完成后，运行实例 11.3 中的程序，从视频文件中截取图片，保存到指定路径，可以指定截取的间隔。截取完成后部分图片很模糊，手动筛选剔除非常模糊的图片。

```python
# 实例 11.3 video_to_image.py
# 从视频文件中截取图片

import cv2
import os

# 视频路径
video_name = "1.mp4"
# 图片保存路径
img_dir = "images"
# 截取图片的间隔，单位毫秒
t = 500

vidcap = cv2.VideoCapture(video_name)

# 视频文件的当前位置（以毫秒为单位）
frame_time = 0
for i in range(5000):
    if not os.path.exists(img_dir):
        os.makedirs(img_dir)
    img_name = "data" + str(i) + ".jpg"
    vidcap.set(cv2.CAP_PROP_POS_MSEC, frame_time)
    success, image = vidcap.read()
    if success:
        cv2.imwrite(img_dir + "/" + img_name, image)
        # cv2.imshow("frame%s" % frame_time, image)
        # cv2.waitKey()
        print("save ",img_name)
    else:
        break
        frame_time + =  t
```

11.3.2 数据标注

数据标注是指将原始数据用标签或注释的方式进行加工处理，以便监督学习算法能够识别、分类或预测。数据标注的意义在于将未加标注的数据通过人力或机器标注，使得这些数据能够被监督学习算法等计算机程序所识别和应用。

目前市面上有许多免费且好用的开源数据标注工具，例如 CVAT、Labelme、VIA-VGG Image Annotator、LabelImg 以及百度飞桨 EasyData 在线标注工具等。这些工具支持多种标注类型，如 2D 框、语义分割、多边形分割、点标注、线标注等，可以满足不同类型的数据标注需求。这些工具的用法各不相同，下面介绍两种常用标注软件的使用方法。其余标注工具的使用方法请读者自行查阅资料学习。

1. LabelImg

请读者自行前往 LabelImg 官网下载安装，这里不再介绍，只介绍 LabelImg 的使用方法。

首先进入 labelImg-master 文件夹，在 data/predefined_classes.txt 文件中编辑标签名称，如图 11.8 所示。

运行 labelImg.py 程序，选择图片目录和标签存放目录，并切换到 VOC 格式，如图 11.9 所示。

图 11.8　标签文件示例

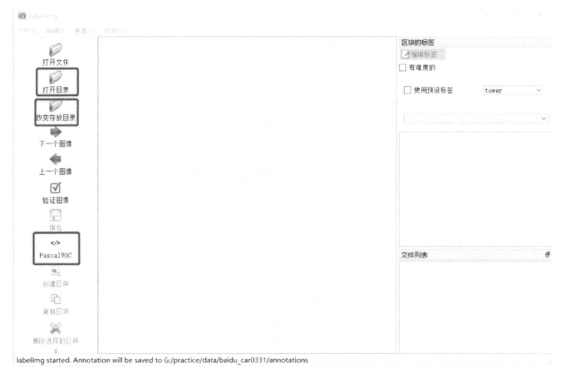

图 11.9　labelImg 界面

注意标注数据尽量不要包括多余的区域，防止后续可能出现的干扰，如图 11.10 所示。常用快捷键为：W 键创建区块，A 键向前翻，D 键向后翻。注意保存已标注的结果，每标注一张则会产生一个对应的 xml 文件，如图 11.11 所示。

图 11.10　标注图像示例

图 11.11　标注生成的 xml 文件示例

2. 百度飞桨 EasyData AI 数据标注

EasyData 是百度大脑推出的智能数据服务平台，支持面向各行各业有 AI 开发的企业用户及开发者提供一站式数据服务工具。它主要围绕 AI 开发过程中所需要的数据采集、数据清洗、数据标注等业务需求提供完整的数据服务。目前 EasyData 已经支持图片、文本、音频、视频四类基础数据的处理，也初步支持机器学习数据的存储。

Step1：登录 EasyData 平台网站

如图 11.12 所示，登录 EasyData 智能数据服务平台，网址为 https://ai.baidu.com/easy-data/，单击"立即使用"并登录账号，新用户注册账号后再登录。

图 11.12　EasyData 智能数据服务平台

Step2：创建数据集

单击"创建数据集"，如图 11.13 所示；随后选择数据集类型，如图 11.14 所示；依次设置数据集名称，选择"标注类型"：物体检测，选择"标注模板"：矩形框标注；完成后单击"创建并导入"。

图 11.13　创建数据集　　　　　　　　　图 11.14　设置数据集属性

Step3：上传数据

如图 11.15 所示，将图像数据压缩打包（支持 zip、tar、gz 格式；小于 5GB，若大于则可多批次添加），依次选择导入方式为"本地导入—上传图片"。单击"上传压缩包"，如图 11.15 所示，添加已压缩好的图像压缩包；等待上传完毕后，单击"确认并返回"，等待导入。

图 11.15　上传压缩包

Step4：查看并标注

单击"查看与标注"，如图 11.16 所示。

版本	数据集ID	数据量	最近导入状态	标注类型	标注模板	标注状态	清洗状态	操作
V1	1900796	1168	● 已完成	物体检测	矩形框标注	0% (0/1168)	-	查看 导入 导出 标注 …

图 11.16　查看与标注

之后依据赛道元素依次添加标签名称，如图 11.17 所示。

〈 返回　标签管理

添加标签　批量添加　批量修改　从类别导入

□ 标签名称	操作
□ Bridge	编辑 删除
□ cone	编辑 删除

图 11.17　添加标签

随后单击页面右上角的"标注图片"，进入标注界面，如图 11.18 所示。单击鼠标左键选择要标注的区域，随后单击预添加的标签或者通过键盘输入标签对应的数字，每个图像可添加多个标注框。该图像标注完成后用键盘或鼠标右键单击图像右边的箭头进入下一个图像，标注完成后保存当前标注。之后使用 EasyData 平台的智能标注功能，根据已有的标注智能标注其余样本，极大地减轻数据标注的工作量。

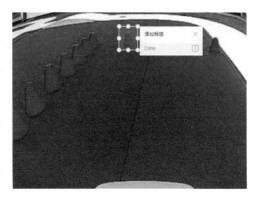

图 11.18　标注图片

Step5：导出数据

数据标注完成后就可导出使用了，单击右上角的"我的数据总览"，单击进入"数据集管理"，选择要导出的数据集并单击其末尾的"导出"，如图 11.19 所示。

cardo ✎　数据集组ID：610392　　　　　　　　　　　　　　　　　　　　　┌┐新增版本　▣全部版本　🗑删除

版本	数据集ID	数据量	最近导入状态	标注类型	标注模板	标注状态	清洗状态	操作
V1	1900796	1168	● 已完成	物体检测	矩形框标注	0% (0/1168)	-	查看 导入 导出 标注 …

图 11.19　导出数据

选择导出位置—导出到本地，标注格式为 xml，单击"开始导出"，如图 11.20 所示。

随后单击"查看导出记录"，如图 11.21 所示，等待状态变为"已完成"后单击"下载"即可，如图 11.22 所示。

数据集格式为 zip 压缩包，其内有"Annotations"和"Images"两个文件夹。Images 内为图像数据，命名从 1.jpg 递增。Annotations 内为 xml 格式的标注文件，命名与 Images 内数据依次对应，从 1.xml 递增。

图 11.20　设置导出属性　　　　图 11.21　查看导出记录

图 11.22　下载数据集

11.3.3　划分数据

　　所有数据标注完成之后，需要划分训练集、验证集和测试集。首先，新建两个同级文件夹和一个同级 txt 文件，两个同级文件夹分别命名为 Annotations 和 Image，txt 文件命名为 classes.txt，Annotations 目录下存放标注结果 xml 文件，Image 目录下存放原始图像，classes.txt 文件中写入所有标签名。之后运行实例 11.4 中的程序，自动划分训练集、验证集和测试集，在代码中可更改训练集在总数据集中占比，默认为 0.9。

```
# 实例 11.4 split_train_val.py
# 数据集划分

# coding:utf-8

import os
import random
import argparse


parser = argparse.ArgumentParser()
# jpg 文件的地址，根据自己的数据进行修改
parser.add_argument('--jpg_path', default = './images', type = str, help
= 'input jpg label path')
# 数据集的划分，地址选择自己数据下的 ImageSets/Main
parser.add_argument('--txt_path', default = './ImageSets/Main', type =
str, help = 'output txt label path')
```

```
opt = parser.parse_args()

trainval_percent = 0.9   # 训练集和验证集在总数据集中占比
train_percent = 0.9   # 训练集在训练验证集中占比
jpgfilepath = opt.jpg_path
txtsavepath = opt.txt_path
total_jpg = os.listdir(jpgfilepath)
if not os.path.exists(txtsavepath):
    os.makedirs(txtsavepath)

num = len(total_jpg)
list_index = range(num)
tv = int(num * trainval_percent)
tr = int(tv * train_percent)
trainval = random.sample(list_index, tv)
train = random.sample(trainval, tr)

file_trainval = open(txtsavepath + '/trainval.txt', 'w')
file_test = open(txtsavepath + '/test.txt', 'w')
file_train = open(txtsavepath + '/train.txt', 'w')
file_val = open(txtsavepath + '/val.txt', 'w')
for i in list_index:
    name = total_jpg[i][:-4] + '\n'
    if i in trainval:
        file_trainval.write(name)
        if i in train:
            file_train.write(name)
        else:
            file_val.write(name)
    else:
        file_test.write(name)

file_trainval.close()
file_train.close()
file_val.close()
file_test.close()

sets = ['train', 'val', 'test']
# abs_path = '/home/dl501/demo/yolov5-master/mymydata'
abs_path = os.getcwd()
print(abs_path)

for image_set in sets:
```

```
    image_ids2 = open('./ImageSets/Main/%s.txt' %
(image_set)).read().strip().split()
    list_file = open('./%s.txt' % (image_set), 'w')
    for image_id in image_ids2:
        list_file.write(abs_path + '/images/%s.jpg ' % (image_id) + abs_
path + '/annotations/%s.xml\n' % (image_id))
    list_file.close()
```

数据集划分完成之后，将生成的 txt 文件与图片文件和标注文件压缩为一个压缩包，构成最终用于训练的数据集。

11.4　目标检测网络模型构建与训练

11.4.1　PaddleDetection 介绍

PaddleDetection 是一个基于 PaddlePaddle 的目标检测端到端开发套件，它提供了丰富的模型组件和测试基准，同时注重端到端的产业落地应用。通过打造产业级特色模型工具、建设产业应用范例等手段，PaddleDetection 帮助开发者实现数据准备、模型选型、模型训练、模型部署的全流程打通，快速进行落地应用。

PaddleDetection 支持大量的最新主流的算法基准以及预训练模型，涵盖 2D/3D 目标检测、实例分割、人脸检测、关键点检测、多目标跟踪、半监督学习等方向。它还提供了模型的在线体验功能，用户可以选择自己的数据进行在线推理。

使用 PaddleDetection 套件，可以快速构建用于智能车竞赛的目标检测模型，实现模型快速部署。

11.4.2　环境配置

本次智能车竞赛目标检测模型使用飞桨 AI Studio 平台进行，目标检测模型选用 YOLOV3-MobileNetV1，基于以下环境创建项目：PaddlePaddle = = 2.2.2，Python = = 3.7，PaddleDetection = = release/2.4。

完成项目创建后，首先复制 PaddleDetection 训练仓库，在终端输入以下命令：

```
git clone https://github.com/PaddlePaddle/PaddleDetection.git -b re-
lease/2.4
```

复制完成之后，切换到 PaddleDetection 目录，使用以下命令安装必要的依赖，运行结果如图 11.23 所示。

```
cd PaddleDetection
pip install -r requirements.txt
```

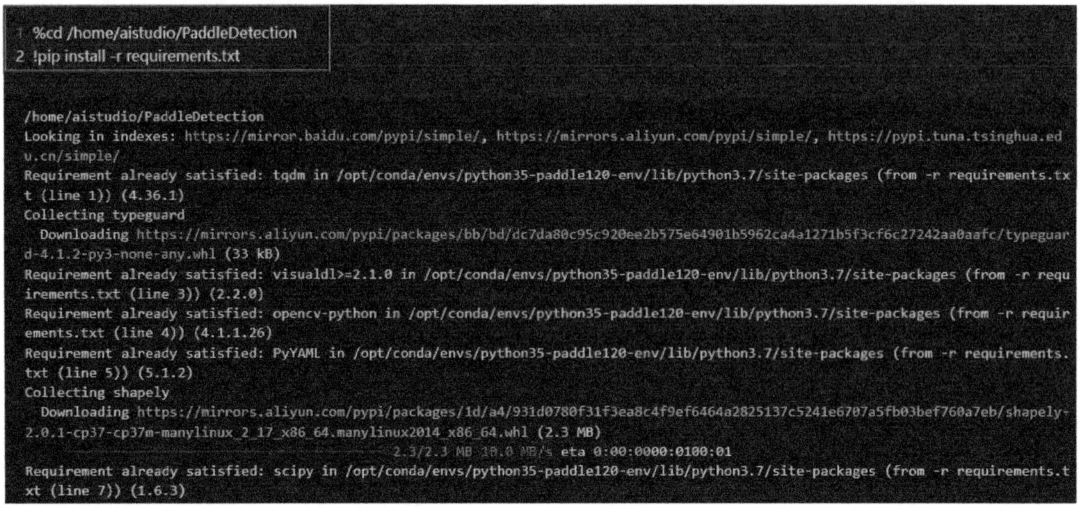

图 11.23　安装必要的依赖

之后使用以下命令执行编译，如图 11.24 所示。

```
python setup.py install
```

图 11.24　执行编译

至此，PaddleDetection 训练环境搭建完毕。

11.4.3　数据集准备

在 AI Studio 项目管理界面单击"修改"编辑项目，选择添加数据集，如图 11.25 所示。

图 11.25　为项目添加数据集

在终端运行如下指令将数据集解压到指定文件夹：

```
unzip -oqd /home/aistudio/PaddleDetection/dataset/
/home/aistudio/data/data186919/baidu_car0311.zip
```

至此，数据集准备完毕。

11.4.4　训练参数配置

PaddleDetection 为用户配置了完整的训练环境，用户仅需根据项目实际情况简单修改训练用参数文件即可构建自己所需的模型，完成从训练到部署的整个过程。根据本项目目标 yolov3_mobilenet_v1 模型，使用"PaddleDetection/config/yolov3/yolov3_mobilenet_v1_ssld_270e_voc.yml"文件配置训练。

（1）数据集配置

打开"PaddleDetection/configs/datasets/voc.yml"文件并完成相关设置，如图 11.26 所示，需要配置的参数主要有标签类别数量、训练集路径、验证集路径、测试集路径、标签文件路径等。

图 11.26　数据集配置

（2）训练环境配置

训练环境配置在 PaddleDetection/configs/runtime.yml 文件中进行修改，主要包括启动 GPU 训练、日志文件输出的步数、模型保存的步数等内容，如图 11.27 所示。

（3）训练过程配置

训练过程配置在"PaddleDetection/configs/yolov3/_base_/optimizer_270e.yml"文件中进

行，主要修改的参数有训练轮次、初始学习率、学习率的衰减方式、优化函数等内容，如图 11.28 所示。

```
1   use_gpu: true
2   use_xpu: false
3   log_iter: 20
4   save_dir: output
5   snapshot_epoch: 1
6   print_flops: false
7
8   # Exporting the model
9   export:
10    post_process: True  # Whether post-processing is included in the network when export model.
11    nms: True           # Whether NMS is included in the network when export model.
12    benchmark: False    # It is used to testing model performance, if set `True`, post-process and NMS will
      not be exported.
```

图 11.27　训练环境配置

（4）模型结构配置

可以在 "PaddleDetection/configs/yolov3/base/yolov3_mobilenet_v1.yml" 文件中修改模型结构，如图 11.29 所示。可以修改的参数主要有预训练模型的参数、模型的主干网络、锚框的尺寸等。

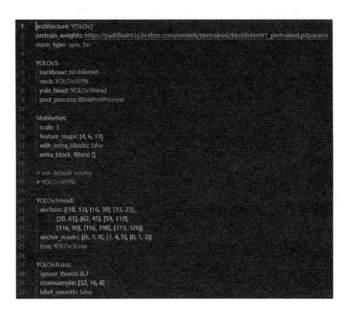

图 11.28　训练过程配置　　　　　　　图 11.29　模型结构配置

（5）数据加载配置

数据加载配置在 "PaddleDetection/configs/yolov3/base/yolov3_reader.yml" 文件中修改，如图 11.30 所示。可以修改的参数主要有数据加载的线程数、模型输入图片的尺寸、每批次图片的数量、各种数据增强方法等。

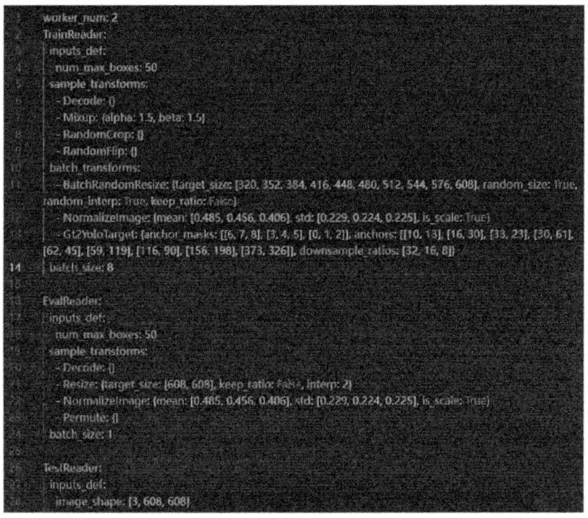

```
worker_num: 2
TrainReader:
  inputs_def:
    num_max_boxes: 50
  sample_transforms:
    - Decode: {}
    - Mixup: {alpha: 1.5, beta: 1.5}
    - RandomCrop: {}
    - RandomFlip: {}
  batch_transforms:
    - BatchRandomResize: {target_size: [320, 352, 384, 416, 448, 480, 512, 544, 576, 608], random_size: True, random_interp: True, keep_ratio: False}
    - NormalizeImage: {mean: [0.485, 0.456, 0.406], std: [0.229, 0.224, 0.225], is_scale: True}
    - Gt2YoloTarget: {anchor_masks: [[6, 7, 8], [3, 4, 5], [0, 1, 2]], anchors: [[10, 13], [16, 30], [33, 23], [30, 61], [62, 45], [59, 119], [116, 90], [156, 198], [373, 326]], downsample_ratios: [32, 16, 8]}
  batch_size: 8

EvalReader:
  inputs_def:
    num_max_boxes: 50
  sample_transforms:
    - Decode: {}
    - Resize: {target_size: [608, 608], keep_ratio: False, interp: 2}
    - NormalizeImage: {mean: [0.485, 0.456, 0.406], std: [0.229, 0.224, 0.225], is_scale: True}
    - Permute: {}
  batch_size: 1

TestReader:
  inputs_def:
    image_shape: [3, 608, 608]
```

图 11.30　数据加载配置

11.4.5　开始训练

首先在终端输入以下命令，以启动单卡（GPU）训练：

```
export CUDA_VISIBLE_DEVICES = 0
```

然后启动训练脚本：

```
python tools/train.py
       -c configs/yolov3/yolov3_mobilenet_v1_ssld_270e_voc.yml
       --eval
```

加上“--eval”指令，将在训练过程中同时评估模型，自动输出最佳模型。启动训练和训练过程如图 11.31 所示。

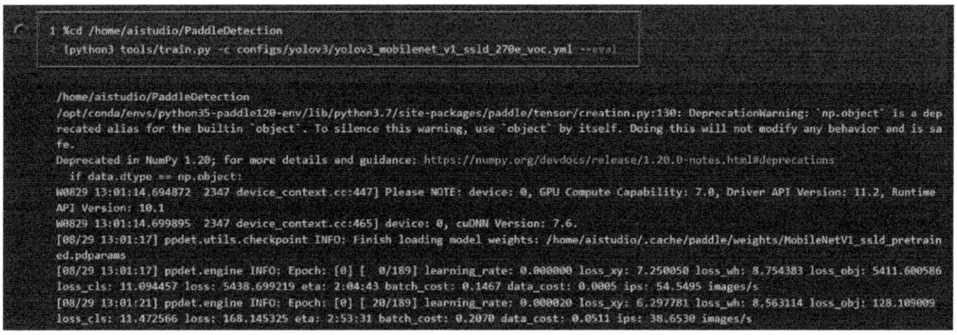

```
%cd /home/aistudio/PaddleDetection
!python3 tools/train.py -c configs/yolov3/yolov3_mobilenet_v1_ssld_270e_voc.yml --eval

/home/aistudio/PaddleDetection
/opt/conda/envs/python35-paddle120-env/lib/python3.7/site-packages/paddle/tensor/creation.py:130: DeprecationWarning: `np.object` is a deprecated alias for the builtin `object`. To silence this warning, use `object` by itself. Doing this will not modify any behavior and is safe.
Deprecated in NumPy 1.20; for more details and guidance: https://numpy.org/devdocs/release/1.20.0-notes.html#deprecations
  if data.dtype == np.object:
W0829 13:01:14.694872  2347 device_context.cc:447] Please NOTE: device: 0, GPU Compute Capability: 7.0, Driver API Version: 11.2, Runtime API Version: 10.1
W0829 13:01:14.699895  2347 device_context.cc:465] device: 0, cuDNN Version: 7.6.
[08/29 13:01:17] ppdet.utils.checkpoint INFO: Finish loading model weights: /home/aistudio/.cache/paddle/weights/MobileNetV1_ssld_pretrained.pdparams
[08/29 13:01:17] ppdet.engine INFO: Epoch: [0] [  0/189] learning_rate: 0.000000 loss_xy: 7.250050 loss_wh: 8.754383 loss_obj: 5411.600586 loss_cls: 11.094457 loss: 5438.699219 eta: 2:04:43 batch_cost: 0.1467 data_cost: 0.0005 ips: 54.5495 images/s
[08/29 13:01:21] ppdet.engine INFO: Epoch: [0] [ 20/189] learning_rate: 0.000020 loss_xy: 6.297781 loss_wh: 8.563114 loss_obj: 128.109009 loss_cls: 11.472566 loss: 168.145325 eta: 2:53:31 batch_cost: 0.2070 data_cost: 0.0511 ips: 38.6530 images/s
```

图 11.31　开始训练

11.4.6　模型导出

“PaddleDetection/output/yolov3_mobilenet_v1_ssld_270e_voc”文件夹中保存了训练过程中的模型，用户可随时使用。

训练结束之后，将最佳模型（best_model）导出以备后续部署，执行以下命令将动态图模型转换为静态图模型。

```
python tools/export_model.py
        -c configs/yolov3/yolov3_mobilenet_v1_ssld_270e_voc.yml
        -o weights = output/yolov3_mobilenet_v1_ssld_270e_voc/best_model.
        pdparams
        --output_dir = output_inference
```

自此，模型文件导出至 "PaddleDetection/output_inference/yolov3_mobilenet_v1_ssld_270e_voc" 文件夹下，如图 11.32 所示。

图 11.32   模型导出

可使用如下命令进行模型推理，测试效果：

```
python deploy/python/infer.py
        --model_dir = output_inference/yolov3_mobilenet_v1_ssld_270e_voc
        --image_dir = test_images/images
        --device = GPU
        --output_dir = output/infer_res0403_1
```

其中，--model_dir 为导出的模型文件路径，--image_dir 为需要推理的图片文件路径，--output_dir 为推理后的输出路径。参数 --image_dir 也可更换为 --video_file，为需要推理的视频文件路径。

11.5   目标检测模型部署

关于目标检测模型的部署，本节提供了两种部署方式，分别适用于 EdgeBoard 板和 Jetson Nano 开发板。

对于 EdgeBoard 板的部署，需要对 AI Studio 训练过的模型进行编译，以便能够成功部署到 EdgeBoard 板上。而对于 Jetson Nano 开发板的部署，读者可以直接跳转到 11.5.2 小节，无须进行模型转换过程。

11.5.1　模型转换

1. 环境搭建

由于大部分读者使用 Windows 系统，因此本文相关环境的配置基于 Windows10 进行。首先，在 docker 官网上下载安装软件，用管理员身份启动得到图 11.33 所示界面。

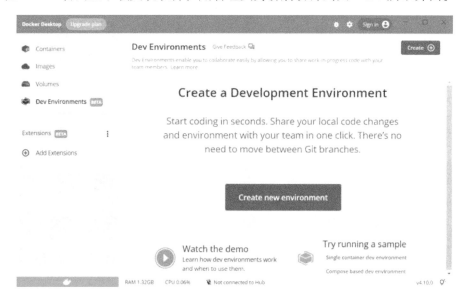

图 11.33　Docker Desktop 界面

以管理员模式运行 CMD，输入 docker，可以显示出 docker 的帮助信息，如图 11.34 所示。

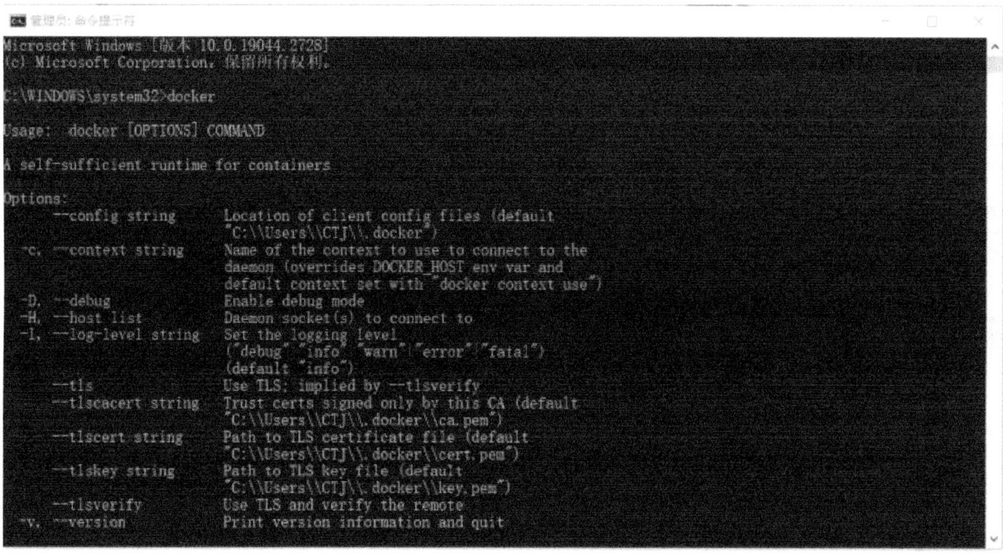

图 11.34　查看 docker 信息

在 CMD 中输入以下命令导入镜像。

```
docker import ppnc2.0.tar baidu/ppnc:v2
```

查看可用的 docker 镜像，如图 11.35 所示。

图 11.35　查看可用的 docker 镜像

创建目录 bdcodes，以充当镜像与 Windows 之间的共享文件夹，把 compiler.zip 解压至其中，使用以下命令挂载共享文件夹，启动容器，如图 11.36 所示。

```
docker run -it --rm -v "G:\practice\2023\bdcodes":/data/edgeboard/codes
baidu/ppnc:v2 bash
```

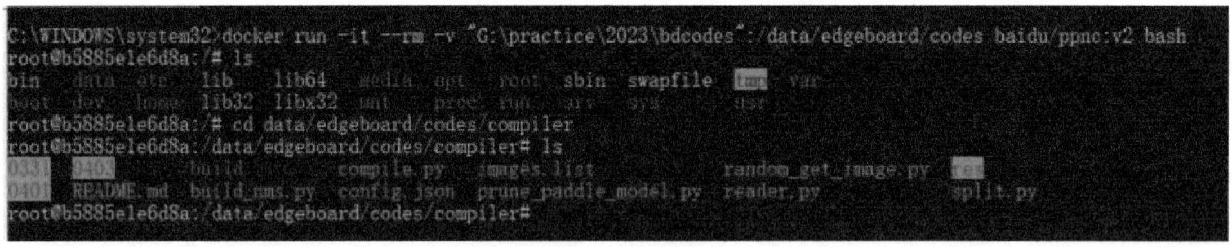

图 11.36　启动容器

至此，模型编译的环境搭建完毕。

2. 激活环境

启动容器，进入目录 /data/edgeboard/codes 中，使用以下命令导入环境变量。

```
export PPNC_HOME = /usr/local/ppnc
```

使用以下命令导入相关路径，如图 11.37 所示。

```
source /usr/local/ppnc/scripts/activate_env.sh
```

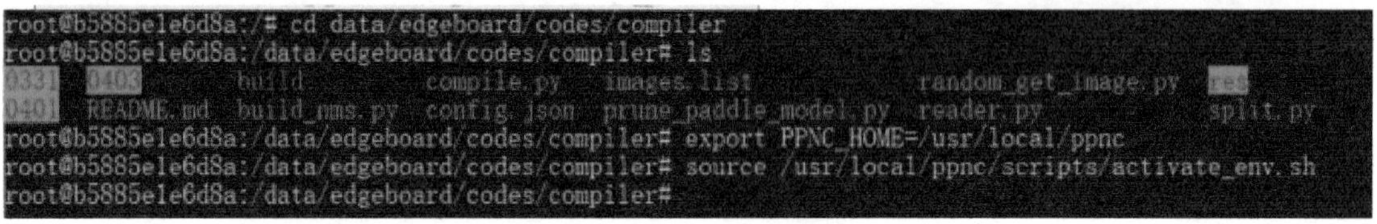

图 11.37　导入相关路径

3. 准备工作

在共享文件夹的 compiler 中新建一个目录，其包含 model 和 image 两个文件夹，将经过 AI Studio 导出的模型放到 model 文件夹中，将测试集中的图片放到 image 文件夹中，确保图片数量大于 50 张，并覆盖所有的类别。

4. 修改配置

如图 11.38 所示，修改 compiler/config.json 文件中的配置参数。

```
config.json
1  {
2      "model_dir": "/data/edgeboard/codes/compiler/0403",
3      "shape": "[416, 416]",
4      "quantize_num": "50",
5      "split": false
6  }
```

图 11.38　修改配置参数

其中，model_dir 为上述 < 准备工作 > 定义的目录，存放相关输入数据，该目录下包含 model 和 image 两个文件夹；shape 为模型输入尺寸，需要与模型实际尺寸保存一致；quantize_num 为离线量化依赖的图片数量，默认 50 张。

5. 开始编译

输入以下命令启动编译。

```
python3 compile.py ./config.json
```

稍等片刻后，编译完成，会在 compile/build 目录中生成 inference.zip 压缩包，如图 11.39 所示。将编译后的模型包复制并解压到板卡上的推理工程模型目录即可。

图 11.39　编译生成压缩包

11.5.2　模型部署

1. EdgeBoard 板部署

在 EdgeBoard 飞桨开发板上，使用以下命令安装 Python 推理和环境。

```
pip3 install ppnc-2.0-cp36-cp36m-linux_aarch64.whl
```

将编译后的模型包复制并解压到板卡上，并把 config.json 放入其中，如图 11.40 所示。修改 config.json 配置文件，如图 11.41 所示，其中，model_dir 为编译后的模型包路径。

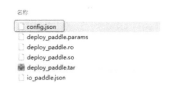

图 11.40　复制压缩包至 EdgeBoard 飞桨开发板　　　　图 11.41　修改部署配置文件

运行 y3run.py 程序，可调用摄像头实时检测，如图 11.42 所示。

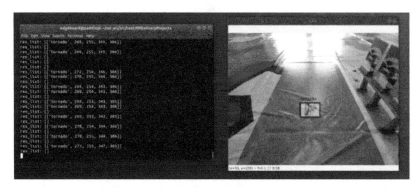

图 11.42　运行检测程序

至此，完成模型转换和部署，训练好的模型可以在 EdgeBoard 飞桨开发板上正确检测目标。

2. Jetson Nano 开发板部署

在 Jetson Nano 开发板上，配置好基础开发环境，JetPack 版本为 4.6.1，Python 的预装版本为 3.7.1，在飞桨官网寻找与 Jetpack 版本对应的 PaddlePaddle 下载。

Jetpack4.6.1: nv_jetson-
cuda10.2-trt8.2-nano

paddlepaddle_gpu-2.3.2-cp37-
cp37m-linux_aarch64.whl

之后使用以下命令进行安装：

```
pip3 install paddlepaddle_gpu-2.3.2-cp37-cp37m-linux_aarch64.whl
```

运行检测程序，成功安装 PaddlePaddle，如图 11.43 所示。

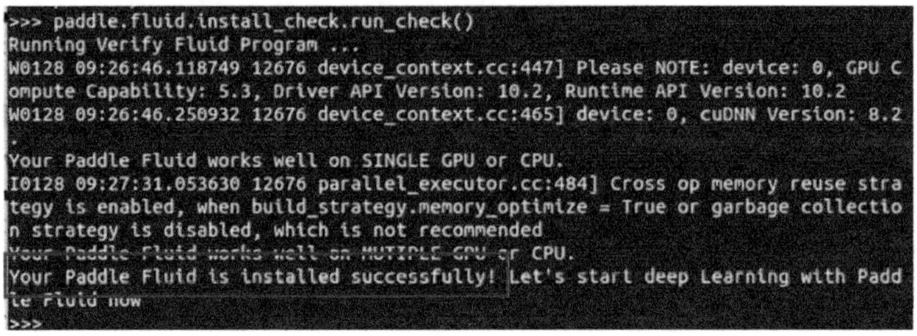

图 11.43　PaddlePaddle 成功安装验证

准备推理脚本时，可参考相关资料。本书提供一个简单的推理程序 11.5.2inferenceDe-mo.py 文件，用于调用摄像头进行预测。

将训练好的模型下载到 Jetson Nano 开发板中，解压并对推理脚本中的配置文件、模型、权重参数等路径进行修改。

```
# 从 config 文件中读取配置
Infer_cfg = open('yourconfig.yml')
# 配置模型和权重文件
Model_file = "./yourmodel.pdmodel"
Params_file = "./yourparams.pdiparams"
```

运行推理脚本，调用小车摄像头进行推理。摄像头输入画面如图 11.44 所示。

目标检测推理结果如图 11.45 所示。

图 11.44　摄像头输入画面

图 11.45　目标检测推理结果

在实际运行中，可能会遇到摄像头帧率足够高，但开发板的处理性能不足，导致识别卡顿的情况。

首先，在训练阶段就应该选择适合的模型结构。PaddleDetection 和 PaddleSeg 都提供了许多轻量级的模型选择，因此选择与硬件性能相匹配的模型非常重要。

此外，还可以通过对推理程序进行性能调优以及对模型进行轻量化转换等方式来提高推理效率。关于这些详细思路，可以参考 11.2.5 小节，而且飞桨官网文档也提供了有关模型轻量化的详尽教程。

习　题

一、选择题

1. 目标检测任务的主要目的是（　　）。

A. 图像分类　　　　　　　　　　　　B. 物体分割

C. 定位和识别图像中的目标　　　　　D. 数据增强

2. YOLO（You Only Look Once）是一种（　　）类型的目标检测方法。

A. 单阶段　　　　　　B. 双阶段　　　　　　C. 三阶段

3. 在目标检测中，IOU（Intersection over Union）是用来衡量（　　　）的指标。

A. 模型准确度　　　　　　B. 目标位置精确度

C. 图像分割质量　　　　　D. 检测框重叠度

4. 以下（　　　）数据格式常用于存储目标检测任务的标注信息。

A. XML　　　　　　　　B. JSON　　　　　　　C. YAML　　　　　　　D. 以上所有

5. 卷积神经网络中常用的轻量化技术包括（　　　）。

A. Pruning（剪枝）　　　　　　　　　　B. Quantization（量化）

C. Knowledge Distillation（知识蒸馏）　　D. 以上所有

6. 在目标检测中，非极大值抑制（Non-Maximum Suppression，NMS）的作用是（　　　）。

A. 提高模型的准确性　　　　　　　　B. 减小模型的复杂度

C. 抑制重叠的检测框　　　　　　　　D. 提高模型的召回率

7. 在目标检测任务中，数据增强的主要目的是（　　　）。

A. 增加测试集多样性　　　　　　　　B. 增加训练集的多样性

C. 缩小感受野　　　　　　　　　　　D. 减小过拟合风险

8. 以下（　　　）不是目标检测任务中常用的评估指标。

A. F1 Score　　　　　　B. ROC-AUC　　　　　　C. Precision　　　　　　D. BLEU Score

9. 在目标检测模型设计中，（　　　）是感受野（Receptive Field）。

A. 模型的参数数量　　　　　　　　　B. 模型接受输入的区域大小

C. 卷积核的大小　　　　　　　　　　D. 模型的深度

10. 在智能车目标检测任务中，需要进行模型融合（Ensemble）的原因是（　　　）。

A. 提高模型的推理速度　　　　　　　B. 提高模型的准确性

C. 减小模型的参数量　　　　　　　　D. 以上所有

二、判断题

1. Faster R-CNN 是一种单阶段目标检测方法。　　　　　　　　　　　（　　　）

2. 目标检测任务中，Precision-Recall 曲线常用于评估模型性能。　　　（　　　）

3. 目标检测的发展历程中，单阶段方法相对于双阶段方法更容易实现轻量化。
　　　　　　　　　　　　　　　　　　　　　　　　　　　　　　　（　　　）

4. XML 是一种常用的目标检测标注数据格式。　　　　　　　　　　　（　　　）

5. SSD（Single Shot Multibox Detector）是一种双阶段目标检测方法。　（　　　）

6. 在目标检测模型训练中，Batch Normalization 用于加速收敛。　　　（　　　）

7. MobileNet 是一种基于深度可分离卷积思想的轻量级卷积神经网络。　（　　　）

8. 边缘计算是指将计算任务从云端移动到设备端进行处理。　　　　　（　　　）

9. 在目标检测中，Batch Normalization 主要用于加速模型推理。　　　（　　　）

10. 数据标注过程中，Bounding Box 的表示通常包括左上角和右下角的坐标。
　　　　　　　　　　　　　　　　　　　　　　　　　　　　　　　（　　　）

11. 智能车目标检测任务中，一般不需要考虑类别不平衡问题。　　　　（　　　）

12. 在目标检测模型设计中，YOLOV3 采用了多尺度的检测策略。　　　（　　　）

13. 智能车目标检测任务中，常用的激活函数包括 ReLU 和 Sigmoid。　　（　　）

14. 目标检测任务中，模型融合一般指将多个相同类型的模型进行组合。　（　　）

三、简答题

1. 调研目标检测任务的数据集格式有哪些？请列出经典的目标检测数据集。

2. 请说明构建智能车竞赛目标检测任务数据集时应该注意的事项有哪些。

3. YOLOV3 算法在开始训练之前使用 kmeans 算法对数据集进行聚类的目的是什么？

四、实训题

基于全国大学生智能汽车竞赛百度智慧交通创意赛或者完全模型组赛，完成智能车目标检测数据集构建、目标检测模型设计、实车部署和实验验证，针对实验过程中存在的问题，进行分析并改进、优化模型。

参 考 文 献

［1］ 谭铁牛.人工智能的历史、现状和未来［J］.智慧中国，2019（3）：87-91.

［2］ 蔡自兴.人工智能及其应用［M］.北京：清华大学出版社，2020.

［3］ 孙平，唐非，张迪.人工智能基础及应用［M］.北京：清华大学出版社，2022.

［4］ 钟义信.人工智能：概念·方法·机遇［J］.科学通报，2017，62：2473–2479.

［5］ 蔡自兴.中国人工智能 40 年［J］.科技导报，2016，34（15）：12-32.

［6］ 嵩天，礼欣，黄天羽.Python 语言程序设计基础［M］.2 版.北京：高等教育出版社，2017.

［7］ 宫久路，谌德荣，王泽鹏.目标检测与识别技术［M］.北京：北京理工大学出版社，2022.

［8］ 甄先通，黄坚，王亮，等.自动驾驶汽车环境感知［M］.北京：清华大学出版社，2020.

［9］ 焦海宁，郭濠奇.深度学习与智慧交通［M］.北京：冶金工业出版社，2022.

［10］ TURING M A. Computing machinery and intelligence［J］. Mind, 1950, 59(236): 433-460.

［11］ HOSMER D W, LEMESBOW S, STURDIVANT R X. Applied logistic regression［M］. 3rd ed. New York: John Wiley & Sons Inc., 2013.

［12］ VIVIENNE S, HSIN Y C, JU T Y, et al. Efficient processing of deep neural networks : A tutorial and survey［J］. Proceedings of the IEEE, 2017, 105(12): 2295-2329.

［13］ RUMELHART D E, HINTON G E, WILLIAMS R J. Learning representations by back-propagating errors［J］. Nature, 1986, 323(6088): 533-536.

［14］ ROSENBLATT F. The perceptron : a probabilistic model for information storage and organization in the brain［J］. Psychological review,1958, 65(6): 385-408.

［15］ CYBENKO G. Approximation by superpositions of a sigmoidal function［J］. Mathematics of Control Signals and Systems, 1989, 2(4): 303-314.

［16］ HINTON G E, OSINDERO S, TEH E W. A fast learning algorithm for deep belief nets.［J］. Neural computation, 2006, 18(7): 1527-1554.

［17］ LECUN Y, BOTTOU L, BENGIO Y, et al. Gradient-based learning applied to document recognition［J］. Proceedings of the IEEE, 1998, 86(11): 2278-2324.

［18］ KRIZHEVSKY A, SUTSKEVER I, HINTON E G. Imagenet classification with deep convolutional neural networks［J］. Communications of the ACM, 2017, 60(6): 84-90.

［19］ SIMONYAN K, ZISSERMAN A. Very deep convolutional networks for large-scale image recognition［J］. ar Xiv preprint arXiv: 1409, 2014, 1556.

［20］ SZEGEDY C, LIU W, JIA Y, et al. Going deeper with convolutions[C]//Proceedings of the IEEE confer ence on computer vision and pattern recognition. Boston, Massachusetts USA, IEEE, 2015: 1-9.

［21］ ZOU Z, CHEN K, SHI Z, et al. Object detection in 20 years: A survey［J］. Proceedings of the IEEE, 2023, 111(3) : 257-276.

［22］ DALAL N, TRIGGS B. Histograms of oriented gradients for human detection[C]//2005 IEEE computer society conference on computer vision and pattern recognition (CVPR'05). San Diego: IEEE, 2005.

［23］ FELZENSZWALB P, MCALLESTER D, RAMANAN D. A discriminatively trained, multiscale, deformable part model［C］//2008 IEEE conference on computer vision and pattern recognition. Anchorage. AK: IEEE, 2008.

［24］ GIRSHICK R, DONAHUE J, DARRELL T, et al. Rich feature hierarchies for accurate object detection and semantic segmentation［C］//Proceedings of the IEEE conference on computer vision and pattern recognition. Columbus. OH: IEEE, 2014.

［25］ REN S, HE K, GIRSHICK R, et al. Faster R-CNN : towards real-time object detection with region proposal Networks［J］. IEEE Transactions on Pattern Analysis & Machine kntelligence, 2017, 39(06): 1137-1149.

［26］ HE K, ZHANG X, REN S, et al. Spatial pyramid pooling in deep convolutional networks for visual recognition［J］. IEEE transactions on pattern analysis and machine intelligence, 2015, 37(9): 1904-1916.